普通高等教育"十二五"规划教材

专业基础课教材系列·药学类、中药学类专业

分析化学实验

主　编　郭　戎　史志祥
副主编　邓海山　姚卫峰　张珍英
主　审　池玉梅

科 学 出 版 社

北　京

内 容 简 介

本书是根据高等医药院校药学类各专业分析化学实验课程的基本要求，结合长期实验教学实践编写而成。全书分七个部分：分析化学实验基础知识、分析化学实验的基本操作、化学分析实验、仪器分析实验、综合及设计性实验、附录Ⅰ（常用分析仪器操作规程）、附录Ⅱ（实验室常用数据表）。包括 25 个化学分析实验、22 个仪器分析实验、13 个综合及设计性实验。其中有 25 个实验采用中英文对照，可用于双语实验教学。

本书规范基本操作，强调基本训练，注重能力培养，旨在进一步加深学生对分析化学课程理论知识的理解和应用，培养学生分析问题、解决问题的能力。

本书可供药学类、中药学类院校的本科及专科学生分析化学实验教学使用。也可作为相关专业技术人员的参考书。

图书在版编目（CIP）数据

分析化学实验/郭戎，史志祥主编. —北京：科学出版社，2012
（普通高等教育"十二五"规划教材·专业基础课教材系列·药学类、中药学类专业）
ISBN 978-7-03-035647-5

Ⅰ.①分… Ⅱ.①郭…②史… Ⅲ.①分析化学-化学实验-高等学校-教材 Ⅳ.①O652.1

中国版本图书馆 CIP 数据核字（2012）第 228405 号

责任编辑：沈力匀 / 责任校对：耿 耘
责任印制：吕春珉 / 封面设计：夏 亮

科学出版社 出版
北京东黄城根北街 16 号
邮政编码：100717
http://www.sciencep.com

铭浩彩色印装有限公司 印刷
科学出版社发行 各地新华书店经销

*

2013 年 1 月第 一 版 开本：787×1092 1/16
2019 年 7 月第四次印刷 印张：15 3/4
字数：380 000
定价：**32.00 元**
（如有印装质量问题，我社负责调换〈铭浩〉）
销售部电话 010-62134988 编辑部电话 010-62135235（VP04）

《分析化学实验》
编写委员会

前　言

　　分析化学是高等学校医药、化工、石油、环境等专业学生的一门极其重要的专业基础课。分析化学实验是分析化学课程的重要组成部分。它是通过实验的方法，使学生加深理解和巩固在分析化学课堂中所学的理论知识，并使学生正确熟练地掌握化学分析和仪器分析的基本操作和技能。通过实验可使学生学会正确合理地选择实验条件和实验仪器，善于观察实验现象和进行实验记录，正确处理数据和表达实验结果。为了培养学生分析问题和解决问题的能力，本书除了安排一定数量的基本实验和综合性实验外，还安排了设计性实验。在实验教师的指导下，学生通过查阅资料，灵活应用所学的分析知识与方法，拟定实验方案，对培养学生分析问题和解决问题的能力十分有利。随着国际间学术交流的加强，国内高校越来越重视加强本科生双语教学的力度，本书部分实验采用中英文对照，方便实验双语教学的开展。

　　参加本书编写的人员，中文部分有：郭戎、邓海山、姚卫峰、池玉梅、曹雨诞、张珍英、韩博、郭敏、杨蕾、李可强、程旺兴、韦国兵、陈洁、于生、邵霞；英文部分有：史志祥、邓海山、姚卫峰、韩疏影、刘晓、康安、尚尔鑫。全书由郭戎、史志祥统稿，池玉梅教授主审。

　　在本书的编写过程中，编者参阅了大量相关书籍和资料，在此向相关作者表示深深的谢意。科学出版社的编辑为本书的出版做了大量细致的编辑工作，在此对他们致以衷心的感谢。

　　本书在编写过程中，中国药科大学李瑶同学、南京中医药大学赵天同学参与了英语部分的修订和校对工作，谨此一并致谢。

　　由于编者水平有限，书中难免存在错误和不足之处，敬请读者批评指正。

　　本书由江苏高校优势学科建设工程资助项目（PAPD，ysxk-2010）、南京中医药大学中药学国家一级重点学科开放课题及南京中医药大学教育教学改革课题（No. NZY1113）资助。

目　　录

前言

第1章　分析化学实验基础知识 ··· 1

1.1　分析化学实验课的任务和要求 ·· 1

1.2　分析化学实验的一般知识 ··· 1

1.3　实验数据的记录和实验报告 ··· 5

第2章　分析化学实验的基本操作 ··· 8

2.1　分析天平及其基本操作 ··· 8

2.2　常用玻璃器皿 ·· 11

2.3　常用分析仪器及其使用方法 ··· 17

第3章　化学分析实验 ··· 26

3.1　电光分析天平减量法称量练习 ··· 26

3.1　Photoelectric Analytical Balance Weighing Practice with Decrement

　　Method ··· 28

3.2　电子分析天平的称量练习 ·· 31

3.2　Electronic Analytical Balance Weighing Practice ······················ 33

3.3　容量分析器皿的校正 ··· 36

3.3　Calibration of Volumetric Ware ·· 39

3.4　滴定分析法的基本操作 ··· 42

3.4　Basic Operations in Titration Analysis ································· 45

3.5　0.1mol/L NaOH 标准溶液的配制与标定 ································· 48

3.5　Preparation and Standardization of 0.1mol/L Standard Sodium Hydroxide

　　Solution ··· 49

3.6　一元弱酸的含量测定 ··· 52

3.7　多元酸的含量测定 ··· 53

3.7　Assays of Polyprotic Acids ··· 54

3.8　0.1mol/L HCl 标准溶液的配制与标定 ··································· 56

3.8　Preparation and Standardization of 0.1mol/L Standard Hydrochloric Acid

　　Solution ··· 58

3.9　药用硼砂的含量测定 ··· 60

3.10　0.1mol/L $HClO_4$ 标准溶液的配制与标定 ····························· 61

3.10　Preparation and Standardization of 0.1mol/L Standard Perchloric Acid

　　Solution ··· 63

3. 11　非水滴定法测定弱酸盐的含量 ································· 65

3. 12　银量法标准溶液的配制与标定 ································· 66

3. 13　KBr 的含量测定 ··· 68

3. 14　0.01mol/L EDTA 标准溶液的配制与标定 ················ 69

3. 14　Preparation and Standardization of 0.01 mol/L EDTA
　　　Standard Solution ··· 71

3. 15　水的硬度测定 ··· 73

3. 15　Determination of Water Hardness ·························· 74

3. 16　0.01 mol/L ZnSO₄ 标准溶液的配制与标定 ··············· 76

3. 17　白矾中铝的含量测定 ··· 77

3. 18　0.1mol/L Na₂S₂O₃ 标准溶液的配制与标定 ··············· 79

3. 18　Preparation and Standardization of 0.1mol/L Sodium Thiosulfate Standard
　　　Solution ··· 81

3. 19　间接碘量法测定铜盐的含量 ····································· 84

3. 19　Determination of the Content of Copper Salt by Indirect Iodometry ······ 85

3. 20　0.05 mol/L I₂ 标准溶液的配制与标定 ······················ 87

3. 21　直接碘量法测定维生素 C 的含量 ····························· 88

3. 22　0.02mol/L KMnO₄ 标准溶液的配制与标定 ··············· 89

3. 22　Preparation and Standardization of 0.02mol/L Potassium Permanganate
　　　Standard Solution ··· 91

3. 23　医用双氧水中过氧化氢的含量测定 ···························· 93

3. 23　Assay of Hydrogen Peroxide in Medical Hydrogen Peroxide Solution ········ 94

3. 24　氯化钡结晶水的测定 ··· 96

3. 25　沉淀重量法——硫酸钡法 ·· 97

第 4 章　仪器分析实验 ··· 102

4. 1　弱酸的电位滴定 ··· 102

4. 1　Potentiometric Titration of Weak Acids ···················· 104

4. 2　永停滴定法标定 I₂ 标准溶液浓度 ···························· 108

4. 3　分光光度计的使用与性能检验 ··································· 109

4. 3　Usage and Performance Checking of the Spectrophotometer ··············· 112

4. 4　芦丁的含量测定 ··· 115

4. 4　Quantitative Assay of Rutin Samples ························ 117

4. 5　紫外吸收曲线的绘制及注射液的分析 ·························· 120

4. 5　Plotting of Ultraviolet Absorption Curves and Analysis of Injections ··· 123

4. 6　紫外分光光度法测定苯酚含量 ··································· 127

4. 7　邻二氮菲分光光度法测定水中铁含量 ·························· 129

4. 8　双波长分光光度法测定复方片剂中磺胺甲噁唑含量 ·········· 131

4. 9　苯甲酸红外吸收光谱的测绘及定性鉴别 ······················ 133

（3）在对数运算中，所取对数位数应与真数有效数字位数相等。

1.3.3　实验数据的采集、处理

实验过程中的各种测量数据及有关现象，应及时、准确而清楚地记录下来，记录实验数据时，要有严谨的科学态度，实事求是，切忌夹杂主观因素，不能随意拼凑和伪造数据。实验中的每一个数据都是测量结果，所以，重复测量时，即使数据完全相同，也应记录下来。在实验过程中，如果发现数据算错、测错或读错而需要改动，可将数据用一横线划去，并在其上方写上正确的数字。

记录实验数据和计算结果应保留几位数字是一件很重要的事，不能随便增加或减少位数。表示分析结果应反映客观事实，需与所用的分析方法和测量仪器的准确程度一致。

用分析天平称量时，要求记录至 0.0001g；滴定管及移液管的读数，应记录至 0.01mL；用分光光度计测量溶液吸光度时，现代仪器可记录至 0.001 的读数。

分析化学中还经常遇到 pH、lg$K$ 等对数值，其有效数字的位数取决于小数部分数字的位数，因整数部分只说明该数的方次。例如，pH＝12.68，即 $[H^+]$＝2.1×10^{-13} mol/L 其有效数字为 2 位，而不是 4 位。

实验过程中涉及的各种特殊仪器的型号和标准溶液浓度等，也应及时准确记录下来。

学生要有专门的实验报告本，标上页数，不得撕去任何一页。实验数据应按要求记在实验报告本上，绝不允许将数据记在单页纸、小纸片，或随意记在其他地方。

1.3.4　实验报告的基本格式

实验完毕，要及时而认真地写出实验报告。并在离开实验室前或在指定时间交给老师。实验报告一般包括以下内容。

（1）实验名称和日期。

（2）目的要求。

（3）基本原理。简要地用文字和化学反应式说明，如标定和滴定反应的方程式或基准物和指示剂的选择，试剂浓度和分析结果的计算公式等。

（4）操作步骤。简明扼要写出。

（5）数据记录。

（6）实验数据处理。采用文字、表格、图形，将数据表示出来，根据实验要求计算出分析结果、实验误差等。

（7）问题讨论。对实验教材上的思考题和实验中观察到的现象，以及产生误差的原因进行讨论和分析，以提高自己分析问题和解决问题的能力。

实验报告的各项内容的繁简取舍，应根据各个实验的具体情况而定，以清楚、简练、整齐为原则。实验报告中的有些内容，如原理、表格、计算公式等，要求在实验预习时准备好，其他内容则可在实验过程中以及实验完成后填写、计算和撰写。

第 2 章 分析化学实验的基本操作

2.1 分析天平及其基本操作

分析天平是进行定量分析的最重要的精密仪器之一，正确使用分析天平是分析工作的前提。分析天平种类较多，在此介绍目前实验室常用的电光分析天平和电子分析天平。

2.1.1 电光分析天平

1. 原理及构件

电光分析天平根据杠杆原理设计制造。实验室中常见的半自动电光分析天平的构造如图 2-1 所示。

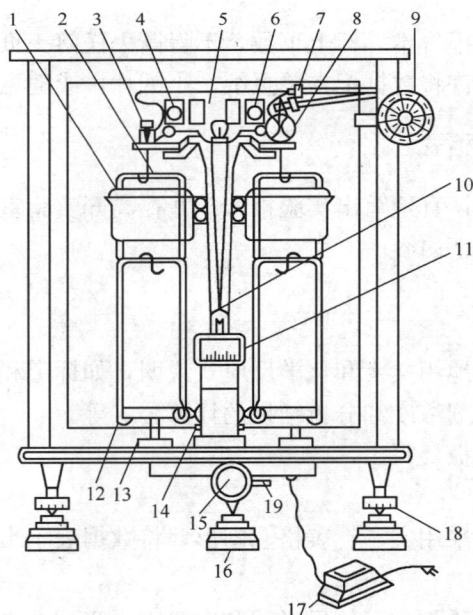

图 2-1 半自动电光分析天平

1. 空气阻尼器；2. 挂钩；3. 吊耳；4、6. 平衡砣；5. 横梁；7. 环码钩；8. 环码；9. 指数盘；10. 指针；11. 投影屏；12. 秤盘；13. 盘托；14. 光源；15. 旋钮；16. 垫脚；17. 变压器；18. 螺旋脚；19. 拨杆

（1）天平箱。天平箱起保护天平的作用，另外在称量时，减小外界温度、空气流动、人的呼吸等的影响。称量时应随时关门。箱下装有三只脚，前面两只脚是螺旋脚，

用于调整天平水平位置，三只脚都放在垫脚中。

（2）支柱和水平泡。支柱是金属做的中空圆柱，下端固定在天平底座中央，支撑着天平梁。在支柱上装有一水平泡，借螺旋脚调节天平的水平位置。

（3）天平横梁。天平横梁是天平的主要部件，多用质轻坚固、膨胀系数小的铝铜合金制成，起平衡和承载物体的作用。横梁上装有三棱形的玛瑙刀，其中一个装在正中的称为中刀或支点刀，刀口向下，另外两个与中刀等距离的分别安装在横梁的两端，称为边刀或承重刀，刀口向上。三个刀口必须完全平行且位于同一水平面上。

（4）吊耳和天平秤盘。吊耳挂在两个边刀上，下面挂有秤盘，TG-328A 型全自动天平，左盘加砝码，右盘放被称物。TG-328B 型半自动天平，左盘放被称物，右盘放砝码。

（5）空气阻尼器。空气阻尼器由两个特制的金属圆筒构成，外筒固定在支柱上，内筒比外筒略小，悬于吊耳钩下，两筒间隙均匀，没有摩擦。当横梁摆动时，左右阻尼器的内筒也随着上下移动，利用筒内空气阻力使之很快停摆达到平衡，以加快称量速度。

（6）盘托和升降枢。为了使天平盘在不载重时稳定，或在称量时防止横梁倾斜过度，在盘下装有盘托；为了使天平梁支撑起来进行称量，应用旋钮控制升降枢，将横梁托起进行称量。

（7）平衡砣。在横梁的上部两端各装有一个平衡螺丝，用来调节天平的零点；在旋钮旁有一拨杆，可用于微调天平的零点。

（8）砝码和环码。半自动电光天平 1 g 以下、10mg 以上的环码由指数盘操纵，如 TG-328B 型：砝码采用 1、2、2、* 5 组合系统，每盒放有 1、2、2、* 5、10、20、20、* 50、100（g）共 9 个砝码，环码采用 1、1、* 2、5 方式组合，从前向后依次悬挂的环码是 10、10、* 20、50、100、100、* 200、500（mg），通过指数盘带动操纵杆加减环码。全自动电光天平砝码及环码全部由指数盘操纵，如 TG-328A 型的全部砝码悬挂在机械加码器上。

（9）指针和感量螺丝。指针固定在横梁的正中，下端的后面有一块刻有分度的标牌，借以观察天平梁的倾斜程度。指针上装有感量螺丝，用来调节横梁的重心，以改变天平的灵敏度。可根据指针判断轻重：指针向左偏，左盘轻；指针向右偏，右盘轻。

（10）光学读数装置。在指针下端装有一个透明的微分标尺，后面用灯光照射，标尺经透镜放大 10～20 倍，再由反射镜反射到投影屏上，可直接读出 10mg 以下的质量。可根据投影屏上标尺移动方向判断轻重：标尺光屏向左移动，左盘重；向右移动，右盘重。

2. 基本操作

（1）称量。将物品放在秤盘上，估计物品大致质量，加砝码及环码，缓慢打开天平旋钮，根据指针或标尺移动方向判断两边秤盘轻重；关闭天平旋钮，加减环（砝）码（由大到小、折半加减），直至打开天平旋钮时指针停留在标尺范围内。

（2）读数。将砝码、环码、标尺读数累加，并记录（如 21.2344g），即为物品质量。

2.1.2　电子分析天平

1. 原理、构件及功能

电子分析天平（图 2-2）根据电磁力平衡原理设计制造，是最新一代的天平。

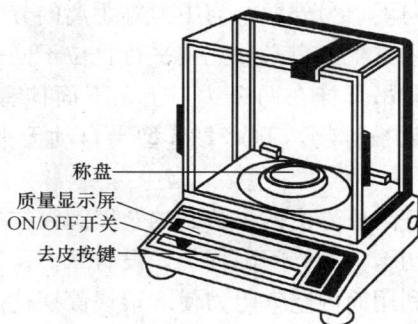

称盘
质量显示屏
ON/OFF开关
去皮按键

图 2-2　电子分析天平

电子分析天平用弹簧片取代电光分析天平的玛瑙刀口作支承点，用差动变压器取代升降枢装置，用数字显示替代刻度指针指示，具有使用寿命长、性能稳定、操作简便和灵敏度高的特点。电子分析天平具有自动校正、自动去皮、超载指示和故障报警等功能以及质量电信号输出功能，可与打印机、计算机联用。

分析化学实验室常用电子分析天平的规格为万分之一和十万分之一。

2. 基本操作

（1）调水平，接通电源，预热。

（2）按下"ON"键，待自检通过。将物品放于秤盘上，天平达到平衡时记录显示屏读数。

（3）称量结束，按下"OFF"（若非长期不用，电源无须断开）。

2.1.3　称量方法

1. 指定量称量法

指定量称量法（图 2-3）是指称取一定质量的试样的方法，在标准溶液直接配制法和分析实验中常用。称量时根据需要及试样性质，可将试样置于称量纸或干燥的小烧杯、表面皿等器皿内称量。先对器皿称量（如是电子天平，可启用去皮功能），再用小牛角勺逐渐加入试样，直至达到要求的质量。该法适用于称取在空气中不易吸湿的、性质稳定的粉末状样品。

2. 减量法（递减称量法或差量法）

此法（图 2-4）将样品置于称量瓶中，先称出倾出样品前，样品＋称量瓶的质量（m_1），然后从称量瓶内敲出要求质量的样品，再称出倾出样品后，样品＋称量瓶的质量（m_2），第一份样品质量即为 m_1-m_2，继续敲出要求质量的样品并称出倾出样品后样品＋称量瓶的质量（m_3），第二份样品质量即为 m_2-m_3。该法特点是连续称取 n 份样品时，只需称量 $n+1$ 次。此法常用于称量易吸水、易氧化或易与 CO_2 反应的物质。

3. 直接称量法

此法为直接称出样品的质量，通常用于某些在空气中性质稳定的物质，如金属、合金。可将样品放于已知准确质量的干燥清洁的表面皿或称量纸上，称出质量，减去表面皿或称量纸的质量即为样品质量。

图 2-3　指定量称量法　　　　　图 2-4　减量法

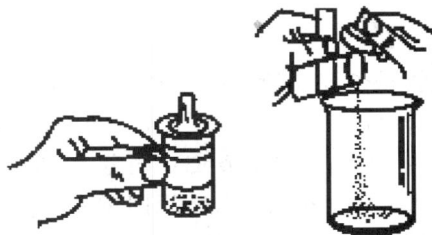

2.2　常用玻璃器皿

2.2.1　常用玻璃器皿及用途

1. 烧杯

烧杯主要用于配制溶液、溶解试样等，可置于石棉网上受热，但不宜烧干。有 25、50、100、250、500、1000mL 等规格。

2. 量筒和量杯

量筒、量杯可用于粗略量取液体体积，测量精度不高，不能加热，不能作反应容器。有 10、25、50、100、250、500、1000 mL 等规格。

3. 称量瓶

称量瓶可分为扁形和高形两种，前者用于测定水分、干燥失重及烘干基准物质，后者用于称量基准物质和样品，磨口盖要原配。

4. 试剂瓶和滴瓶

试剂瓶有广口和小口之分，广口瓶用于存放固体，小口瓶用于存放液体；滴瓶用于存放实验时需滴加的试液。试剂瓶与滴瓶均有棕色的，用于存放见光会分解的物质。都不能受热，若存放碱性溶液需换用橡皮塞。

5. 锥形瓶和碘量瓶

锥形瓶是反应器，便于振荡，滴定分析时常用，可置于石棉网上受热，盛装液体体积一般不超过 1/2。

碘量瓶是带磨口塞子的锥形瓶（图 2-5）。由于碘液较易挥发而引起误差，因此在用碘量法测定时，反应一般在具有玻璃塞，且瓶口带边的锥形瓶中进行，碘量瓶的塞子及瓶口的边缘都是磨砂的。在滴定时可打开塞子，用蒸馏水将挥发在瓶口及塞子上的碘冲洗入碘量瓶中。

6. 滴定管

滴定管是一种细长、内径大小均匀而具有刻度的玻璃管，管的下端有玻璃尖嘴（图 2-6）。常量分析有 25mL、50mL 两种容积规格，如 25mL 滴定管就是把滴定管分成 25 等份，每一等份为 1mL，1mL 中再分 10 等份，每一小格为 0.1mL，读数时，在每一小格间可再估计出 0.01mL。滴定管用于进行滴定分析，测量在滴定中所用溶液的体积。

滴定管分为酸式滴定管（图 2-6a）和碱式滴定管（图 2-6b）。酸式滴定管的下端有玻璃活塞，可盛放酸液及氧化剂，不能盛放碱液，因碱液会使活塞与活塞套黏合，难以转动；碱式滴定管的下端连接一橡胶管，内放一玻璃珠，以控制溶液的流出，下面再连接一尖嘴玻璃管，碱式滴定管只能盛放碱液，不能盛放酸或氧化剂等腐蚀橡胶的溶液。

7. 移液管和吸量管

移液管和吸量管用于准确移取一定体积的液体。移液管中间有膨大部分，称为胖肚吸管（图 2-7a），常用的有 5、10、25、50mL 等规格。吸量管具有分刻度，也称为刻度吸管（图 2-7b）。常用的有 1、2、5、10mL 等规格。

图 2-5　碘量瓶

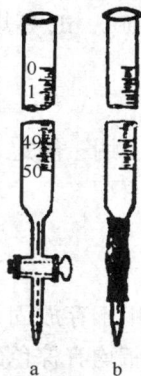

图 2-6　滴定管
a. 酸式；b. 碱式

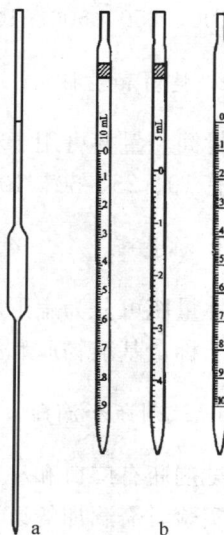

图 2-7　移液管
a. 移液管；b. 吸量管

8. 容量瓶

　　容量瓶是一种细颈梨形的平底瓶，带磨口塞或塑料塞。颈上有标线，表示在所指温度下当溶液到标线时，液体体积恰好与瓶上所注明的体积相等。容量瓶一般用来配制标准溶液或试样溶液。定量分析常用规格有 1、2、5、10、25、50、100 mL。

　　容量瓶不能久贮溶液，尤其是碱性溶液，会侵蚀粘住瓶塞，无法打开。因此，配制好溶液后，应将溶液倒入清洁干燥的试剂瓶中储存，容量瓶不能用火直接加热或烘烤。

2.2.2　容量分析器皿的基本操作

1. 滴定管的操作

　　1）使用前准备

　　（1）酸式滴定管。为防止滴定管漏水，在使用前要将已洗净的滴定管活塞拔出，用滤纸将活塞及活塞套擦干，在活塞粗端和细端分别涂一薄层凡士林（图 2-8），注意不要涂在塞孔处以防堵塞孔眼，把活塞插入活塞套内，来回转动数次，直至在外面观察时呈透明状即可。在活塞末端套一橡皮圈以防在使用时将活塞顶出。在滴定管内装入蒸馏水，置滴定管架上直立 2min，观察有无水滴下滴，缝隙中是否有水渗出，将活塞转180°再观察一次，没有漏水即可使用。将标准溶液充满滴定管后，检查管下部是否有气泡，如有气泡，可转动活塞，使溶液急速下流驱赶出气泡。

　　（2）碱式滴定管。将碱式滴定管洗净，装入蒸馏水，置滴定台架上直立 2min，观察有无水滴下滴。如有，则更换较大的玻璃珠。将标准溶液充满滴定管后，检查管下部是否有气泡，如有气泡，可将橡皮管向上弯曲，并在稍高于玻璃珠所在处用两个手指挤压，使溶液从尖嘴口喷出，气泡即可排尽（图 2-9）。

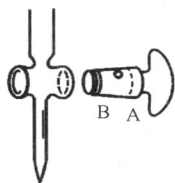

图 2-8　活塞涂油与活塞插入　　　　　　图 2-9　碱式滴定管排除气泡

　　为了保证装入滴定管的溶液不被稀释，要用该溶液洗涤滴定管 3 次，每次用 7～8mL。洗法是注入溶液后，将滴定管横过来，慢慢转动，使溶液流遍全管，然后将溶液自下放出。洗好后，即可装入溶液。装溶液时要直接从试剂瓶倒入滴定管，不要再经过漏斗等中间容器。

　　2）滴定管的读数

　　读数时，应将滴定管垂直夹在滴定管夹上，并将管下端悬挂的液滴除去。滴定管内的液面呈弯月形，无色溶液的弯月面比较清晰，读数时，眼睛视线与溶液弯月面下缘最低点应在同一水平上，眼睛的位置不同会得出不同的读数（图 2-10a）。如为乳白板蓝线衬底的滴定管，则取蓝线上下两尖端相对点的位置读数（图 2-10b）。为了使读数清晰，也可在滴定管后面衬一张纸片作为背景，形成颜色较深的弯月带，读取弯月带的下缘，可不受光线的影响，易于观察（图 2-10c）。深色溶液（如 $KMnO_4$ 溶液）的弯月面难以看清，可观察液面的上缘。读数时应估计到 0.01mL。

由于滴定管刻度不完全均匀，因此在同一实验的每次滴定中，滴定液体积应该控制在滴定管刻度的同一部位，例如第一次滴定是在 0~24 mL 的部位，那么第二次滴定也使用这个部位，这样可以抵消由于刻度不准确而引起的误差。

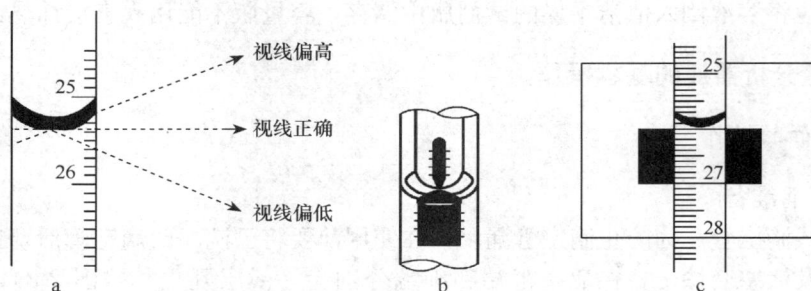

图 2-10 滴定管的读数
a. 读数视线的位置；b. 乳白板蓝线；c. 读数卡

3）滴定操作

使用酸式滴定管时，左手拇指在前，食指及中指在后，一起控制活塞，在转动活塞时，手指微微弯曲，轻轻向里扣住，手心不要顶住活塞小头一端，以免顶出活塞，使溶液溅漏（图 2-11a）。使用碱式滴定管时，用手指捏玻璃珠所在部位稍上处的橡皮，使形成一条缝隙，溶液即可流出（图 2-11b）。

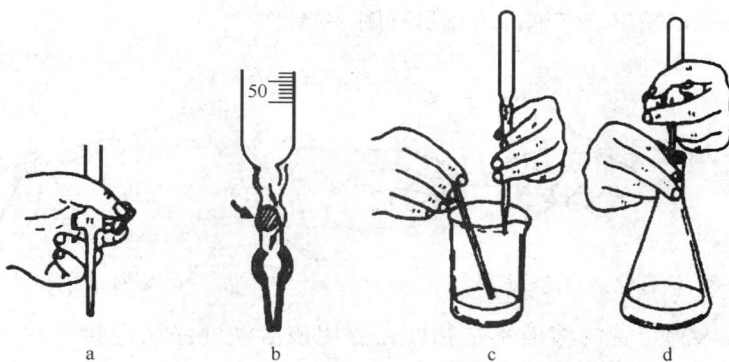

图 2-11 滴定操作
a. 酸管的操作；b. 碱管的操作；c. 烧杯中滴定；d. 锥形瓶中滴定

滴定时，左手控制溶液流量，右手拿住锥形瓶颈（图 2-11d），并向同一方向旋转振荡，使滴下的溶液能较快地被分散进行化学反应。但注意不要使瓶内溶液溅出。在接近终点时，必须用少量蒸馏水吹洗锥形瓶瓶壁，将溅起的溶液淋下，使之反应完全。同时，滴定速度要放慢，以防滴定过量，每次加入 1 滴或半滴溶液，不断旋摇，直至到达终点。

2. 移液管和吸量管的操作

（1）润洗。使用时，洗净的移液管用待吸取的溶液洗涤 3 次，以除去管内残留的水分。

方法：倒少许溶液于干燥洁净的小烧杯中，用移液管吸取少量溶液，将管横向转动，使溶液流过管内标线下所有内壁，然后使管直立将溶液由尖嘴口放出（图 2-12a）。

（2）吸取溶液。一般用左手拿洗耳球，右手把移液管插入溶液中吸取（图 2-12b）。当溶液吸至标线以上时，马上用右手食指按住管口，取出并用滤纸擦干下端，然后稍松食指，使液面平稳下降，直至液面的弯月面与标线相切，立即按紧食指。

（3）放液。将移液管垂直置于接受溶液的容器中，管尖与容器壁接触（图 2-12c），放松食指，使溶液自由流出，流完后再等 15s（残留在管尖的液体不能吹出，因在校正移液管时，已扣除这部分体积。但是，如果移液管上标有"吹"字，则最后残留的液滴必须吹出）。

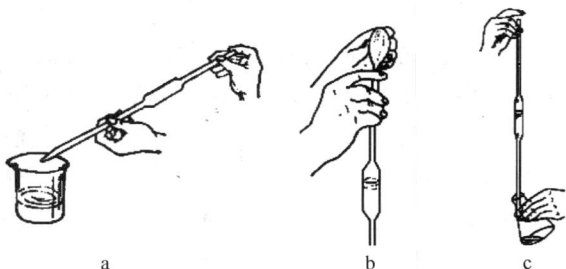

图 2-12　移液管操作
a. 移液管洗涤；b. 吸取溶液操作；c. 放出溶液操作

3. 容量瓶的操作

（1）检漏。使用前，先检查是否漏液。检查方法：装入自来水至近标线，盖好瓶塞，左手按住瓶塞，右手手指顶住瓶底边缘，把瓶倒立 2min，观察瓶塞周围是否有水渗出，若不漏，将瓶直立，转动瓶塞一定角度，再倒立试漏（图 2-13a），如此反复，若均无水渗出即可。

（2）使用。配制溶液时，先将容量瓶洗净。如用固体配制溶液，先将固体在烧杯中溶解后，再经由玻璃棒将溶液转移到容量瓶中，转移时，要使玻璃棒的下端靠近瓶颈内壁，使溶液沿壁流下（图 2-13c），溶液全部流完后，将烧杯轻轻沿玻璃棒上提，同时直立，使附着在玻璃棒与烧杯嘴之间的溶液流回到烧杯中，然后用蒸馏水洗涤烧杯 3 次，洗涤液一并转移至容量瓶。当加入蒸馏水至容量瓶容量的 2/3 时，摇动容量瓶，使溶液混匀。接近标线时，要慢慢滴加，直至溶液的弯月面与标线相切为止。

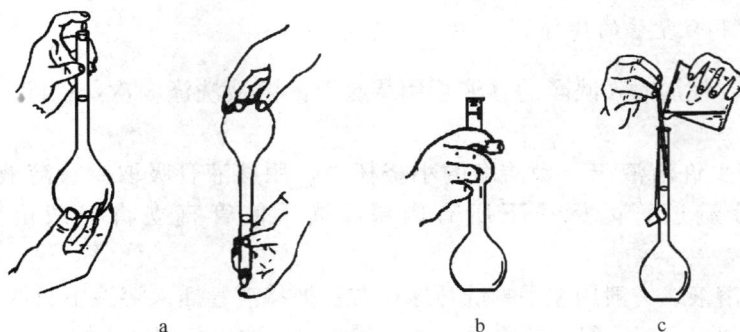

图 2-13　容量瓶操作
a. 检查漏水和混匀；b. 瓶塞拿法；c. 溶液转移

2.2.3　容量器皿的洗涤

分析化学所用的器皿都应该是洁净的。洗净的器皿，其内壁应能被水均匀的润湿而无条纹及水珠。

目前常用的洁净剂是肥皂、洗衣粉、去污粉等洗涤剂和有机溶剂。

一般的容量器皿，如烧杯、锥形瓶、量筒、试剂瓶等，其洗涤方法是：将洗衣粉配成 $0.1\%\sim0.5\%$ 的溶液，用毛刷蘸取此溶液，刷洗其内壁，刷洗后用自来水冲洗，再用蒸馏水润洗 3 遍，即可使用。

滴定管、容量瓶、移液管等具有精确刻度的量器，不能用毛刷刷洗。若内壁不干净，可选择合适的洗涤剂超声清洗。必要时先把洗涤剂加热后加到待洗涤容器中，浸泡一段时间后超声清洗，再用自来水冲洗和蒸馏水润洗。

对不同的污染应采用不同的洗涤方法。例如，被 $AgCl$ 玷污的器皿，用洗液洗涤是无效的，此时可用 $NH_3 \cdot H_2O$ 或 $Na_2S_2O_3$ 洗涤。又如被 MnO_2 玷污的器皿，应用 HCl-$NaNO_2$ 的酸性溶液洗涤。

使用铬酸洗液（简称洗液）洗涤时，被洗涤器皿尽量保持干燥，倒（吸）少许洗液于器皿中，转动器皿使其内壁被洗液浸润（必要时可用洗液浸泡），然后将洗液倒回原装瓶内以备再用（若洗液颜色变绿，则应更换）。再用水冲洗器皿，直至干净。洗液主要用于洗涤被无机物玷污的器皿，它对有机物和油污的去污能力也较强。常用来洗涤一些口小、管细等形状特殊的器皿，如吸管、容量瓶等。洗液具有强酸、强氧化性，对衣服、皮肤、桌面、橡皮等有腐蚀作用，使用时要特别小心。

不论用哪种方法洗涤器皿，最后都必须先用自来水冲洗，再用蒸馏水或去离子水荡洗 3 次。洗涤干净的器皿，放去水后，内壁只应留下均匀一薄层水，如壁上挂着水珠，说明没有洗干净，必须重洗。

铬酸洗液的配制方法：将 5g 重铬酸钾用少量水润湿，慢慢加入 80mL 浓硫酸，搅拌以加速溶解。冷却后储存在磨口试剂瓶中，以防吸水而失效。

2.3　常用分析仪器及其使用方法

2.3.1　酸度计及其使用

1. 酸度计主要部件及功能

酸度计（或称 pH 计）是一种电化学测量仪器，可测定溶液的 pH 和电位。主要由电极和电位计两部分组成。

电极有指示电极、参比电极及复合电极，测量水溶液的 pH 一般用玻璃电极作为指示电极，甘汞电极作为参比电极，或使用复合电极（常见的复合电极是由玻璃电极与银-氯化银电极组成）。

电位计是一高输入阻抗的毫伏计，有"选择"、"温度补偿"、"定位"等旋钮。

由于电极系统把溶液的 pH 变为毫伏值是与被测溶液的温度有关，因此电位计附有温度补偿器。在测 pH 时，温度补偿器所指示的温度应与被测溶液的温度相同。

由于电极系统的零电位都有一定误差，若不进行校正，会影响测量结果的准确性。酸度计上的"定位"调节器，可在校正时用来消除电极系统的零电位误差。

电位计上的"选择"开关，用于确定仪器的测量功能。"pH"挡用于 pH 测量和校正。"mV"挡用于测量电位值。

2. 测量溶液 pH 的基本操作

实验室常见酸度计有 pHS—25、pHS—2、pHS—3C 等型号，原理相同，结构略有差异，但使用时操作步骤基本一致。以下是 pHS—25 型数显式酸度计测量溶液 pH 的基本操作步骤。

1) 开机

装上电极（若用复合电极测量，则将其插在指示电极插座上），仪器选择开关置于"pH"挡，开启电源，预热 10min。

2) 标定

(1) 电极用蒸馏水清洗，用滤纸擦干后，插入一已知 pH 的缓冲溶液中。（所选用标准缓冲溶液的 pH 与待测样品的 pH 最好能尽量接近，这样能减少测量误差。常用缓冲溶液的 pH 与温度关系参见表 2-1）。

表 2-1　常用缓冲溶液的 pH 与温度关系对照表

温度/℃ \ pH \ 溶液	邻苯二甲酸盐	中性磷酸盐	硼酸盐
5	4.01	6.95	9.39
10	4.00	6.92	9.33
15	4.00	6.90	9.27
20	4.01	6.88	9.22

温度/℃　pH　溶液	邻苯二甲酸盐	中性磷酸盐	硼酸盐
25	4.01	6.86	9.18
30	4.02	6.85	9.14
35	4.03	6.84	9.10
40	4.04	6.84	9.07
45	4.05	6.83	9.04
50	4.06	6.83	9.01
55	4.08	6.84	8.99
60	4.10	6.84	8.96

（2）调节"温度补偿"旋钮，使所指温度与缓冲溶液的温度相同。

（3）调节"斜率"旋钮在 100％位置（顺时针旋到底）。

（4）调节"定位"旋钮，使显示屏读数为缓冲溶液的准确 pH。

（5）取出电极，用蒸馏水清洗，用滤纸擦干，待用。

3）测量

（1）把电极插入未知溶液之内，稍稍摇动烧杯，缩短电极响应时间。

（2）调节"温度补偿"旋钮，使所指温度与测量溶液的温度相同。

（3）记录显示屏读数，即为待测溶液的 pH。

4）关机

测量结束，关闭电源，取出电极用蒸馏水清洗。

3. 注意事项

玻璃电极浸泡于蒸馏水中存放，复合电极浸泡于 3mol/L KCl 溶液中，长期不用则应收起，用前应分别在相应溶液中分别浸泡 24h、8h 以上。

2.3.2　紫外-可见分光光度计及其使用

紫外-可见分光光度计是在紫外-可见光区可任意选择不同波长的光测定溶液吸光度的仪器。该仪器的型号很多，性能差别悬殊，但其基本原理一致。一般由 5 个主要部件构成，即光源、单色器、吸收池、检测器和信号显示系统。其基本结构可表示如图2-14所示。

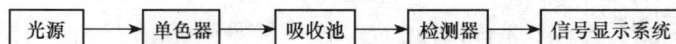

光源 → 单色器 → 吸收池 → 检测器 → 信号显示系统

图 2-14　紫外-可见分光光度计基本结构

1. 分光光度计主要部件及其功能

目前，紫外-可见分光光度计按光路系统分类，一般可分为有单光束、双光束和二极管阵列等。国产的 751 型，752 型等属于单光束光路类仪器，国内普遍应用的 752 系列可见分光光度计也属于单光束光路类仪器，而国产 730 型分光光度计则属于双光束光路类仪器。一般国产仪器的主要部件及功能如下。

(1) 样品室门。打开样品室门，可放置样品。部分仪器开门时具有使光门自动关闭的作用。

(2) 比色皿架。在样品室内，用于放置比色皿。

(3) 比色皿拉杆。操纵比色皿架，前后推拉可改变 4 个比色皿的位置。

(4) 显示窗。显示测量值。在不同功能下，分别显示透光率、吸光度或浓度及显示错误。

(5) 方式键。按此键可选择输出方式，选择显示"T"或"A"等。

(6) 波长调节键。调节波长。当按键减小或增大时，显示窗的数字随之改变。

(7) "100%T"键。调参比。按此键，显示器显示为"100.0（%T）"或"0.000（A）"。

(8) "0%T"键。调零。按此键，显示器显示为 0.0（%T）或 2.500（A）。

2. 分光光度计基本操作

紫外-可见分光光度计的商品仪器类型很多，但使用时的操作步骤基本一致，其基本操作步骤如下。

(1) 检查仪器，取出样品室内干燥剂。

(2) 打开电源，等仪器自检通过，选择所需光源。

(3) 按波长调节键，选择测量所需波长，预热 20～30min。

(4) 仪器调零，光门关闭时按"0%T"键，使显示器显示"0.0（%T）"或"2.500（A）"；光门打开，光路畅通时，按"100%T"键，使显示器显示"100.0（%T）"或"0.000（A）"。

(5) 将盛有参比溶液的比色皿置于比色皿架上，重复操作（4）。

(6) 将盛有待测溶液的比色皿置于比色皿架上，拉动比色皿拉杆，将待测溶液比色皿置于光路，显示窗即可直接读到 T 或 A 值（根据需要可选择输出方式）。

(7) 测定结束后，关闭电源，清洗比色皿。

3. 使用注意事项

(1) 仪器的光学系统是仪器的核心部分，切勿轻易拆卸，要保持内部干燥、绝缘良好。

(2) 样品室应保持干燥，防止试样交叉污染。试样不宜长时间放置在样品室。测定挥发性试样时应在比色皿上加盖。

(3) 大幅度改变测试波长时，需要等数分钟后，才能正常工作。（因波长大幅度改变时，光能量急剧变化，而光电管受光后响应缓慢，需一定的移光响应平衡时间）。

(4) 每台仪器所配套的比色皿不能与其他仪器上的比色皿单个调换。比色皿使用结束后，用蒸馏水荡洗 3 次，晾干。

（5）待测溶液应呈澄清状，不得有沉淀、分层或为悬浮液，否则影响测定结果。

（6）仪器工作 1 个月左右或搬动后，要重新进行波长精确性等方面的检查，以确保仪器的使用和测定的精确性。

（7）仪器关闭后，待其冷却至室温，样品室放入干燥剂，罩上机罩，避免长时间不用使光学系统沾染灰尘，影响测定结果。做好使用登记。

2.3.3 气相色谱仪及其使用

1. 气相色谱仪的组成及其功能

目前国内外气相色谱（GC）仪的型号和种类很多，但均由六大系统组成，即气路系统、温控系统、进样系统、分离系统、检测系统和数据处理系统，流程见图 2-15，各系统功能如下。

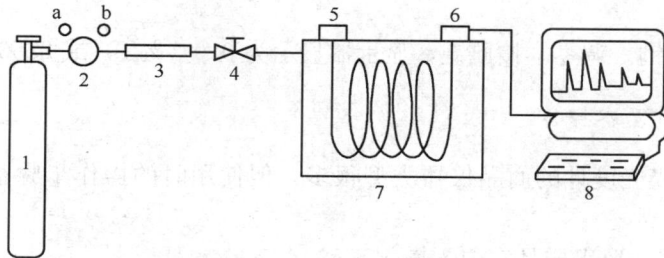

图 2-15 气相色谱流程图

1. 高压载气瓶；2. 压力调节器（a. 瓶压，b. 输出压）；3. 净化器；4. 气流调节阀；
5. 气化室；6. 检测器；7. 柱温箱与色谱柱；8. 色谱工作站

（1）气路系统。由气源、净化器、气流控制装置构成，提供载气和（或）辅助气体，并保证载气的纯度（≥99.9%）及稳定流速。气源通常为高压钢瓶或气体发生器。

（2）温控系统。用于分别控制气化室、柱温箱、检测器的温度。

（3）进样系统。包括样品导入装置（如注射器、六通阀和自动进样器等）和进样口，进样口主要由汽化室构成。汽化室是将液体样品瞬间汽化为蒸气的装置。

（4）分离系统。分离系统主要包括色谱柱和柱温箱。色谱柱是色谱分离系统的"心脏"。

（5）检测系统。即检测器（detector），可将混合气体中组分的量变成可测量的电信号，是色谱仪的"眼睛"。气相色谱仪的检测器已有 50 余种之多。常用的浓度型检测器有热导检测器、电子捕获检测器等。常用的质量型检测器有氢火焰离子化检测器、氮磷检测器和火焰光度检测器及质谱检测器等。

（6）数据处理系统。最基本的功能是将检测器输出的模拟信号进行采集、信号转换、数据处理与计算，并打印出信号强度随时间的变化曲线，即色谱图。

现代的色谱仪都有一个色谱工作站（由工作软件＋微型计算机＋打印机组成），它能完成数据处理系统的所有任务，有的还能对色谱仪器实现实时自动控制。

2. 气相色谱仪的基本操作

目前国内外气相色谱仪进行气相分析的流程大体相同。其基本操作步骤如下。

（1）打开载气总阀开关，调节出口阀压力。

（2）打开仪器电源开关，仪器通过自检。

（3）打开主机面板上的辅助气（空气、氢气）开关，设置流量。

（4）设置柱温箱、进样器、检测器工作温度。

（5）从主机面板选择分析通道（设置检测器，若是 FID，则需点火）。

（6）打开色谱工作站，进入主菜单，进行方法设定。

（7）待信号值稳定后，即可进样分析，按同步触发器采集数据，运行时间结束后，出现对话框，键入文件名，保存文件。

（8）打开主菜单，进行谱图处理，选择存储谱图或打印。

（9）色谱分析结束，设置程序使柱温箱、进样器、检测器温度下降。

（10）关闭电源，关闭载气总阀开关。

3. 微量注射器的进样操作

气相色谱法中手动进样用微量注射器进样，液体试样一般使用 1、5、10 μL 等规格的微量注射器。微量注射器的进样操作见图 2-16。进样时注意防止针芯和针头折弯。

4. 气相色谱仪使用注意事项

（1）开机前应检查气路系统是否漏气，检查进样口硅橡胶密封垫是否需要更换。

（2）开机时先通载气后通电，关机时先关电源后关载气。

（3）柱温箱、汽化室及检测器的温度根据样品性质确定。一般汽化室温度比样品组分中最高的沸点再高 30~50℃ 即可，检测器温度应大于柱温箱温度。

（4）用 FID 检测器时，不点火严禁通 H_2，通 H_2 后要及时点火，并保证火焰点着。

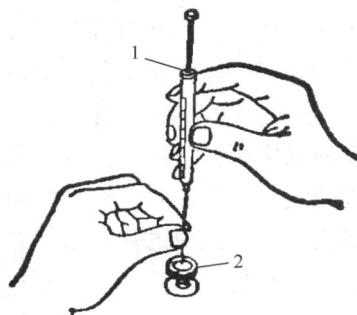

图 2-16　微量注射器操作
1. 微量注射器；2. 进样口

（5）仪器基线平稳后，仪器上所有旋钮、按键不得乱动，以免改变色谱条件。

（6）微量注射器使用前应先用被测溶液洗涤数次，吸取样品时，注射器中不应有气泡。

2.3.4　高效液相色谱仪及其使用

高效液相色谱（HPLC）仪型号、配置多种多样，但其基本工作原理和基本流程一致，主要包括高压输液系统、进样系统、色谱分离系统、检测器、数据处理系统等，如图 2-17 所示。目前常见生产厂家国外有 Waters 公司、Agilent 公司、Shimadzu 公司等，国内有大连依利特公司、上海分析仪器厂、北京分析仪器厂等。

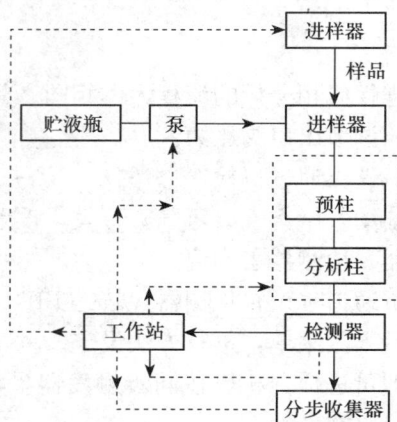

图 2-17 高效液相色谱仪基本组成

1. 高效液相色谱仪的组成及其功能

1) 高压输液系统

高压输液系统由溶剂贮液瓶、溶剂脱气装置、高压输液泵、梯度洗脱装置构成。

(1) 贮液瓶。用于贮存流动相溶液,一般为玻璃或塑料瓶,容积为 0.5～2.0L,无色或棕色,棕色瓶可起到避光作用,盛放水溶液时可减缓菌类生长。贮液瓶的位置应高于泵,以保持一定的输液静压差。

(2) 脱气装置。流动相中微小气泡在高压下会放大影响泵的工作,甚至会影响检测器的灵敏度、基线稳定性,乃至无法检测,因此必须脱气。脱气方法有离线脱气法和在线脱气法,在线真空脱气机可实现流动相在进入输液泵前的连续真空脱气,适用于多元溶剂系统。简单的高效液相色谱仪无在线脱气装置,流动相必须用离线脱气法。

(3) 高压输液泵。高压输液泵是高效液相色谱仪中最重要的部件之一。高压输液泵的性能好坏直接影响到整个系统的质量和分析结果的可靠性。高压输液泵应具备以下性能:①流量稳定,其 RSD 应<0.5%,这对定性定量的准确性至关重要;②流量范围宽,分析型应在 0.1～10 mL/min 范围内连续可调,制备型应能达到 100mL/min;③输出压力高,一般可高达 39.2～49MPa;④液缸容积小,适于梯度洗脱;⑤密封性好,耐腐蚀。

高压输液泵的种类很多,目前应用最多的是柱塞往复泵。

(4) 梯度洗脱装置。梯度洗脱装置用于进行梯度洗脱。高效液相洗脱方式有等度(isocratic)和梯度(gradient)两种,梯度洗脱方式又分低压梯度(外梯度)和高压梯度(内梯度)。

低压梯度是在常压下将两种或多种溶剂按一定比例输入泵前的比例阀中混合后,再用高压泵将流动相以一定的流量输出至色谱柱。常见的是四元泵,其特点是只需一个高压输液泵,由计算机控制四元比例阀来改变溶剂的比例,即可实现二元～四元梯度洗脱,成本低廉、使用方便。由于溶剂在常压下混合,易产生气泡,故需要良好的在线脱气装置。

高压梯度一般只用于二元梯度，即用两个高压泵分别按设定比例输送两种不同溶液至混合器，在高压状态下将两种溶液进行混合，然后以一定的流量输出。其主要优点是，只要通过梯度程序控制器控制每个泵的输出，就能获得任意形式的梯度曲线，而且精度很高，易于实现自动化控制。

2）进样系统

进样系统的作用是将试样引入色谱柱，装在高压泵和色谱柱之间，由手动或自动经六通阀进样。

（1）六通阀。六通阀结构及工作原理如图 2-18 所示。六通阀有 6 个口，1 和 4 之间接定量环，2 接高压泵，3 接色谱柱，5、6 接废液管。进样时先将阀切换到"Load"，针孔与 4 相连，用微量注射器将样品溶液由针孔注入定量环中，充满后多余的样品溶液从 6 处排出，后将进样阀手柄顺时针转动 60° 至"Inject"，流动相与定量环接通，样品被流动相带到色谱柱中进行分离，完成进样。定量环常见体积有 5、10、20、50 μL 等，可以根据需要更换不同体积的定量环。

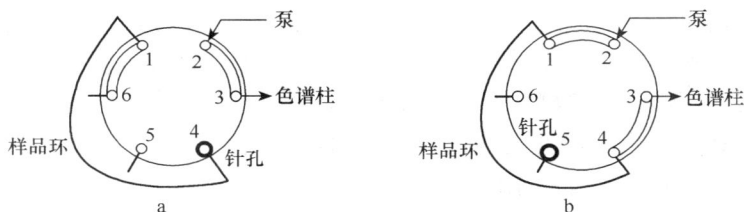

图 2-18　六通阀手动进样器原理示意图

a. Load；b. Inject

（2）手动进样器。手动进样器进样时，用微量注射器将样品溶液注入六通阀，注意必须使用高效液相色谱仪专用平头微量注射器，不能使用气相色谱仪用的尖头微量注射器，否则会损坏六通阀。进样方式有部分装液法和完全装液法两种。①部分装液法，注入的样品体积应不大于定量环体积的 50%，并要求每次进样体积准确、相同。②完全装液法，注入的样品体积应最少是定量环体积的 3 倍，以完全置换定量环内流动相，消除管壁效应，确保进样准确度及重现性。

（3）自动进样器。自动进样器由计算机自动控制进样六通阀、计量泵和进样针的位置，按预先编制的进样操作程序工作，自动完成定量取样、洗针、进样、复位等过程。

3）色谱分离系统

色谱分离系统包括保护柱、色谱柱、柱温箱、柱切换阀等。

（1）色谱柱。色谱柱是分离好坏的关键，使用时，流动相的方向应与柱的填充方向一致。色谱柱的柱管外壁都以箭头显著地标示了该柱的使用方向，安装和更换色谱柱时一定要使流动相按箭头所指方向流动。

（2）柱温箱。柱温箱是用于使色谱柱恒温的装置，一般其控温范围高于室温，也可低于室温，通常控制柱温在 30～40℃。有些柱温箱还具有柱切换装置。

色谱柱的工作温度对保留时间、相对保留时间、溶剂的溶解能力、色谱柱的性能、流动相的黏度都有影响。一般升高柱温，可增加组分在流动相中的溶解度，减小分配系数 K，缩短分析时间；还可降低流动相的黏度，降低柱压与提高柱效。

4）检测器

检测器的作用是将流出色谱柱的每一组分的总量定量地转化为可供检测的信号。分通用型检测器和专用型检测器，前者常见的有示差折光检测器、蒸发光散射检测器及目前发展较快的质谱检测器等；后者主要有紫外检测器、荧光检测器等。最常用的是紫外检测器，常见的有可变波长紫外检测器和二极管阵列检测器。

2. 高效液相色谱仪基本操作

（1）准备。流动相配制、脱气，样品制备。

（2）装柱。将吸液头插入已经过滤和脱气处理的甲醇中，开启泵，使液体流出，调节流速为 0.2mL/min，连接色谱柱（注意流动相方向），待液体流出色谱柱后，再与检测器连接。

（3）开机。依次打开计算机、泵、检测器、柱温箱电源开关，仪器自检。

（4）平衡。逐级升高流速（常规分析柱一般至 1mL/min），大约 15min 后，换上准备的流动相（若流动相含盐或甲醇比例较低，中间需适当过渡），待基线走稳。

（5）通过仪器面板或色谱工作站设置分析条件，设置泵参数，如工作流速、流动相比例、高压限和低压限；设置检测器参数，如检测波长（nm）、灵敏度（AUFS）等；编辑样品名、采集时间、进样体积等。

（6）待基线走稳后，进样分析，采集数据（图谱）。

（7）建立数据处理方法，选择峰宽、积分阈值、处理区间、指定最小峰面积和峰高等；处理色谱图，记录色谱图信息（色谱峰面积）。

（8）冲洗。全部测定完毕后，冲洗色谱柱和管路（调节溶剂洗脱强度从小到大冲洗柱子）。

（9）降流速。用面板功能或用色谱管理软件调控，流速每次降 0.2mL/min，柱压稳定后再降 0.2mL/min，降到 0.0mL/min 为止。

（10）退出工作站，关闭工作站后再关闭计算机，关闭各部件电源。

（11）做好使用登记。

3. 高效液相色谱仪使用注意事项

（1）高效液相色谱分析所用水均需纯化处理，用新鲜二次蒸馏水或经去离子处理的蒸馏水。

（2）流动相需经过滤、脱气后方可使用。样品需经过滤或高速离心后方可进样分析。

（3）做完实验后，反相色谱柱需用甲醇冲洗 20～30 min。若流动相中含盐类或缓冲液，应先配制相同比例的无盐流动相冲洗，逐渐变化到 95％水溶液冲洗，再逐渐变化到用甲醇冲洗，以保护色谱柱和高压输液泵。

4. 泵的使用和维护

（1）防止任何固体微粒进入泵体，因此应过滤流动相。

（2）流动相不应含有任何腐蚀性物质，含有缓冲液的流动相不应停泵过夜或保留在泵内更长时间。必须泵入纯水将泵充分清洗后，再换成适合于保存色谱柱和有利于泵维护的溶剂。

（3）防止流动相耗尽空泵运转，导致柱塞磨损、缸体或密封损坏，最终产生漏液。

（4）输液泵的工作压力不能超过规定的最高压力，否则会使高压密封环变形，产生漏液。

（5）流动相应脱气，以免在泵内产生气泡，影响流量的稳定性，如果有大量气泡，泵将无法正常工作。

5. 离线脱气方法

（1）抽真空脱气。用微型真空泵，降压至 $0.05\sim0.07$MPa 即可除去溶解的气体。使用真空泵连接抽滤瓶可以一起完成过滤和脱气的双重任务，滤膜常用 $0.45\mu m$ 孔径，分有机相和水相膜，切不可用水相膜过滤有机相。

（2）超声波振荡脱气。将流动相置于超声波清洗机中，用超声波振荡 $10\sim30$min 即可。

（3）吹氦脱气。使用在液体中比空气中溶解度低的氦气，以 60mL/min 的流速缓缓地通过流动相 $10\sim15$min，除去溶于流动相中的气体。

6. 色谱柱的正确使用和维护

（1）避免压力、温度和流动相的组成比例急剧变化及任何机械震动。

（2）经常用强溶剂冲洗色谱柱，清除保留在柱内的杂质。

① 硅胶柱。以正己烷（或庚烷）、二氯甲烷和甲醇依次冲洗，然后再以相反顺序依次冲洗，所有溶剂都必须严格脱水。甲醇能洗去残留的强极性杂质，己烷使硅胶表面重新活化。

② 反相柱。以水、甲醇、乙腈、一氯甲烷（或三氯甲烷）依次冲洗，再以相反顺序依次冲洗（如果下一步分析用的流动相不含缓冲液，那么可以省略最后用水冲洗这一步）。

一氯甲烷能洗去残留的非极性杂质，在甲醇（乙腈）冲洗时重复注射 $100\sim200\mu L$ 四氢呋喃数次，有助于除去强疏水性杂质。四氢呋喃与乙腈或甲醇的混合溶液能除去类脂。有时也注射二甲基亚砜数次。此外，用乙腈、丙酮和三氟醋酸（质量分数为 0.1%）梯度洗脱能除去蛋白质杂质。

第3章 化学分析实验

3.1 电光分析天平减量法称量练习

3.1.1 目的要求

(1) 了解电光分析天平的结构，熟悉砝码组合。
(2) 学会正确使用电光分析天平。
(3) 掌握减量法称量方法。

3.1.2 仪器与试剂

(1) 电光分析天平；称量瓶；锥形瓶或小烧杯。
(2) 样品：固体样品（晶形粉末）。

3.1.3 实验内容

(1) 观察、熟悉天平各部件的结构，性能及所处的正确位置。
(2) 称量练习：称样量 0.2g（±10%，0.18～0.22g）。

3.1.4 实验步骤

1. 叠罩

取下天平罩，叠齐，放在天平箱上面。

2. 称样前准备

1) 外观检查
(1) 查水平（若气泡不在环线中，旋转天平箱下前面两只垫脚螺丝，调整气泡至环线中）。
(2) 查升降枢是否处于关闭状态，横梁、吊耳有无脱落。
(3) 查砝码是否齐全。
(4) 查指数盘是否指零，环码是否齐全、到位。
(5) 查天平盘是否干净（如有粉尘，可用软毛刷轻轻扫净）。
2) 物品放置
砝码盒放于指数盘一边，容器放另一边，记录本放中间。
3) 调零
接通电源，右手握旋钮，缓慢旋开，灯亮，观察零点。若不在零点，可拨动拨杆调零（≤±0.3mg）。

3. 减量法称量

（1）将装有试样的称量瓶在电子天平（0.1g）或台秤上粗称出质量，再放在电光分析天平秤盘上。关好边门，加砝码及环码。手握旋钮，缓慢旋开旋钮，根据指针或标尺移动的方向判断两边秤盘轻重，关闭旋钮。加减砝（环）码（由大到小，折半加减），直至打开天平旋钮时指针在标尺范围内，读数并记录，关天平，得倾出样品前称量瓶质量 m_1。

（2）在指数盘上减去所需倾出样品质量数。取出称量瓶，左手拿瓶、右手拿盖，对准容器口，用瓶盖轻敲瓶的上部（瓶微微上倾，勿使瓶底高于瓶口，以防试样冲出），使试样慢慢落入容器中，收起时一边敲瓶口上部，一边慢慢地将瓶竖起，使粘在瓶口的试样落入瓶中，盖好瓶盖，再将称量瓶放回秤盘中，缓慢旋开旋钮，根据指针或标尺移动的方向判断两边秤盘轻重，若样品盘重，则表明倾出量不够，取出称量瓶继续敲出试样，如此重复操作（重复次数越少越好），直至倾出的试样质量达到要求后，记录下准确读数 m_2。第一份试样质量＝m_1－m_2。

（3）重复进行操作（2），若需称取 3 份试样，则连续称量 4 次即可。

4. 复原

关闭旋钮，取出砝码，将指数盘归零，取出称量瓶，关闭天平门。罩上天平罩，填写仪器使用记录。

3.1.5　数据记录与处理

将实验数据及处理结果记入在表 3-1 中。

表 3-1　实验数据表

样品编号	1	2	3
称量瓶＋样品（倾出前）质量/g			
称量瓶＋样品（倾出后）质量/g			
样品质量 /g			

3.1.6　注意事项

（1）称量时不可以裸手接触称量瓶，可戴手套（自备白布薄手套）或用洁净的小纸条操作。

（2）天平要轻开轻关，调试砝码时，可以先半开，待临近平衡点，光屏缓慢移动时再完全打开旋钮。取放物体、加减砝码和环码时，必须关闭天平，以保护玛瑙刀口。

（3）称量时，应关好边门（减少空气流动、湿度变化等的影响），不得随意打开前门。

（4）取砝码时必须用镊子夹取，严禁手拿。

（5）不得使天平载重超过最大负载（$m_{max} = 200g$）。

（6）数据应及时记录在实验报告上。

3.1.7　思考题

（1）将物品或砝（环）码在秤盘上取下或放上去时，为什么必须关闭天平、托住天平横梁？

（2）在减量法称出样品过程中，若称量瓶内的试样吸湿，会对称量结果造成什么影响？若试样倾入锥形瓶内再吸湿，对结果是否有影响？为什么？

（3）在称量中如何运用优选法较快地确定出物品的质量？

（4）在减量法称量中，零点是否要求绝对准确？是否参加计算？

（5）在称量练习的记录和计算中，如何正确运用有效数字？

3.1　Photoelectric Analytical Balance Weighing Practice with Decrement Method

3.1.1　Objectives

(1) To understand the structure of photoelectric analytical balance and get familiar with the combination of weights.

(2) To learn how to use the photoelectric analytical balance correctly.

(3) To master the decrement method.

3.1.2　Apparatus and Reagents

(1) Photoelectric analytical balance; weighing bottle; conical flask or small beaker.

(2) Sample: solid sample (crystal powder).

3.1.3　Contents

(1) To observe and to get familiar with the structure, function and exact position of each part of the balance.

(2) Weighing practice: sample size is 0.2g ($\pm 10 \%$, $0.18 \sim 0.22g$).

3.1.4　Procedures

1. Fold the cover

Take down the cover of the balance, fold it tidily and put it on the top of the balance housing.

2. Preparations

1) Observational check

(1) Check to make sure that the balance is level (If the air bubble is not in the center of the circle, turn the two adjusting screws on the front legs of the balance until the bubble flows to the position).

(2) Check to make sure that the lifting pivot is closed, and the beam and lifting lug are both in place.

(3) Check to make sure that the weight set is complete.

(4) Check to make sure that the index plate is at zero scale, and the ring-weights are complete and all in place.

(5) Check to make sure that the scale pan is clean (If there is any dust on the pan, sweep it with a banister brush).

2) Placement of the relative articles

The weight box should be on the side of the index plate, the containers on the other side and the notebook in the middle.

3) Adjustment to zero scale

Turn on the power, and slowly screw off the knob with the right hand. When the light is on, check to make sure that the pointer is at the zero scale. If not, rotate the lever until the zero scale is reached ($\leqslant\pm0.3mg$).

3. Weighing practice with decrement method

(1) Estimate the approximate weight of the weighing bottle containing the sample with an electronic balance (0.1g) or platform balance. Then put the weighing bottle on the scale pan of the photoelectric analytical balance, close the side door, and begin to increase the weights and ring-weights. Screw the knob slowly, and judge the balance tendency according to the moving direction of the pointer or the scale. Increase or reduce the weights and ring-weights (from the heavy to the light ones, and increase or reduce the weights by half) until the pointer is within the range of the scale as the knob is turned on. Read and record the accurate mass of the weighing bottle with sample (m_1).

(2) Subtract the required sample weight from the index plate. Take out the weighing bottle. Hold the bottle with the left hand, and pinch the lid with the right hand. Over the container mouth, knock at the top of the bottle by the lid (make the bottle lean a bit upward, and avoid the bottom being higher than the top in case the sample should rush out), and make sure that the sample falls into the container. When finishing, stick up the bottle slowly while continuing to knock at the top of the bottle to make sure that the residual sample adhering to the edge of the mouth falls back into the bottle. Then cover the lid back and put the weighing bottle back on the scale pan. Again,

screw the knob slowly, and judge the balance tendency. If the sample pan is heavier, it suggests that the amount of dumped sample is not enough. Take out the weighing bottle and repeat the above operations (The less repetitive times, the better results will be). until the weight of the dumped sample reaches the requirement, and then record the exact reading (m_2). As a result, the weight of the first piece of dumped sample is equal to $m_1 - m_2$.

(3) Repeat Step (2). Consequently, three pieces of dumped sample require quartic consecutive measurements.

4. Recuperation

Screw off the knob, take out the weights, and reset the index plate to zero scale. Take out the weighing bottle, and close the side door. Put the cover over the balance, fill out the usage record and put back the chair.

3.1.5　Data Recording and Processing

Please fill the data and results in Table 3-1.

Table 3-1　The recording of experiment

Sample No.	1	2	3
Weight of sample and bottle (before dumping) /g			
Weight of sample and bottle (after dumping) /g			
Weight of the dumped sample / g			

3.1.6　Cautions

(1) Do not touch the weighing bottle with your hand. You should operate with gloves on or with a clean paper strip.

(2) Screw the knob slowly and gently. Half open the lifting lug when adjusting the weights, then open it fully when approaching the balance point while the screen moves slowly. Make sure that the lifting lug is closed when taking or putting the weighing bottle, increasing or reducing the weights and ring-weights in order to protect the agate blade.

(3) Close the side door while weighing to reduce the effect of air currents, humidity change, etc. Do not open the front door of the balance without permission.

(4) Clamp the weights by forceps. Direct contact with hands is forbidden.

(5) The carrying capacity of the balance ($m_{max} = 200g$) should not be exceeded.

(6) All the data should be recorded on the lab report in time.

3.1.7　Questions

(1) Why do we have to turn off the balance and lift the beam when putting on or

the lid back and put the weighing bottle back on the scale pan. Read the reading again. Absolute value of the negative figure showing on the display is just the mass of the sample dumped out. Repeat the above operations (The less repetitive times, the better results will be) until the weight of the dumped sample reaches the requirement, and then record the exact reading.

（3）Specific weighing: specific weighing is suitable for the sample without hygroscopicity. Put the weighing paper on the scale pan. After the balance is reached, press "TAR" to return to zero. Open both of the side doors; hold the weighing bottle with the left hand and the lid with the right hand. Dump out the sample onto the weighing paper base on the operation described in the section of decrement weighing, until the weight of the dumped sample reaches the requirement. Close the doors, and wait until the balance is reached. Record the exact reading.

4. Recuperation

After you have finished weighing, press "OFF" to turn off the balance. Take out the weighing bottle, and close the side doors. Put the cover over the balance, write down the usage record and put the chair back in place.

3.2.5 Data Recording and Processing

Fill the data of direct weighing, decrement weighing and specific weighing in sequence in Table 3-2.

Table 3-2 The recording of experiment

Method	Direct weighing	Decrement weighing	Specific weighing
Sample mass/g			

3.2.6 Cautions

（1）Do not touch the weighing bottle with your hand. You should operate with gloves on or with a clean paper strip.

（2）The side doors must be closed while reading in case air currents should lead to an unstable reading.

（3）The balance cannot be moved during weighing process once the level of balance has been in the state. The carrying capacity of the balance should not be exceeded.

（4）In the case of decrement weighing and specific weighing, the "TAR" key should not be pressed again after zero calibration.

（5）Data should be recorded on the lab report in time.

（6）The zero clearing function of "TAR" key is not required to use when weighing with the decrement method. First, weigh the mass of weighing bottle with original sample （m_1）, then measure the mass after dumping out some sample （m_2）, thus the dumped sample mass is m_1-m_2. Repeat the process of knocking and weighing （m_3） in the same way, and the mass of the second piece of dumped sample is m_2—m_3。

3. 2. 7　Questions

（1）Why can't we open the side doors on both sides of the balance while reading?

（2）Why can't we move balance during weighing process after the balance level is in the state?

（3）Why can't we press "TAR" key again after zero calibration during decrement weighing or specific weighing?

3.3　容量分析器皿的校正

3.3.1　目的要求

（1）了解容量分析器皿的误差。

（2）掌握容量分析器皿的校准方法。

3.3.2　基本原理

滴定分析误差的来源之一是容量器皿（以下简称器皿）的体积测量误差。根据滴定分析的允许误差，通常要求所用器皿测定溶液体积时的测量误差在 0.1％ 左右。但大多数器皿由于种种原因，如不同商品等级、温度变化等，使器皿的实际容积与所标示的容积之差往往会超出允许误差范围。因此，为了提高分析结果的准确性，应适时对器皿进行校正。器皿的校准根据具体情况可采用绝对校准法与相对校准法。

1. 绝对校准法

绝对校准法需要测定器皿的实际容积，是通过称量器皿中所放出或所容纳纯水的质量，然后将该质量除以该温度下水的校正密度 d_t^t（ d_t^t 表示温度为 t℃是 1mL 纯水在空气中用黄铜砝码称得的质量）即得到实际容积。例如，在 25℃校准滴定管，由滴定管放出 19.88mL 纯水，称得其质量为 19.82g，查表 3-5 得 25℃ 时纯水的校正密度为 0.9961，因此实际容积为

$$\frac{19.82}{0.9961}=19.90 \text{（mL）} \quad 校准值为 19.90-19.88=0.02 \text{（mL）}$$

滴定管、移液管、容量瓶一般采用绝对校准法。

2. 相对校准法

当要求两种器皿按一定比例配套使用时，由于各自的绝对容积并不重要时，可采用相对校准法。例如，25mL 移液管与 100mL 量瓶的体积比应为 1：4。

3.3.3　仪器与试剂

（1）分析天平；25mL 酸（碱）式滴定管；100mL 容量瓶；25mL 移液管；50mL 锥形瓶。

（2）试剂：蒸馏水。

3.3.4　实验步骤

1. 滴定管的校准

将蒸馏水装入洁净的滴定管中，调节零刻度，准确读数并记录，同时测定所用水的温度。

取一干燥 50mL 锥形瓶，置于分析天平称量（准确至 0.01g），然后从滴定管中放出 5mL 蒸馏水于锥形瓶中，1min 后准确记录滴定管读数（至 0.01mL），于同一台分析天平上，称取锥形瓶加水的质量。然后再放 5mL 蒸馏水、记录滴定管读数、称量锥形瓶加水的质量。如此反复进行直至滴定管读数为 25mL。以 5mL 为一段计算实际容积及其校准值，然后求出累积校准值。

重复测量一次，要求两次测量的校准值之差应不大于 0.02 mL。

2. 移液管的校准

同滴定管的校准，称量移液管准确移取的质量，计算，即得。

3. 移液管和容量瓶的相对校准

用 25mL 移液管移取蒸馏水于洁净干燥的 100mL 量瓶中，移取 4 次后，观察瓶颈处水的弯月面是否刚好与标线相切。若不相切，则应在瓶颈另作一记号为标线，作为与该移液管配套使用时的容积。

3.3.5　数据记录与处理

1. 滴定管校正表（表 3-3）

表 3-3　滴定管校正表　　　　（水温：　　℃，$d_t' = $　　g/mL）

读数	V/mL	$m_{瓶+水}$/g	$m_水$/g	$V_实$/mL	ΔV/mL	$\sum \Delta V$/mL
0.03		空：23.45				
5.02	4.99	28.42	4.97			
10.05	5.03	33.42	5.00			
...						

2. 移液管校正表（表 3-4）

表 3-4　移液管校正表

标示容量：　　　　mL　　　　　　　　　　（水温：　　℃，$d'_t =$　　　g/mL）

实验次数	$m_{瓶}$/g	$m_{瓶+水}$/g	$m_{水}$/g	$V_{实}$/mL	ΔV/mL
1					
2					
3					

3.3.6　思考题

（1）校准滴定管时，为什么锥形瓶和水的质量只须准确到 0.01g。

（2）为什么容量分析要用同一支滴定管或移液管？为什么滴定时每次都应从零刻度或零刻度以下附近开始？

（3）校正容量器皿时为什么要求使用蒸馏水而不使用自来水？为什么要测水温？

附：纯水在不同温度下的校正密度和常见容量器皿允许误差（表 3-5～表 3-9）

表 3-5　纯水在不同温度下的 d'_t
（d'_t 指温度为 t℃的 1mL 纯水在空气中用黄铜砝码称得的质量）

温度/℃	d_t/(g/mL)	温度/℃	d_t/(g/mL)	温度/℃	d_t/(g/mL)	温度/℃	d_t/(g/mL)
5	0.99853	12	0.99824	19	0.99733	26	0.99588
6	0.99853	13	0.99815	20	0.99715	27	0.99566
7	0.99852	14	0.99804	21	0.99695	28	0.99539
8	0.99849	15	0.99792	22	0.99676	29	0.99512
9	0.99845	16	0.99778	23	0.99655	30	0.99485
10	0.99839	17	0.99764	24	0.99634	—	—
11	0.99833	18	0.99749	25	0.99612	—	—

表 3-6　滴定管的允许误差

滴定管规格		5mL	10mL	25mL	50mL
允许误差/mL	一等	±0.01	±0.02	±0.03	±0.05
	二等	±0.03	±0.04	±0.06	±0.10

表 3-7　移液管的允许误差

移液管规格		1mL	2mL	5mL	10mL	20mL	25mL	50mL
允许误差/mL	一等	±0.006	±0.006	±0.01	±0.02	±0.03	±0.04	±0.05
	二等	±0.015	±0.015	±0.02	±0.04	±0.06	±0.10	±0.12

表 3-8　吸量管的允许误差

吸量管规格		1mL	2mL	5mL	10mL	25mL
允许误差 /mL	一等	±0.01	±0.01	±0.02	±0.03	±0.05
	二等	±0.02	±0.02	±0.04	±0.06	±0.10

表 3-9　容量瓶的允许误差

容量瓶规格		10mL	25mL	50mL	100mL	250mL	500mL	1000mL
允许误差 /mL	一等	±0.02	±0.03	±0.05	±0.10	±0.10	±0.15	±0.30
	二等	—	±0.06	±0.10	±0.20	±0.20	±0.30	±0.60

3.3　Calibration of Volumetric Ware

3.3.1　Objectives

(1) To get familiar with the errors of volumetric ware.

(2) To grasp the calibration of volumetric ware.

3.3.2　Principles

The error resulting from the measurement of volumetric ware is one of the error sources of titration analysis. The measuring error is usually required to be around 0.1% for volumetric ware according to the permissible error of titration analysis. However, the difference between the actual volume and the nominal volume often exceeds the limit for most of the volumetric ware due to various reasons, such as the different commercial grades and temperature changes. In order to improve the accuracy of analysis, volumetric wares should be calibrated in due time. Absolute or relative calibration could be employed depending on the specific requirement.

1. Absolute calibration

The actual volume of volumetric ware needs to be measured in absolute calibration. The mass of the pure water released from or contained in the volumetric ware is measured, and then divided by the corrected density of water (d_t') under the same temperature (d_t' refers to the mass of 1 mL pure water measured by brass weights in the air at t℃), then the actual volume is obtained. For example, a burette dispenses 19.88 mL water, which is weighed 19.82 g at 25℃. The corrected density of pure water at 25℃ is 0.9961 according to Table 3-5. Hence, the actual volume should be

$$\frac{19.82}{0.9961} = 19.90(\text{mL})$$

The calibration value is 19.90 − 19.88 = 0.02mL.

The absolute calibration is usually employed for the calibration of burettes, pipettes and volumetric flasks.

2. Relative calibration

Relative calibration could be adopted when two volumetric wares are used as a pair, thereupon absolute volumes of which are not important. For example, the ratio of the volume of a 25mL pipette to that of a 100mL volumetric flask should be 1 : 4.

3.3.3　Apparatus and Reagents

(1) Analytical balance; 25mL acid or base burette; 100mL volumetric flask; 25mL pipette; 50mL conical flask.

(2) Reagents: distilled water.

3.3.4　Procedures

1. Calibration of burettes

Fill distilled water into a clean burette, and adjust the level of water to the zero mark. Record the accurate reading, as well as the temperature of water.

Weigh a dry 50 mL conical flask with an analytical balance (to 0.01g) and record the reading. Dispense around 5mL distilled water from the burette into the conical flask, and record the accurate reading (to 0.01mL) of the burette one minute later. Weigh the conical flask containing water with the same analytical balance. Then continuously dispense around 5mL distilled water, record the burette reading, and weigh the the conical flask containing water. Repeat these procedures until reading of the burette reaches 25 mL. Calculate the actual volumes and the corresponding calibration values at each interval of 5 mL, and finally obtain the accumulated calibration value.

Repeat the calibration, and the difference between the two accumulated calibration values should be no more than 0.02mL.

2. Calibration of pipettes

The procedure is the same as that for the calibration of burettes, i.e. measure mass of the distilled water accurately transferred by the pipette, and calculate the calibration values.

3. Relative calibration of pipettes and volumetric flasks

Transfer distilled water into a clean and dry 100mL volumetric flask with a 25 mL pipette. Observe whether the liquid meniscus of water is tangent to the mark after 4 times of transferring. If not, another calibration line should be marked at the level of the liquid meniscus on the flask neck, the corresponding volume of which is coupled with the used pipette.

3.3.5 Data Recording and Processing

1. Table of burette calibration (Table 3-3)

Table 3-3 Table of burette calibration

(Water temperature: ℃, $d'_t =$ g/mL)

Readings	V/mL	$m_{\text{water \& flask}}$/g	m_{water}/g	V_{actual}/mL	ΔV/mL	$\sum \Delta V$/mL
0.03		Empty: 23.45				
5.02	4.99	28.42	4.97			
10.05	5.03	33.42	5.00			
...						

2. Table of pipette calibration (Table 3-4)

Table 3-4 Table of pipette calibration

Labled volume: mL   (Water temperature: ℃, $d'_t =$ g/mL)

Times	m_{flask}/g	$m_{\text{water \& flask}}$/g	m_{water}/g	V_{actual}/mL	ΔV/mL
1					
2					
3					

3.3.6 Questions

(1) Why is it enough to be accurate to 0.01g for the mass of the conical flask or water during the calibration of burettes?

(2) Why should the same burette or pipette be used during a volumetric analysis? Why should the titration always begin from the zero mark or somewhere just below the mark?

(3) Why should distilled water be used during the calibration of volumetric ware instead of tap water? Why should the temperature of water be measured?

Appendix: the corrected densities of pure water at different temperatures & permissible error for commonly used volumetric ware (Table 3-5 to Table 3-9)

Table 3-5 The corrected densities of pure water at different temperatures

(d'_t refers to the mass of 1 mL pure water measured by brass weights in air at t℃)

Temp /℃	d'_t/(g/mL)	Temp /℃	d'_t/(g/mL)	Temp /℃	d'_t/(g/mL)	Temp /℃	d'_t/(g/mL)
5	0.99853	12	0.99824	19	0.99733	26	0.99588

Temp /℃	d'_t /(g/mL)	Temp /℃	d'_t /(g/mL)	Temp /℃	d'_t /(g/mL)	Temp /℃	d'_t /(g/mL)
6	0.99853	13	0.99815	20	0.99715	27	0.99566
7	0.99852	14	0.99804	21	0.99695	28	0.99539
8	0.99849	15	0.99792	22	0.99676	29	0.99512
9	0.99845	16	0.99778	23	0.99655	30	0.99485
10	0.99839	17	0.99764	24	0.99634	—	—
11	0.99833	18	0.99749	25	0.99612	—	—

Table 3-6　Permissible error for burettes

Specification		5 mL	10 mL	25 mL	50 mL
Permissible error/mL	Class A	±0.01	±0.02	±0.03	±0.05
	Class B	±0.03	±0.04	±0.06	±0.10

Table 3-7　Permissible error for transfer pipettes

Specification		1 mL	2 mL	5 mL	10 mL	20 mL	25 mL	50 mL
Permissible error / mL	Class A	±0.006	±0.006	±0.01	±0.02	±0.03	±0.04	±0.05
	Class B	±0.015	±0.015	±0.02	±0.04	±0.06	±0.10	±0.12

Table 3-8　Permissible error for measuring pipettes

Specification		1 mL	2 mL	5 mL	10 mL	25 mL
Permissible error / mL	Class A	±0.01	±0.01	±0.02	±0.03	±0.05
	Class B	±0.02	±0.02	±0.04	±0.06	±0.10

Table 3-9　Tolerances for volumetric flasks

Specification		10 mL	25 mL	50 mL	100 mL	250 mL	500 mL	1000 mL
Permissible error / mL	Class A	±0.02	±0.03	±0.05	±0.10	±0.10	±0.15	±0.30
	Class B	—	±0.06	±0.10	±0.20	±0.20	±0.30	±0.60

3.4　滴定分析法的基本操作

3.4.1　目的要求

（1）练习滴定分析法的基本操作及常用指示剂的终点判断。

（2）学习容量分析器皿的准确读数。

3.4.2　基本原理

酸碱指示剂（acid-base indicator）一般是有机弱酸或弱碱，其共轭酸式和共轭碱式的结构不同，因而具有不同的颜色。指示剂的理论变色点取决于该指示剂的酸碱离解常数（K_{HIn}），即指示剂达到离解平衡时溶液的 pH，理论变色范围则在平衡点的 ±1 个 pH 单位，因此，在一定条件下，指示剂所呈颜色决定于溶液的 pH。

在酸碱滴定过程中，随着溶液 pH 的变化，酸式和共轭碱式将相互转化，从而引起溶液颜色的变化。在滴定反应中，计量点前后（$\Delta V = 0.04 mL$）pH 会产生一突跃范围（滴定突跃范围），只要选择变色范围全部或部分处于滴定突跃范围内的指示剂即可用来指示终点，滴定误差均小于 ±0.1%，保证测定有足够的准确度。

3.4.3 仪器与试剂

（1）25mL 酸式滴定管；25mL 碱式滴定管；20mL 移液管；250mL 锥形瓶。

（2）0.1 mol/L NaOH 溶液：称取 NaOH（AR）4.2g，加蒸馏水 1000mL 溶解。

（3）0.1 mol/L HCl 溶液：量取浓 HCl（AR，1.18 g/cm³）0.9mL，加蒸馏水 100mL 稀释。

（4）0.1% 甲基橙指示剂：称取甲基橙（AR）0.1g，加蒸馏水 100 mL 溶解。

（5）0.1% 溴甲酚绿指示剂：称取溴甲酚绿（AR）0.1g，加 20% 乙醇 100 mL 溶解。

（6）0.1% 甲基红指示剂：称取甲基红（AR）0.1g，加 60% 乙醇 100mL 溶解。

（7）0.2% 酚酞指示剂：称取酚酞（AR）0.2g，加 95% 乙醇 100 mL 溶解。

3.4.4 实验步骤

1. 用 HCl 滴定 NaOH

将 0.1 mol/L NaOH 溶液、0.1 mol/L HCl 溶液分别装满 25mL 碱式滴定管和 25mL 酸式滴定管，记录初始体积。以 10 mL/min 的速度从碱管中放出 16.0 mL NaOH 溶液于 250 mL 锥形瓶中。加入 2 滴甲基红指示剂，用 0.1 mol/L 的 HCl 溶液滴定至溶液由黄色变为红色，记下读数。继续从碱管中放出 2.0 mL NaOH 溶液（此时碱式滴定管读数为 18.0 mL）于此锥形瓶中，继续用 HCl 溶液滴定至红色，记下读数。如此继续，每次均加入 2.0mL NaOH 溶液，至加入 NaOH 溶液体积为 24.0mL，得出一系列 HCl 滴定体积（累积体积），计算滴定的体积比 V_{HCl}/V_{NaOH}，计算相对偏差。要求 5 次结果的相对偏差不超过 ±0.2%。

分别以溴甲酚绿（由蓝色变为黄绿色）、甲基橙（由黄色变为橙色）为指示剂，练习用 HCl 滴定 NaOH，计算滴定的体积比 V_{HCl}/V_{NaOH}。

2. 用 NaOH 滴定 HCl

用移液管移取 0.1 mol/L HCl 溶液 20.00 mL 于锥形瓶中，加 1~2 滴酚酞指示剂，用 NaOH 溶液滴定至粉红色刚刚出现（30s 不退色即为终点），记下读数。重复 3 次，所用 NaOH 溶液的体积最大值和最小值之差不得超过 0.04 mL，计算 $V_{HCl}/\overline{V}_{NaOH}$ 值。

比较使用各种指示剂滴定的体积比平均值，根据结果，进行讨论，分析原因。

3.4.5 数据记录与处理

1. HCl 滴定 NaOH（表 3-10）

表 3-10　实验数据表　　　　　指示剂：＿＿＿＿＿

实验次数	V_{NaOH}/mL		V_{HCl}/mL		V_{HCl}/V_{NaOH}	平均值 $\overline{X}$	偏差 d	$\dfrac{d}{\overline{X}}\times100$
	V	ΔV	V	ΔV				
V_0		—		—	—			—
V_1								
V_2								
V_3								
V_4								
V_5								

2. NaOH 滴定 HCl（表 3-11）

表 3-11　实验数据表　　　　　指示剂：＿＿＿＿＿

实验次数	1	2	3
V_{HCl}/mL			
V_{NaOH}（始）/mL			
V_{NaOH}（终）/mL			
ΔV_{NaOH}/mL			
$\overline{V}_{NaOH}$/mL			
V_{HCl}/V_{NaOH}			

3.4.6 注意事项

（1）滴定管加满，表示滴定管起始体积读数不大于 0.5mL。

（2）加半滴溶液的操作。使溶液悬挂在管尖上，形成半滴，用锥形瓶内壁将其沾落，再用洗瓶以少量蒸馏水吹洗瓶壁。

（3）振摇锥形瓶时，应使溶液向同一方向做圆周运动（左、右旋均可），勿使瓶口接触滴定管，溶液也不得溅出。

3.4.7 思考题

（1）滴定管和移液管在使用前如何处理？锥形瓶是否需要干燥？

（2）遗留在移液管尖嘴内的最后一滴溶液是否需要吹出？

（3）为什么体积比用累积体积而不用每次加入的 2.0 mL 计算？

3. 4　Basic Operations in Titration Analysis

3. 4. 1　Objectives

（1）To practice the basic operations of titration and the judgment of the end points of the commonly used indicators.

（2）To learn how to accurately read and record the readings of the volumetric ware.

3. 4. 2　Principles

Acid-base indicators are usually weak organic acids or bases; and the colors of the conjugate acid form and the conjugate base form are quite different because of their different structures. The theoretical transition point of an indicator depends on the dissociation constant of the indicator （K_{HIn}）, which is the pH of the solution as the indicator reaches the dissociation equilibrium. The theoretical transition interval of the indicator is within ± 1 of the equilibrium point. Therefore, the color presented by the indicator depends on, under certain conditions, the pH of the solution.

Since the acid form and its conjugate base transit into each other along with the pH changes of the solution during the acid-base titration, the color of the solution should change in accordance with the transition. In the titration reaction, the pH before and after the stoichiometric point （$\Delta V = 0.04mL$）may have a sudden jump （titration jump）. As long as the transition range of an indicator falls completely or partly into the titration jump, the indicator can be used to indicate the end point. The titration error should be less than $\pm 0.1\%$ to make sure that the determination is accurate enough.

3. 4. 3　Apparatus and Reagents

（1）25mL acid burette; 25mL base burette; 20mL transfer pipette; 250mL conical flask.

（2）0.1mol/L NaOH solution: Weigh 4.2g NaOH （AR）, and dissolve it in 1000 mL distilled water.

（3）0.1mol/L HCl solution: Take 0.9mL chloric acid （AR, 1.18g/cm^3）, and dilute it with 100mL distilled water.

（4）0.1% methyl orange indicator: Weigh 0.1g methyl orange （AR）, and dissolve it in 100mL distilled water.

（5）0.1% bromine cresol green indicator: Weigh 0.1g bromine cresol green （AR）, and dissolve it in 100mL of 20% ethanol.

（6）0.1% methyl red indicator: Weigh 0.1g methyl red （AR）, and dissolve it in

100 mL of 60% ethanol.

（7）0.2% phenolphthalein indicator: Weigh 0.2g phenolphthalein （AR）, and dissolve it in 100mL of 95% ethanol.

3.4.4　Procedures

1. Titrate NaOH solution with HCl solution

Fill the base and the acid burettes with 0.1 mol/L NaOH solution and 0.1 mol/L HCl solution, respectively, and record the initial volume readings. With a speed of 10 mL/min, dispense 16.0mL NaOH solution from the base burette into a 250mL conical flask. Add 2 drops of methyl red indicator, and titrate with 0.1mol/L HCl solution till the color of the solution changes from yellow to red. Record the volume readings. Then continue to dispense 2.0mL NaOH solution from the base burette （The reading of the base burette is 18.0mL at this time） into the above conical flask. Titrate the solution with the HCl solution till the color of the solution turns red, and record the volume readings. Repeat the operations mentioned above by dispensing 2.0mL NaOH solution each time till the dispensed volume of the NaOH solution reaches 24.0mL. A series of titration volumes of the HCl solution （the accumulated volumes） are obtained. Calculate the ratios of the volumes （V_{HCl}/V_{NaOH}） and the relative deviation. It is required that the results of the relative deviation of five operations are not more than ±0.2%.

Practice the titration of the NaOH solution with the HCl solution using bromocresol green （the color changes from blue to yellow-green） and methyl red （from yellow to orange） as indicators, respectively, and calculate the corresponding volume ratios V_{HCl}/V_{NaOH}.

2. Titrate HCl solution with NaOH solution

Transfer 20.00mL of 0.1mol/L HCl solution into a conical flask, and add 1~2 drops of phenolphthalein indicator. Titrate it with the NaOH solution till the color of the solution changes from colorless to pink （It is the end point if the color can keep for no less than 30s）. Record the volume readings. Repeat this operation three times. The difference between the maximum and the minimum consumed volume of the NaOH solution should not be more than 0.04mL. Calculate the ratios of V_{HCl}/V_{NaOH}.

Compare the average values of the volume ratio obtained from different indicators, and discuss the reasons.

3.4.5 Data Recording and Processing

1. Titrate NaOH solution with HCl solution (Table 3-10)

Table 3-10 The recording of experiment

Indicator: _____

Times	V_{NaOH}/mL		V_{HCl}/mL		V_{HCl}/V_{NaOH}	Average $\overline{X}$	Deviation d	$\frac{d}{\overline{X}} \times 100$
	V	ΔV	V	ΔV				
V_0		—		—	—		—	—
V_1								
V_2								
V_3								
V_4								
V_5								

2. Titrate HCl solution with NaOH solution (Table 3-11)

Table 3-11 The recording of experiment

Indicator: _____

Time	1	2	3
V_{HCl}/mL			
V_{NaOH} (initial) /mL			
V_{NaOH} (end) /mL			
$\Delta V_{NaOH}/mL$			
$\overline{V}_{NaOH}/mL$			
$V_{HCl}/\overline{V}_{NaOH}$			

3.4.6 Cautions

(1) By the word "fill the burette", we usually mean that the initial reading of the burette is not more than 0.5mL.

(2) The operation for adding half a drop of the solution is to make the solution hang on the tip of the burette to form a "half-drop", and touch it with the internal wall of a conical flask. Finally, flush the wall with a little distilled water using a washing bottle.

(3) Shake the conical flask along the same direction for a circular motion (Both clockwise and counter-clockwise directions are acceptable). The burette must not be touched by the flask, and make sure that no solution spills out from the conical flask.

3. 4. 7　Questions

（1）How to deal with the burette and the pipette before using? Is it required to dry the conical flasks before using?

（2）Does the last drop of the solution left in the end of the pipette need to be blown out?

（3）Why should the volume ratio be calculated via using the accumulated volume instead of the 2. 0 mL，which is added each time?

3.5　0. 1mol/L NaOH 标准溶液的配制与标定

3. 5. 1　目的要求

（1）掌握配制标准溶液和用基准物质标定标准溶液浓度的方法。

（2）掌握碱式滴定管滴定操作和滴定终点的判断。

3. 5. 2　基本原理

本实验选用邻苯二甲酸氢钾作为标定 NaOH 标准溶液的基准物质。邻苯二甲酸氢钾易于提纯，在空气中稳定、不吸潮、易于保存、摩尔质量大。标定反应式为

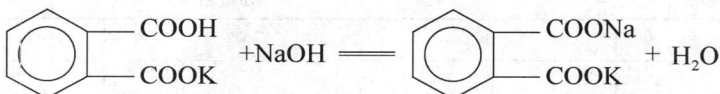

由于反应产物是弱酸的共轭碱，计量点时溶液呈微碱性，可用酚酞作指示剂。

计算公式　　$c_{NaOH} = \dfrac{m_{KHC_8H_4O_4} \times 1000}{M_{KHC_8H_4O_4} \times V_{NaOH}}$　　　　$(M_{KHC_8H_4O_4} = 204.2 g/mol)$

3. 5. 3　仪器与试剂

（1）分析天平（0. 1mg）；称量瓶；25mL 碱式滴定管；250mL 锥形瓶。

（2）氢氧化钠（AR）；邻苯二甲酸氢钾（AR）。

（3）0. 2%酚酞指示剂（同 3. 4）。

3. 5. 4　实验步骤

（1）0. 1mol/LNaOH 标准溶液的配制：粗称 4. 2g NaOH 于烧杯中，加新煮沸放冷的蒸馏水 1000mL 溶解，待标定。

（2）0. 1mol/LNaOH 标准溶液的标定：取 105～110℃干燥至恒重的基准物邻苯二甲酸氢钾约 0. 40g（±10%），精密称定，置 250mL 锥形瓶中，加入 50mL 新鲜蒸馏水，振摇使之完全溶解，加酚酞指示剂 2 滴，用 0. 1mol/L NaOH 溶液滴定至溶液呈微红色，30s 不退色为终点。平行测定 3 次。计算 NaOH 标准溶液浓度，3 次测定相对平均偏差应小于 0. 2%。

3.5.5 数据记录与处理（表 3-12）

表 3-12 实验数据表

实验次数	1	2	3
称量瓶＋样品（倾出前）质量/g			
称量瓶＋样品（倾出后）质量/g			
样品质量/g			
V_{NaOH}（始）/mL			
V_{NaOH}（终）/mL			
V_{NaOH}/mL			
c_{NaOH}/（mol/L）			
$\bar{c}_{NaOH}$/（mol/L）			
相对平均偏差/%			

3.5.6 注意事项

（1）碱式滴定管使用前要检漏。标准溶液充满滴定管后，应检查管下部玻璃尖嘴里是否有气泡，如有，需除去气泡。

（2）滴定管读数时，应将滴定管保持垂直状态，眼睛视线与溶液弯月面下缘最低点平齐，读取弯月面的下缘。

（3）碱式滴定管的操作要点：拇指和食指向侧面挤压玻璃珠所在部位稍上处的橡皮管，使溶液从空隙处流出。注意：①不能使玻璃珠上下移动，②不能捏玻璃珠下部的橡皮管。

（4）若采用电子分析天平称量，则不必记录倾出前后的质量。

3.5.7 思考题

（1）用台秤称取固体 NaOH 配制出的标准溶液，浓度是否准确？能否用称量纸称取固体 NaOH？为什么？

（2）本实验中使用了哪些仪器？哪些数据需精确测定？

（3）用邻苯二甲酸氢钾标定 NaOH 溶液时，为什么用酚酞而不用甲基橙作指示剂？

3.5　Preparation and Standardization of 0.1 mol/L Standard Sodium Hydroxide Solution

3.5.1　Objectives

（1）To grasp how to prepare standard solution and standardize it with a primary standard.

（2）To grasp how to operate the base burette and identify the titration end point.

3.5.2　Principles

Potassium hydrogen phthalate （KHP） is selected as the primary standard for the standardization of sodium hydroxide solution. KHP is readily available with high purity. It is stable in the air，nonhygroscopic and easy to preserve. It has a high molar mass so that weighing errors can be minimized. The standardization reaction can be expressed as：

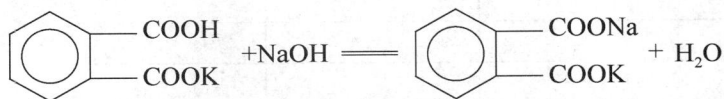

The solution is alkalescent at stoichiometric point because the reaction product is the conjugate base of a weak acid. Therefore，phenolphthalein can be used as the indicator. The concentration of the sodium hydroxide solution can be calculated by the following equation：

$$c_{NaOH} = \frac{m_{KHP} \times 1000}{M_{KHP} \times V_{NaOH}} \quad (M_{KHP} = 204.2 g/mol)$$

3.5.3　Apparatus and Reagents

（1）Analytical balance （0.1mg）；weighing bottle；25mL base burette；250mL conical flask.

（2）Sodium hydroxide （AR）；potassium hydrogen phthalate （AR）.

（3）0.2% phenolphthalein indicator （the same as 3.4）.

3.5.4　Procedures

（1）Preparation of 0.1 mol/L standard sodium hydroxide solution.

Weigh 4.2g sodium hydroxide into a beaker. Dissolve it by adding 1000mL freshly boiled and cooled water.

（2）Standardization of 0.1mol/L standard sodium hydroxide solution.

Accurately weigh about 0.40g （±10%） primary standard KHP （dried at 105～110℃ to constant weight） into a 250mL conical flask. 50 mL of freshly distilled water is added into the conical flask，and shake it gently until the sample is completely dissolved. Then，2 drops of phenolphthalein indicator is added into the flask. Finally，the standard sodium hydroxide solution is added dropwise into the flask until a faint pink color keeps for no less than 30s. Parallel titrations should be repeated three times. Calculate the concentration of standard sodium hydroxide solution，and the relative average deviation of three measurements should be less than 0.2%.

3.5.5　Data Recording and Processing（Table 3-12）

Table 3-12　The recording of experiment

Sample No.	1	2	3
The mass of the weighing bottle and sample（before dumping）/ g			
The mass of the weighing bottle and sample（after dumping）/ g			
The mass of the sample / g			
V_{NaOH}（initial）/ mL			
V_{NaOH}（end）/ mL			
V_{NaOH}/ mL			
c_{NaOH}/（mol/L）			
$\bar{c}_{NaOH}$ /（mol/L）			
Relative average deviation /%			

3.5.6　Cautions

（1）The base burette should be checked for leakage prior to use. Besides，make sure that the air bubbles do not exist at the burette tip when the burette has been filled with standard solution；or else，bubbles should be eliminated.

（2）Always keep the burette in a perfectly vertical position when observing readings. Be sure your vision is at the level of the lower edge of the meniscus，and write down the readings corresponding to the lower edge.

（3）The essentials for operating a base burette：Pinch the rubber tube situated a little bit above the glass bead with thumb and forefinger，and make the solution flow down through the gap. It must be noticed that：i. keep the glass bead from rolling up and down；ii. the rubber tube below the glass bead should not be pinched.

（4）It is unnecessary to record the masses before and after dumping if the samples are weighed by using the electronic analytical balance.

3.5.7　Questions

（1）Is the concentration of the standard solution accurate when preparing it by solid sodium hydroxide weighed through a platform balance? Is it allowed to weigh solid sodium hydroxide using the weighing paper? Why?

（2）What apparatuses were used in this experiment? Which data should be measured accurately?

（3）Why should phenolphthalein be used instead of methyl orange as the indicator for the standardization of sodium hydroxide solution with potassium hydrogen phthalate?

3.6　一元弱酸的含量测定

3.6.1　目的要求

（1）掌握用酸碱滴定法测定一元弱酸含量的原理和操作。
（2）掌握乙酰水杨酸的测定条件及酚酞指示剂的滴定终点判断。

3.6.2　基本原理

乙酰水杨酸结构中有一个羧基，呈酸性。在 25℃时 $K_a = 3.27 \times 10^{-4}$，可用 NaOH 标准溶液在乙醇溶液中直接滴定。由于乙酰水杨酸在水中微溶，在乙醇中易溶，且为了防止其酯结构在滴定时水解，致使测定结果偏高，所以选用中性乙醇作为溶剂。滴定反应式

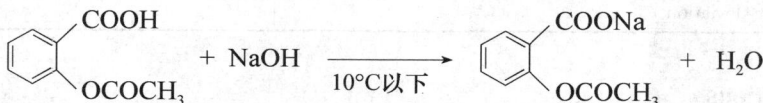

计量点时，溶液呈微碱性，可选用酚酞作指示剂。

计算公式　　　　　$w_{C_9H_8O_4} = \dfrac{c_{NaOH} V_{NaOH} M_{C_9H_8O_4}}{m_{样} \times 1000}$　　（$M_{C_9H_8O_4} = 180.16 \text{g/mol}$）

3.6.3　仪器与试剂

（1）分析天平（0.1mg）；50mL 碱式滴定管；250mL 锥形瓶；烧杯等。
（2）邻苯二甲酸氢钾（AR）；0.1mol/L NaOH 标准溶液（同 3.5）；0.2％酚酞指示剂（同 3.4）。
（3）中性乙醇：取适量 95％乙醇，加酚酞指示剂 2 滴，用 0.1mol/L 的 NaOH 滴定至刚显粉红色。
（4）样品：乙酰水杨酸。

3.6.4　实验步骤

取乙酰水杨酸约 0.36 g（±10％），精密称定，置 250mL 锥形瓶中，加约 10℃的中性乙醇 20mL，溶解后，加酚酞指示剂 2 滴，在不超过 10℃下，用 0.1mol/L 的 NaOH 标准溶液滴定至溶液呈浅粉红色，即为终点。平行测定 3 次。

3.6.5　数据记录与处理（表 3-13）

表 3-13　实验数据表　　　　　　　　　$c_{NaOH} = $ 　　　mol/L

实验次数	1	2	3
称量瓶＋样品（倾出前）质量/g			

实验次数	1	2	3
称量瓶＋样品（倾出前）质量/g			
样品/g			
V_{NaOH}（始）/mL			
V_{NaOH}（终）/mL			
V_{NaOH}/mL			
w_A/%			
$\bar{w}_A$/%			
相对平均偏差/%			

3.6.6　注意事项

滴定时应在不断振摇下稍快地进行，以防止局部碱度过大而促使乙酰水杨酸水解。

3.6.7　思考题

（1）何谓中性乙醇？如何配制中性乙醇？

（2）为什么要用中性乙醇溶解乙酰水杨酸？

3.7　多元酸的含量测定

3.7.1　目的要求

（1）掌握用酸碱滴定法测定多元酸含量的原理和操作。

（2）掌握酚酞指示剂的滴定终点判断。

3.7.2　基本原理

多元酸在水溶液中分步解离，满足 $K_i c \geqslant 10^{-8}$ 时，含量测定可采用酸碱滴定法直接滴定，当 $K_i/K_{i+1} \geqslant 10^4$ 时，能被分步滴定。

草酸是无色透明或白色的粉末，由水中结晶获得的试剂含 2 分子结晶水（$H_2C_2O_4 \cdot 2H_2O$）。草酸是二元酸，易溶于水，在水中可解离出 H^+，其解离常数为 $K_{a_1} = 5.4 \times 10^{-2}$，$K_{a_2} = 5.4 \times 10^{-5}$，因此可用碱标准溶液直接滴定。由于 K_{a_1} 和 K_{a_2} 比较接近，因而并不出现 2 个突跃而被一次滴定，计量点时溶液的 pH 为 8.4，可用酚酞作指示剂。滴定反应式

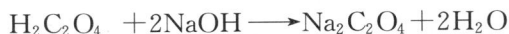

$$H_2C_2O_4 + 2NaOH \longrightarrow Na_2C_2O_4 + 2H_2O$$

枸橼酸为无色透明或白色结晶型粉末，由水中结晶获得的试剂含 1 分子结晶水。枸橼酸是三元酸，易溶于水，在水中可解离出 H^+，其解离常数为 $K_{a_1} = 8.7 \times 10^{-4}$，$K_{a_2} = 8.7 \times 10^{-5}$，$K_{a_3} = 8.7 \times 10^{-6}$，因此可用碱标准溶液直接滴定。由于 K_{a_1}、K_{a_2} 和 K_{a_3} 都比较接近，因而滴定过程中不出现多个突跃而被一次滴定，计量点时 pH 为

8.65，可用酚酞为指示剂。滴定反应式

$$C_6H_5O_7H_3 + 3NaOH \longrightarrow C_6H_5O_7Na_3 + 3H_2O$$

计算公式　　　$w_A = \dfrac{1}{a} \times \dfrac{c_{NaOH}V_{NaOH}M_A}{m_S \times 1000} \times 100\%$

（草酸：$H_2C_2O_4 \cdot 2H_2O$，$M_A = 126.07$ g/mol，$a = 2$。枸橼酸：$C_6H_8O_7 \cdot H_2O$，$M_A = 210.1$ g/mol，$a = 3$）

3.7.3　仪器与试剂

（1）分析天平（0.1mg）；25mL 碱式滴定管；250mL 锥形瓶；称量瓶。
（2）0.1mol/L NaOH 标准溶液（同 3.5）。
（3）酚酞指示剂（同 3.4）。
（4）样品：草酸或枸橼酸。

3.7.4　实验步骤

取样品约 0.14g，精密称定，置于 250mL 锥形瓶中，加水 50mL 使之完全溶解，加酚酞指示剂 1～2 滴，用 0.1mol/L NaOH 标准溶液滴定至溶液呈粉红色，经振摇粉红色 30s 内不消失即为终点。平行测定 3 次。

3.7.5　数据记录与处理

同实验 3.6。

3.7.6　注意事项

（1）多元弱酸滴定，近终点时需不停地摇动。
（2）终点判断的经验：当加入 1 滴 NaOH 标准溶液后，溶液由无色变为红色（较深），经振摇 30s 退去，可再加半滴，即可至终点。当加入 1 滴 NaOH 标准溶液后，溶液由无色变为红色（微红），经振摇 30s 退去，可再加 1 滴，即可至终点。

3.7.7　思考题

（1）为什么草酸或枸橼酸可用 NaOH 标准溶液直接滴定？
（2）操作步骤中，每份样品重约 0.14g，是怎样求得的？现一份样品倒出过多，其质量达 0.1694g，是否需要重称？

3.7　Assays of Polyprotic Acids

3.7.1　Objectives

（1）To grasp the principles and operations of assays of polyprotic acids by acid-base titration.
（2）To grasp the identification of the titration end point of phenolphthalein

indicator.

3.7.2　Principles

Polyprotic acid dissociates step-by-step in aqueous solution. When $K_i c \geqslant 10^{-8}$, it can be assayed by direct acid-base titration. When $K_i / K_{i+1} \geqslant 10^4$, it can be assayed by stepwise titration.

Oxalic acid is a colorless or white powder. The reagent obtained from crystallization in water contains 2 molecules of crystal water ($H_2 C_2 O_4 \cdot 2H_2 O$). Oxalic acid is a diacid, which is freely soluble and releases H^+ in water. The dissociation constants of oxalic acid are $K_{a_1} = 5.4 \times 10^{-2}$ and $K_{a_2} = 5.4 \times 10^{-5}$. Therefore, oxalic acid can be directly titrated with the standard alkaline solution. As the value of K_{a_1} is close to K_{a_2}, oxalic acid is titrated in total once without two titration jumps. The pH is 8.4 at stoichiometric point, thus phenolphthalein can be used as the indicator. The chemical reaction equation is:

$$H_2 C_2 O_4 + 2NaOH \longrightarrow Na_2 C_2 O_4 + 2H_2 O$$

Citric acid is a colorless or white crystalline powder. The reagent obtained from crystallization in water contains 1 molecule of crystal water. Citric acid is a triacid, which is freely soluble and releases H^+ in the water. The dissociation constants of citric acid are $K_{a_1} = 8.7 \times 10^{-4}$, $K_{a_2} = 8.7 \times 10^{-5}$ and $K_{a_3} = 8.7 \times 10^{-6}$; therefore, citric acid can be directly titrated with the standard alkaline solution. As the values of K_{a_1}, K_{a_2} and K_{a_3} are quite close, citric acid is titrated in total once without several titration jumps. The pH is 8.65 at stoichiometric point, thus phenolphthalein can be used as the indicator. The chemical reaction equation is:

$$C_6 H_5 O_7 H_3 + 3NaOH \longrightarrow C_6 H_5 O_7 Na_3 + 3H_2 O$$

The formula for the calculation of the mass fraction of the polyprotic acid is as follows:

$$w_A = \frac{1}{a} \times \frac{c_{NaOH} V_{NaOH} M_A}{m_S \times 1000} \times 100\%$$

(Oxalic acid: $H_2 C_2 O_4 \cdot 2H_2 O$, $M_A = 126.07$ g/mol, $a = 2$; citric acid: $C_6 H_8 O_7 \cdot H_2 O$, $M_A = 210.1$ g/mol, $a = 3$)

3.7.3　Apparatus and Reagents

(1) Analytical balance (0.1mg); 25mL base burette; 250mL conical flask; weighing bottle.

(2) 0.1 mol/L sodium hydroxide solution (the same as 3.5).

(3) Phenolphthalein indicator (the same as 3.4).

(4) Samples: Oxalic acid or citric acid.

3.7.4 Procedures

Accurately weigh about 0.14g sample, and dissolve it with 50mL water in a 250 mL conical flask. 1～2 drops of phenolphthalein indicator are added into the flask. The solution is titrated with 0.1 mol/L standard sodium hydroxide solution untill a permanent pink color is observed, persisting for no less than 30s under shaking. Titrations are performed in triplicate.

3.7.5 Data Recording and Processing

The same as experiment 3.6.

3.7.6 Cautions

(1) Continuous shaking while approaching the end point is necessary for the titration of the polyprotic weak acid.

(2) Experience of the end-point judgment: If the color of the solution changes from colorless to red (darker) after adding one drop of the standard sodium hydroxide solution, and then the color fades in 30s shaking, the end-point can be reached by adding half-drop solution. If the color of the solution changes from colorless to red (reddish) after adding one drop of the standard sodium hydroxide solution, and then the color fades in 30s shaking, the end-point can be reached by adding one drop of solution.

3.7.7 Questions

(1) Why can oxalic acid or citric acid be titrated by sodium hydroxide solution directly?

(2) Why should the weight of each sample be about 0.14g in the procedures? Should it be weighed again if one of the samples is over-dumped (with a mass of 0.1694g)?

3.8 0.1 mol/L HCl 标准溶液的配制与标定

3.8.1 目的要求

(1) 掌握用基准物质或比较法标定酸标准溶液浓度的方法。

(2) 掌握酸式滴定管滴定操作和滴定终点的判断。

3.8.2 基本原理

市售盐酸为无色 HCl 水溶液，HCl 含量为 36%～38%，相对密度约为 1.18，易挥发，不符合直接法配制标准溶液的要求，需用间接法配制。HCl 标准溶液可用基准物质或比较法标定。基准物质有无水碳酸钠（Na_2CO_3）和硼砂（$Na_2B_4O_7 \cdot 10H_2O$）。本实验选用无水碳酸钠为基准物质，用甲基红-溴甲酚绿混合指示剂指示终点（计量点时 pH 为 3.9），终点颜色由绿色转变为暗紫色。比较法用已知准确浓度的氢氧化钠标准溶液，用甲基橙指示剂，终点颜色由黄色转变为橙色。

基准物质标定反应式　$2HCl + Na_2CO_3 \longrightarrow 2NaCl + H_2O + CO_2 \uparrow$

比较法标定反应式　$HCl + NaOH \longrightarrow NaCl + H_2O$

计算公式

$$c_{HCl} = \frac{2m_{Na_2CO_3} \times 1000}{M_{Na_2CO_3} \times V_{HCl}} \qquad (M_{Na_2CO_3} = 105.99 g/mol)$$

$$c_{HCl} = \frac{c_{NaOH} \times V_{NaOH}}{V_{HCl}}$$

3.8.3　仪器与试剂

（1）分析天平（0.1mg）；称量瓶；25mL 酸式滴定管；250mL 锥形瓶。

（2）盐酸（AR）；无水碳酸钠（AR，270～300℃干燥至恒重）；0.1mol/LNaOH 标准溶液（同 3.5）。

（3）甲基红-溴甲酚绿混合指示剂：取 0.1%甲基红乙醇溶液 20 mL 与 0.2%溴甲酚绿乙醇溶液 30 mL，混匀。

（4）0.1%甲基橙指示剂（同 3.4）。

3.8.4　实验步骤

（1）0.1mol/L HCl 标准溶液的配制：量取盐酸 9.0 mL，加蒸馏水使成 1000 mL，摇匀。

（2）0.1mol/L HCl 标准溶液的标定（用基准物质）：取 270～300℃干燥至恒重的无水碳酸钠约 0.12g（±10%），精密称定，置于 250mL 锥形瓶中，加蒸馏水 50mL 使溶解，加甲基红-溴甲酚绿混合指示剂 10 滴。用 0.1 mol/L HCl 标准溶液滴定至溶液由绿色转变为紫红色时，煮沸 2min，冷却至室温，继续滴定至溶液由绿色变为暗紫色，即为终点。平行测定 3 次。计算 HCl 标准溶液的浓度，3 次测定的相对平均偏差应小于 0.2%。

（3）0.1 mol/L HCl 标准溶液的标定（比较法）：精密量取已知准确浓度的 NaOH 标准溶液 20.00ml，置于 250mL 锥形瓶中，加入 0.1%甲基橙指示剂 1 滴，用 0.1 mol/L HCl 标准溶液滴定至溶液由黄色转变为橙色，即为终点。平行测定 3 次。计算 HCl 标准溶液的浓度，3 次测定的相对平均偏差应小于 0.2%。

3.8.5　数据记录与处理

同实验 3.5。

3.8.6　注意事项

（1）碳酸钠易吸水，称量速度要快。

（2）溶液中 CO_2 过多，酸度增大，会使终点过早出现，在滴定快到终点时，应剧烈振摇溶液以加快 H_2CO_3 的分解，并加热除去过量的 CO_2，冷却后再滴定。

（3）正确使用酸式滴定管，如放液手势。掌握近终点时放液 1 滴、半滴的操作。

3.8.7　思考题

（1）称量基准物 Na_2CO_3 时，若吸收了水分，对标定结果有何影响？

（2）滴定管未用 HCl 标准溶液润洗，将对标定结果有何影响？

（3）本实验是否可选用酚酞指示剂？说明原因。

3.8　Preparation and Standardization of 0.1 mol/L Standard Hydrochloric Acid Solution

3.8.1　Objectives

（1）To grasp the preparation and standardization of standard acid solution with primary standard or comparative method.

（2）To grasp the operation of acid burette and identification of titration end point.

3.8.2　Principles

Commercially available hydrochloric acid is colorless aqueous solution of HCl, with a concentration of HCl 36% to 38%. The relative density of this solution approximates to 1.18. It does not meet the requirement of direct preparation of standard solution due to its volatility, thus indirect preparation should be used in this situation. HCl standard solution can be standardized by primary standard or comparative method. For the former method, anhydrous sodium carbonate (Na_2CO_3) and borax ($Na_2B_4O_7 \cdot 10H_2O$) are commonly used primary standards. In this experiment, anhydrous sodium carbonate is chosen as the primary standard, coupled with methyl red-bromocresol green as the mixed indicator (pH is 3.9 at stoichiometric point). The color of solution at the end point changes from green to dark purple. Comparative method is adopted by using sodium hydroxide standard solution with exactly known concentration, and methyl-orange as the indicator. The color of solution at the end point changes from yellow to orange.

Reaction of primary standard standardization is: $2HCl + Na_2CO_3 \longrightarrow 2NaCl + H_2O + CO_2 \uparrow$

Reaction of comparative method is: $HCl + NaOH \longrightarrow NaCl + H_2O$

The calculation formula is:

$$c_{HCl} = \frac{2m_{Na_2CO_3} \times 1000}{M_{Na_2CO_3} \times V_{HCl}} \qquad (M_{Na_2CO_3} = 105.99 \text{g/mol})$$

$$c_{\mathrm{HCl}} = \frac{c_{\mathrm{NaOH}} \times V_{\mathrm{NaOH}}}{V_{\mathrm{HCl}}}$$

3.8.3　Apparatus and Reagents

(1) Analytical balance (0.1mg); weighing bottle; 25 mL acid burette; 250 mL conical flask.

(2) Hydrochloric acid (AR); anhydrous sodium carbonate (AR, dried to constant weight at $270 \sim 300℃$); 0.1mol/L sodium hydroxide standard solution (the same as 3.5).

(3) Methyl red-bromocresol green mixed indicator: Mixture of 20mL 0.1% methyl red dissolved in ethanol and 30mL 0.2% bromocresol green dissolved in ethanol.

(4) 0.1% methyl-orange indicator (the same as 3.4).

3.8.4　Procedures

1. Preparation of 0.1 mol/L HCl standard solution

Transfer 9.0 mL hydrochloric acid into a 1000 mL measuring cylinder, then add distilled water until reaching the mark, and shake the solution well.

2. Standardization of 0.1 mol/L HCl standard solution (using primary standard)

Accurately weigh about 0.12g (±10%) of anhydrous sodium carbonate (dried to constant weight at $270 \sim 300℃$) into a 250mL conical flask. Add 50 mL distilled water to dissolve the sample. Then add 10 drops of methyl red-bromocresol green as the mixed indicator. 0.1mol/L HCl standard solution is added as the titrant until the color of solution changes from green to purple. Keep the solution boiling for 2 minutes, and continuously titrate when the solution cools to room temperature until the color of solution changes from green to dark purple, namely, the end point is reached. The titration should be repeated for three times. Calculate the concentration of HCl standard solution, and the relative average deviation of three determinations should be less than 0.2%.

3. Standardization of 0.1 mol/L HCl standard solution (using comparative method)

Accurately transfer 20.00mL sodium hydroxide standard solution into a 250mL conical flask. Add 1 drop of 0.1% methyl-orange as the indicator. 0.1mol/L HCl standard solution is added as the titrant until the color of solution changes from yellow to orange, indicating that the end point is reached. The titration should be repeated for three times. Calculate the concentration of HCl standard solution, and the relative average deviation of three determinations should be less than 0.2%.

3.8.5　Data Recording and Processing

The same as experiment 3.5.

3.8.6　Cautions

(1) Since sodium carbonate is prone to absorb moisture, weighing should be finished as quickly as possible.

(2) If too much CO_2 exists in the solution, the increased acidity will result in a premature end. The solution should be shaken violently to accelerate the decomposition of H_2CO_3, and heated to remove excessive CO_2 when approaching the end of titration. Titration should be performed after cooling.

(3) Use acid burette correctly, i.e. dispensing gesture. Master the dispensing operation of one drop and half-drop when approaching to the end.

3.8.7　Questions

(1) What is the effect on calibration results if primary standard Na_2CO_3 absorbs moisture during weighing?

(2) What is the effect on calibration results if burette is not rinsed with HCl standard solution?

(3) Can phenolphthalein be selected as the indicator in this experiment? Why?

3.9　药用硼砂的含量测定

3.9.1　目的要求

(1) 掌握用酸碱滴定法测定硼砂含量的原理和方法。
(2) 掌握甲基红指示剂的滴定终点判断。

3.9.2　基本原理

药用硼砂为天然矿物硼砂的矿石，经提炼、精制而成的结晶体。在医学上具有清热解毒、杀菌防腐的功效。其主要化学成分为带 10 分子结晶水的四硼酸的钠盐（$Na_2B_4O_7 \cdot 10H_2O$）。因为硼酸是弱酸，可用 HCl 标准溶液直接滴定。滴定反应式为

$$Na_2B_4O_7 + 2HCl \longrightarrow 4\ H_3BO_3 + 2NaCl + 5H_2O$$

滴定至终点时为 H_3BO_3 的水溶液，pH 约为 5.1，故选用甲基红作指示剂（pH 变色范围 4.4~6.2）。终点颜色变化由黄色转变为橙色。

计算公式

$$w_{Na_2B_4O_7 \cdot 10H_2O} = \frac{c_{HCl} \times V_{HCl} \times M_{Na_2B_4O_7 \cdot 10H_2O}}{m_{Na_2B_4O_7} \times 2000} \times 100\% \qquad (M_{Na_2B_4O_7 \cdot 10H_2O} = 381.37\text{g/mol})$$

3.9.3　仪器与试剂

（1）分析天平（0.1mg）；称量瓶；25mL 酸式滴定管；250mL 锥形瓶。

（2）0.1mol/LHCl 标准溶液（同 3.8）；0.1％甲基红指示剂（同 3.4）。

（3）样品：药用硼砂。

3.9.4　实验步骤

取药用硼砂约 0.5g（±10％），精密称定，置于 250mL 锥形瓶中，加蒸馏水 50mL 使其溶解，加甲基红指示剂 2 滴。用 0.1 mol/L HCl 标准溶液滴定至溶液由黄色转变为橙色，即为终点。平行测定 3 次。计算药用硼砂的质量分数，3 次测定的相对平均偏差应小于 0.2％。

3.9.5　数据记录与处理

同实验 3.6。

3.9.6　注意事项

（1）药用硼砂应为无色透明或白色半透明状的结晶，若为不透明的白色粉末，应更换样品。

（2）称取的硼砂量大，不易溶解，可加热助溶，待冷却后再进行滴定。

（3）滴定终点的颜色应为橙色，如果偏红，表明滴定过量，会造成结果偏差。

3.9.7　思考题

（1）本实验是否能用甲基橙或酚酞作指示剂？为什么？

（2）长期保存在干燥器中的药用硼砂，其测定结果偏高还是偏低？为什么？

3.10　0.1mol/L HClO$_4$ 标准溶液的配制与标定

3.10.1　目的要求

（1）掌握高氯酸标准溶液的配制与标定方法。

（2）掌握非水溶液酸碱滴定的原理、特点和操作条件。

3.10.2　基本原理

冰乙酸是滴定弱碱常用的溶剂。常见的酸在冰乙酸中以高氯酸的酸性最强，形成的产物易溶于有机溶剂，所以在非水滴定中常用高氯酸做标准溶液。邻苯二甲酸氢钾在冰乙酸中显碱性，可作为标定高氯酸标准溶液的基准物质，采用结晶紫为指示剂，用高氯酸的冰乙酸溶液滴定至溶液颜色由紫色变为蓝色，即为终点。标定反应式

$$\text{邻苯二甲酸氢钾} + HClO_4 \rightleftharpoons \text{邻苯二甲酸} + KClO_4$$

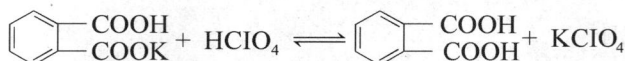

由于冰乙酸的体积膨胀系数较大，高氯酸标准溶液的浓度随温度的变化而改变，若测定与标定时温度超过 $10℃$，应重新标定。若未超过 $10℃$，可将高氯酸的浓度加以校正，校正计算式

$$c_1 = \frac{c_0}{1 + 0.0011(t_1 - t_0)}$$

标定时同时做空白试验。

计算公式

$$c_{HClO_4} = \frac{m_{KHC_8H_4O_4} \times 1000}{M_{KHC_8H_4O_4} \times (V_{HClO_4} - V_{空})} \qquad (M_{KHC_8H_4O_4} = 204.2 g/mol)$$

3.10.3　仪器与试剂

（1）分析天平（0.1mg）；称量瓶；25mL 酸式滴定管；250mL 锥形瓶。

（2）邻苯二甲酸氢钾基准试剂（105～110℃干燥至恒重）；高氯酸（AR；70%～72%）。

（3）0.5%结晶紫指示剂：取 0.5g 结晶紫加 100mL 无水冰乙酸溶解。

（4）冰乙酸（AR）；乙酸酐（AR）。

3.10.4　实验步骤

（1）无水冰乙酸的配制：取一级冰乙酸（99.8%，相对密度 1.050）500mL 加乙酸酐 5.7mL，或取二级冰乙酸（99%，相对密度 1.053）500mL 加乙酸酐 27.5mL，摇匀。

（2）0.1mol/LHClO$_4$-HAc 标准溶液的配制：取高氯酸约 8.5mL，缓缓加入无水冰乙酸 750mL，混合均匀，缓缓滴加乙酸酐 24mL，边加边摇，加完后再振摇均匀，冷至室温，加无水冰乙酸至 1000mL，摇匀，置于棕色瓶中，放置 24h 后标定浓度。

（3）0.1mol/LHClO$_4$-HAc 标准溶液的标定：取在 105℃干燥至恒重的邻苯二甲酸氢钾约 0.3g，精密称定，置洁净干燥的锥形瓶中，加无水冰醋酸 20mL 使溶解，加结晶紫指示剂 1 滴，用 0.1mol/LHClO$_4$-HAc 标准溶液缓缓滴定至溶液由紫色变为蓝色，即为终点，另取无水冰乙酸 20mL，按上述操作进行空白实验校正。

3.10.5　数据记录与处理

同实验 3.5。

3.10.6　注意事项

（1）配制高氯酸标准溶液时，不能将乙酸酐直接加入高氯酸中，应先用无水冰乙酸将高氯酸稀释后再缓缓加入乙酸酐。

（2）配好的标准溶液应贮存在棕色瓶中密闭保存。

（3）终点颜色变化为紫色→蓝紫色→纯蓝色，应注意观察。

（4）高氯酸、乙酸酐、冰乙酸均能腐蚀皮肤、刺激黏膜，应注意防护。

3.10.7 思考题

（1）为什么邻苯二甲酸氢钾既可标定碱，又可标定酸？
（2）为什么在标定时要作空白试验？
（3）在非水酸碱滴定中，若容器、试剂含有微量水分，对测定结果有什么影响？

3.10 Preparation and Standardization of 0.1 mol/L Standard Perchloric Acid Solution

3.10.1 Objectives

（1）To master how to prepare standard perchloric acid solution and standardize it with a primary standard.

（2）To master the principles, characteristics and operations of nonaqueous acid-base titration.

3.10.2 Principles

Acetic acid is a commonly used solvent in the titration of weak bases. As perchloric acid is the strongest acid when dissolving in acetic acid, furthermore, its product can easily dissolve in organic solvents, it is usually selected as a standard solution in nonaqueous titration. Potassium acid phthalate is alkaline in acetic acid, thus can serve as the primary standard in the standardization of perchloric acid while using crystal violet as the indicator. The titration meets the end point when the color of the solution changes from violet to blue. The standardization reaction is:

The concentration of perchloric acid solution varies with temperature because of large coefficient of volumetric expansion of acetic acid. The standardization of standard perchloric acid solution should be re-performed once the difference between the temperature of determination and standardization is larger than $10\,^{\circ}\mathrm{C}$. If not, the concentration of perchloric acid solution could be corrected according to the following equation:

$$c_1 = \frac{c_0}{1 + 0.0011(t_1 - t_0)}$$

A blank experiment should be performed in parallel with standardization. The concentration of perchloric acid can be calculated as:

$$c_{\mathrm{HClO_4}} = \frac{m_{\mathrm{KHC_8H_4O_4}} \times 1000}{M_{\mathrm{KHC_8H_4O_4}} \times (V_{\mathrm{HClO_4}} - V_0)} \qquad (M_{\mathrm{KHC_8H_4O_4}} = 204.2\,\mathrm{g/mol})$$

3. 10. 3　Apparatus and Reagents

(1) Analytical balance (0. 1mg); weighing bottle; 25 mL base burette; 250 mL conical flask.

(2) Potassium acid phthalate (primary reagent, dried at $105 \sim 110 ℃$ to constant weight); perchloric acid (AR, $70\% \sim 72\%$).

(3) 0. 5% crystal violet indicator: Take 0. 5 g crystal violet, and dissolve it in 100 mL anhydrous acetic acid.

(4) Glacial acetic acid (AR); acetic anhydride (AR).

3. 10. 4　Procedures

(1) Preparation of anhydrous acetic acid.

5. 7mL acetic anhydride is added into 500mL first-class glacial acetic acid (99. 8%, relative density 1. 050g/mL), or 27. 5mL acetic anhydride into 500mL second-class glacial acetic acid (99%, relative density 1. 053g/mL) by mixing thoroughly.

(2) Preparation of 0. 1mol/L standard $HClO_4$-HAc solution.

8. 5mL perchloric acid is slowly added into 750mL anhydrous acetic acid while mixing thoroughly. 24mL acetic anhydride is added dropwise with continuous stirring. The obtained solution is shaken well and cooled to room temperature. After the volume of solution is up to 1000 mL by adding anhydrous acetic acid, shake the solution well, and transfer it into a brown flask for standardization after 24 hours.

(3) Standardization of 0. 1mol/L standard $HClO_4$-HAc solution.

Accurately weigh about 0. 3g ($\pm10\%$) potassium acid phthalate (dried at 105℃ to constant weight) into a clean and dry conical flask. 20mL anhydrous acetic acid is added to dissolve the sample. One drop of crystal violet indicator is added into the flask. This solution is titrated with 0. 1 mol/L of $HClO_4$-HAc standard solution. The titration meets the end point when the color of solution changes from violet to blue. Another 20mL nonaqueous acetic acid is taken to perform the blank experiment for calibration in accordance with the above operations.

3. 10. 5　Data Recording and Processing

The same as experiment 3. 5.

3. 10. 6　Cautions

(1) The acetic anhydride cannot be directly added into perchloric acid when preparing standard perchloric acid solution. Perchloric acid should be first diluted by anhydrous acetic acid, and then acetic anhydride should be slowly added into the diluted

perchloric acid solution.

(2) The prepared standard solution should be stored in sealed brown flasks.

(3) The color at the end point of the titration changes from violet to blue violet, then to pure blue. Careful observation is required.

(4) Perchloric acid, acetic anhydride and glacial acetic acid can cause severe corrosion of skin and irritation of mucosa. Protection should always be emphasized during the experiment.

3.10.7　Questions

(1) Why can potassium acid phthalate serve as primary standard for the standardization of both acid and base?

(2) Why is blank experiment required in standardization?

(3) How does the trace amount of water in reagents or containers affect the result in nonaqueous acid-base titration?

3.11　非水滴定法测定弱酸盐的含量

3.11.1　目的要求

(1) 掌握非水滴定法测定弱酸盐含量的原理和方法。

(2) 掌握结晶紫指示剂的滴定终点判断。

3.11.2　基本原理

枸橼酸钠和水杨酸钠均为弱酸盐。因枸橼酸的酸性较强，生成的盐碱性太弱，不能用酸直接滴定。因此通常在非水的介质醋酸中，提高其表面碱度，用高氯酸直接滴定。滴定反应式

$$C_6H_5O_7Na_3 + 3HClO_4 \longrightarrow C_6H_5O_7H_3 + 3\ NaClO_4$$

水杨酸钠在水溶液中是一种很弱的碱（$K_b \approx 5.6 \times 10^{-10}$），无法在水溶液中用酸碱滴定法直接测定其含量。但以冰乙酸作为溶剂，用 $HClO_4$ 为滴定剂，则能准确滴定。

计算公式　　　　$w_A = \dfrac{1}{a} \times \dfrac{c_{HClO_4} \times (V_{HClO_4} - V_{空}) \times M_A}{m_S \times 1000} \times 100\%$

（枸橼酸钠：$C_6H_5O_7Na_3 \cdot 2H_2O$，$M_A = 294.1\ g/mol$，$a = 3$。水杨酸钠：$C_7H_5O_3Na$，$M_A = 160.1\ g/mol$，$a = 1$）

3.11.3　仪器与试剂

(1) 分析天平（0.1mg）；称量瓶；25mL（或 50mL）酸式滴定管；250mL 锥形瓶。

(2) 0.1mol/L 高氯酸标准溶液（同 3.10）。

（3）0.5%（或 0.2%）结晶紫指示剂（同 3.10）；冰醋酸（AR）；乙酸酐（AR）。

（4）样品：枸橼酸钠或水杨酸钠（无水）。

3.11.4　实验步骤

（1）取枸橼酸钠约 0.1g，精密称定，置洁净干燥的 250mL 锥形瓶中，加无水冰乙酸 20mL 和乙酸酐 2mL，加热溶解后，冷至室温，加结晶紫指示剂 1 滴，用 0.1mol/L 高氯酸标准溶液滴定至溶液为蓝绿色即为终点，滴定结果用空白实验校正。

（2）取水杨酸钠（无水）约 0.13g，精密称定，置洁净干燥的 250mL 锥形瓶中，加入 10mL 无水冰乙酸，温热使之溶解，冷至室温，加结晶紫指示剂 1～2 滴，用 0.1mol/L 高氯酸标准溶液滴定至溶液紫色消失，刚现蓝色即为终点。滴定结果用空白实验校正。

3.11.5　数据记录与处理

同实验 3.6。

3.11.6　注意事项

（1）所用的玻璃仪器，如滴定管、锥形瓶、小量杯等均需洁净干燥。

（2）滴定枸橼酸钠时，终点颜色为紫红色→蓝紫色→纯蓝色→蓝绿色。从纯蓝色到蓝绿色须注意颜色的观察，且所消耗标准溶液的量要接近。

（3）非水滴定法必须做空白实验进行校正。

（4）注意温度对高氯酸标准溶液浓度的影响。在温度变化较大时，应对浓度进行校正。

3.11.7　思考题

（1）加入乙酸酐的目的是什么？

（2）样品中的结晶水是否消耗标准溶液？为什么？

（3）不同强度的有机酸或有机碱，在非水滴定中应如何选择溶剂？

3.12　银量法标准溶液的配制与标定

3.12.1　目的要求

（1）掌握 $AgNO_3$ 标准溶液、NH_4SCN 标准溶液的配制、标定原理和方法。

（2）熟悉银量法指示剂种类、变色原理。

（3）掌握吸附指示剂的滴定终点判断。

3.12.2　基本原理

1. 标定 $AgNO_3$ 标准溶液

选用基准物 NaCl 标定 $AgNO_3$ 标准溶液，采用吸附指示剂法，以荧光黄（HFIn）作指示剂，用 $AgNO_3$ 标准溶液滴定 NaCl 溶液，终点时混浊液由黄绿色变为微红色。加入糊精增大表面积，保护胶体，防止沉淀聚沉，反应条件为 pH7～10。标定反应式如下：

指示剂离解：$HFIn \longrightarrow H^+ + FIn^-$（黄绿色）

终点前，Cl^- 过量：　$AgCl \cdot Cl^- \mid M^+$

终点时，Ag^+ 稍过量：$AgCl \cdot Ag^+ + FIn^-$（黄绿色）$\longrightarrow AgCl \cdot Ag^+ \mid FIn$（微红色）$^-$

计算公式　　　$c_{AgNO_3} = \dfrac{m_{NaCl} \times 1000}{M_{NaCl} V_{AgNO_3}}$　　　（$M_{NaCl} = 58.44g/mol$）

2. 标定 NH_4SCN 标准溶液

选用比较法标定 NH_4SCN 标准溶液的浓度，以铁铵矾作指示剂，用 NH_4SCN 标准溶液滴定已知浓度的 $AgNO_3$ 标准溶液。反应在酸性条件下进行。标定反应式如下：

终点前：$Ag^+ + SCN^- \longrightarrow AgSCN \downarrow$（白色）

终点时：$Fe^{3+} + SCN^- \longrightarrow Fe(SCN)^{2+}$（红色）

计算公式　　　$c_{NH_4SCN} = \dfrac{c_{AgNO_3} V_{AgNO_3}}{V_{NH_4SCN}}$

3.12.3　仪器与试剂

（1）分析天平（0.1mg）；称量瓶；25mL 酸式滴定管（棕色）；250mL 锥形瓶；20mL 移液管。

（2）$AgNO_3$（AR）；NaCl（基准试剂）；NH_4SCN（AR）。

（3）0.1%荧光黄指示剂：取荧光黄 0.1g 加乙醇 100mL 溶解。

（4）2%糊精溶液：取糊精 2g，加蒸馏水 100mL。

（5）40%铁铵矾指示剂：称取 $40gNH_4Fe(SO_4)_2 \cdot 12H_2O$，用 1mol/L $HNO_3$100mL 溶解。

（6）6mol/L HNO_3 溶液。

3.12.4　实验步骤

（1）0.1mol/L $AgNO_3$ 标准溶液的配制：称取 $AgNO_3$ 17.5g，置于烧杯中，用无 Cl^- 的蒸馏水溶解，转移至棕色试剂瓶中，稀释至 1000mL，摇匀，密塞储存。

（2）0.1mol/L NH_4SCN 标准溶液的配制：称取 NH_4SCN 8g，置于烧杯中，加适量蒸馏水溶解，转移至试剂瓶中，加蒸馏水稀释至 1000mL，摇匀。

（3）0.1mol/L AgNO₃ 标准溶液的标定：取在 270℃ 干燥至恒重的基准物质 NaCl 约 0.13g，精密称定，置 250mL 锥形瓶中，加蒸馏水 50mL 使溶解后，加糊精溶液 5mL，荧光黄指示剂 8 滴，用 0.1mol/L AgNO₃ 标准溶液滴定至混浊液由黄绿色转变为 微红色，即为终点。平行测定 3 次。记录滴定体积，计算 AgNO₃ 标准溶液的浓度。

（4）0.1mol/L NH₄SCN 标准溶液的标定：精密吸取 0.1mol/L AgNO₃ 标准溶液 20mL 置 250mL 锥形瓶中，加蒸馏水 20mL，6mol/L HNO₃ 溶液 5mL 与铁铵矾指示剂 2mL，用 0.1mol/L NH₄SCN 标准溶液滴定，当滴定至溶液呈现微红色时，强烈振摇后 仍不褪色，即为终点。平行测定 3 次。记录滴定体积，计算 NH₄SCN 标准溶液的浓度。

3.12.5　数据记录与处理

同实验 3.5

3.12.6　注意事项

（1）AgNO₃ 标准溶液应装入棕色酸式滴定管中，因为 AgNO₃ 具有氧化性。

（2）加入 HNO₃ 是为阻止 Fe³⁺ 水解，所用 HNO₃ 应不含有氮的低价氧化物，因为 它能与 SCN⁻ 或 Fe³⁺ 反应生成红色物质〔如 NOSCN、Fe(NO)³⁺〕影响终点判断。

3.12.7　思考题

（1）按指示终点的方法不同，标定 AgNO₃ 标准溶液有几种方法？条件分别是 什么？

（2）配制 AgNO₃ 标准溶液为什么要用不含 Cl⁻ 的蒸馏水？如何检查有无 Cl⁻？

（3）铁铵矾法中，能否用 Fe(NO₃)₃ 或 FeCl₃ 作指示剂？

3.13　KBr 的含量测定

3.13.1　目的要求

掌握铬酸钾指示剂的原理和方法。

3.13.2　基本原理

KBr 是一种镇静剂，其含量测定可采用沉淀滴定法。本实验采用铬酸钾法测定，以 AgNO₃ 为滴定剂，K₂CrO₄ 为指示剂，在中性或弱碱性溶液中测定 KBr 的含量。

终点前　　$Ag^+ + Br^- \longrightarrow AgBr \downarrow$（淡黄色）

终点时　　$2Ag^+ + CrO_4^{2-} \longrightarrow Ag_2CrO_4 \downarrow$（砖红色）

因为 $S_{AgBr} < S_{Ag_2CrO_4}$，根据分步沉淀原理，先生成 AgBr 沉淀，当达到计量点时，稍 过量的 Ag^+ 与 CrO_4^{2-} 生成砖红色 Ag_2CrO_4 沉淀。

计算公式　　$w_{KBr} = \dfrac{c_{AgNO_3} V_{AgNO_3} M_{KBr}}{m_S \times 1000} \times 100\%$　　　　（$M_{KBr} = 119.0g/mol$）

3.13.3　仪器与试剂

（1）分析天平（0.1mg）；25mL 酸式滴定管；250mL 锥形瓶；100mL 容量瓶；25mL 移液管。

（2）0.1mol/L AgNO$_3$ 标准溶液（同 3.12）。

（3）5％ K$_2$CrO$_4$ 指示剂：取 K$_2$CrO$_4$ 5g，加少量蒸馏水溶解，稀释至 100mL，摇匀。

（4）样品：KBr 试样。

3.13.4　实验步骤

取 KBr 试样约 0.25g，精密称定，置于锥形瓶中，加蒸馏水 50mL 使之溶解，加 K$_2$CrO$_4$ 指示剂 10 滴，在不断振摇下，用 0.1mol/L AgNO$_3$ 标准溶液滴定至混浊液由淡黄色转变为橙红色，即为终点。平行测定 3 次。记录 AgNO$_3$ 滴定体积，计算 KBr 的质量分数。

3.13.5　数据记录与处理

同实验 3.6。

3.13.6　注意事项

（1）因为 AgBr 沉淀易吸附 Br$^-$，使溶液中 Br$^-$ 浓度降低，终点提前出现，所以在滴定过程中应充分振摇，使被吸附的 Br$^-$ 释放出来。

（2）该实验一般应做空白实验，即用 50mL 蒸馏水加 10 滴 K$_2$CrO$_4$ 指示剂，用 AgNO$_3$ 标准溶液滴定至橙红色终点，记下校正值，此值应在 0.05mL 以内。从 AgNO$_3$ 滴定体积中减去校正值，即为用于滴定 AgBr 时实际消耗 AgNO$_3$ 的量。

3.13.7　思考题

按指示终点的方法不同，KBr 的含量测定有几种方法？条件是什么？

3.14　0.01mol/L EDTA 标准溶液的配制与标定

3.14.1　目的要求

（1）掌握 EDTA 标准溶液的配制和标定方法。

（2）了解金属指示剂的变色原理及注意事项；了解配位滴定的特点。

（3）学会使用铬黑 T 指示剂判断终点。

3.14.2　基本原理

EDTA 标准溶液常用乙二胺四乙酸二钠盐配制，乙二胺四乙酸二钠是白色结晶粉末，因不易得纯品，标准溶液用间接法配制。以氧化锌基准物质标定其浓度，在 pH10 的条件下用铬黑 T 作指示剂，溶液由紫色变为纯蓝色为终点。

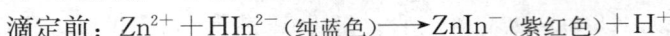

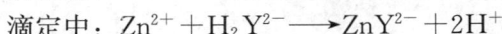

滴定前：$Zn^{2+} + HIn^{2-}$（纯蓝色）$\longrightarrow ZnIn^-$（紫红色）$+ H^+$

滴定中：$Zn^{2+} + H_2Y^{2-} \longrightarrow ZnY^{2-} + 2H^+$

终点时：$ZnIn^-$（紫红色）$+ H_2Y^{2-} \longrightarrow ZnY^{2-} + HIn^{2-}$（纯蓝色）$+ H^+$

计算公式　　$c_{EDTA} = \dfrac{m_{ZnO} \times 1000}{V_{EDTA} \times M_{ZnO}}$　　　　　$(M_{ZnO} = 81.38 \text{ g/mol})$

3.14.3　仪器与试剂

（1）分析天平（0.1mg）；称量瓶；25mL 酸式滴定管；容量瓶；移液管；250mL 锥形瓶。

（2）ZnO（基准试剂，800℃灼烧至恒重）；乙二胺四乙酸二钠（AR）。

（3）0.5%铬黑 T 指示剂：取铬黑 T 指示剂 0.1g 溶于 15mL 三乙醇胺，待完全溶解后，加 5mL 无水乙醇，混匀。

（4）$NH_3 \cdot H_2O$-NH_4Cl 缓冲溶液（pH10）：取氯化铵 20g 溶于少量蒸馏水中，加入浓氨水 100mL，用水稀释至 1000mL。

（5）氨试液：取浓氨水 400mL，加水稀释至 1000mL。

（6）4 mol/L 盐酸溶液：取浓盐酸 300mL，加水稀释至 900mL。

（7）0.2%甲基红指示剂：称取甲基红 0.2g，加乙醇 100mL 溶解。

3.14.4　实验步骤

（1）0.01mol/L EDTA 溶液的配制：取 EDTA-2Na·$2H_2O$ 约 3.8g，加 300mL 蒸馏水，超声溶解，稀释至 1000mL。（长期放置时，应贮存于聚乙烯瓶中。）

（2）0.01mol/L EDTA 溶液的标定：取已在 800℃灼烧至恒重的基准物 ZnO 约 0.18g，精密称定。加 4 mol/L HCl 溶液 10mL 使其溶解后，全部转移至 100mL 容量瓶中，加蒸馏水稀释至刻度，摇匀。精密吸取 10.00mL 于 250mL 锥形瓶中，加甲基红指示剂 1 滴，滴加氨试液使溶液呈微黄色，加蒸馏水 25mL，$NH_3 \cdot H_2O$-NH_4Cl 缓冲液 10mL 和铬黑 T 指示剂 1~2 滴，用 0.01mol/L EDTA 溶液滴定至溶液由紫红色变为纯蓝色，即为终点，平行测定 3 次。

3.14.5　数据记录与处理

同实验 3.5。

3.14.6　注意事项

（1）贮存 EDTA 溶液应选用聚乙烯瓶或硬质玻璃瓶，以免 EDTA 与玻璃中金属离子作用。

（2）甲基红指示剂只需加 1 滴，如多加了几滴，在滴加氨试液后溶液呈较深的黄色，致使终点颜色发绿，不易判断终点。

（3）滴加氨试液至溶液呈微黄色，应边加边摇，加多了会生成 $Zn(OH)_2$ 沉淀，此时应用稀 HCl 溶液调回至沉淀刚溶解。

（4）配位反应为分子反应，反应速度不如离子反应快，近终点时，滴定速度不宜太快。

（5）计算浓度时注意滴定的量是称样量的 1/10。

3.14.7　思考题

（1）酸度对配位滴定有何影响？为什么要加 $NH_3 \cdot H_2O$-NH_4Cl 缓冲液？

（2）为什么 ZnO 溶解后，要加甲基红指示剂以氨试液调节至微黄色？

（3）选择金属指示剂的原则是什么？

3.14　Preparation and Standardization of 0.01 mol/L EDTA Standard Solution

3.14.1　Objectives

（1）To master the preparation and standardization of EDTA standard solution.

（2）To understand the principle of colour-changing of metal indicator and related cautions; to understand the characteristics of complexation titration.

（3）Learn to judge the end point through eriochrome black T (EBT) indicator.

3.14.2　Principles

EDTA standard solution is usually prepared by dissolving disodium dihydrogen ethylenediamine tetraacetate (EDTA-2Na) in water. EDTA-2Na is white crystalline powder. Since it is difficult to obtain the pure product, the standard solution has to be prepared indirectly. Its concentration is standardized by using zinc oxide (ZnO) as primary standard. The titration is performed at pH=10 by using eriochrome black T as the indicator. At the end point, the color changes from purple to pure blue. Indicator reaction is described as follows:

Before titration:　　　　$Zn^{2+} + HIn^{2-} (\text{pure blue}) \longrightarrow ZnIn^{-} (\text{purple}) + H^{+}$

During Titration:　　　　$Zn^{2+} + H^2Y^{2-} \longrightarrow ZnY^{2-} + 2H^{+}$

End-point:　　$ZnIn^{-} (\text{purple}) + H^2Y^{2-} \longrightarrow ZnY^{2-} + HIn^{2-} (\text{pure blue}) + H^{+}$

3.14.3　Apparatus and Reagents

（1）Analytical balance (0.1mg); weighing bottle; 25mL acid burette; volumetric flask; transfer pipette; 250mL conical flask.

（2）Zinc oxide (primary standard, ignited to constant weight at 800℃); disodium dihydrogen ethylenediamine tetraacetate (AR).

(3) 0.5% eriochrome black T indicator: Dissolve 0.1g of eriochrome black T in 15mL of triethanolamine (TEA). Add 5mL of anhydrous ethanol after EBT is completely dissolved.

(4) Ammonia-ammonium chloride buffer solution (pH10): Dissolve 20g of ammonium chloride with a small amount of distilled water, add 100mL of ammonia, and dilute it with water to 1000mL.

(5) Ammonia test solution: Dilute 400 mL of ammonia with water to 1000mL.

(6) 4mol/L hydrochloric acid solution: Dilute 300mL concentrated hydrochloric acid with water to 900mL.

(7) 0.2% methyl red indicator: Weigh 0.2g of methyl red, and resolve it with 100 mL of ethanol.

3.14.4　Procedures

1. Preparation of 0.01mol/L EDTA standard solution

Add about 3.8g EDTA-2Na · $2H_2O$ into 300mL distilled water, dissolve it by ultrasound, and dilute it to 1000mL (preserve it in a polyethylene bottle for long-time storage).

2. Standardization of 0.01mol/L EDTA standard solution

Accurately weigh 0.18 g zinc oxide primary standard, which is previously ignited to constant weight at about 800℃, and dissolve it in 10mL 4mol/L of hydrochloric acid. Transfer the solution into a 100mL volumetric flask, dilute it with distilled water to the mark and mix well. Accurately suck 10.00mL of the solution into a 250mL conical flask. Then add 1 drop of methyl red indicator, and add ammonia test solution dropwise until a slight yellow color is observed. Add 25mL distilled water, 10mL $NH_3 \cdot H_2O$-NH_4Cl buffer solution and $1 \sim 2$ drops of eriochrome black T indicator. The obtained solution is titrated with 0.01mol/L EDTA solution until the color changes from purple to pure blue. The determination should be repeated for three times.

3.14.5　Data Recording and Processing

The same as experiment 3.5.

3.14.6　Cautions

(1) The EDTA solution should be kept in the polyethylene bottle or the hard glass bottle to avoid the interaction between EDTA and metal ions existing in glass.

(2) Only 1 drop of methyl red is required. If more than one drop is added, a dark yellow solution would be obtained by adding ammonia test solution, thereupon resulting in a green solution at the end, and making it difficult to determine the end point.

(3) Add ammonia test solution dropwise while shaking until a slight yellow color is observed. Excessive ammonia test solution would lead to the formation of Zn (OH)$_2$ precipitate，which can be dissolved by dilute hydrochloric acid.

(4) The coordination reaction is a molecular reaction，which is not as fast as the ionic reaction. Titrate slowly when approaching the end point.

3. 14. 7　Questions

(1) What is the effect of acidity on the complexation titration? Why should NH$_3$ · H$_2$O-NH$_4$Cl buffer solution be added?

(2) Why should the ammonia test solution and the methyl red be added until a slight yellow color is observed after ZnO is dissolved?

(3) What is the principle of choosing metal indicators?

3.15　水的硬度测定

3. 15. 1　目的要求

(1) 了解水的硬度的测定意义和常用的硬度表示方法。
(2) 掌握 EDTA 法测定水的硬度的原理和方法。
(3) 进一步掌握铬黑 T 指示剂的应用，了解金属指示剂的特点。

3. 15. 2　基本原理

常水（自来水、河水、井水等）中含有较多的钙盐和镁盐，所以常水称为硬水，其中钙、镁离子含量以硬度表示。水的总硬度包括暂时硬度和永久硬度。

暂时硬度：水中含有钙、镁的酸式碳酸盐，遇热即成碳酸盐沉淀而失去其硬性。反应为

$$Ca(HCO_3)_2 \xrightarrow{\Delta} CaCO_3\downarrow + +H_2O + CO_2\uparrow$$
$$Mg(HCO_3)_2 \quad\quad MgCO_3\downarrow \quad (不完全) \quad +H_2O + CO_2\uparrow$$
$$\xrightarrow{+H_2O} Mg(OH)_2\downarrow + CO_2\uparrow$$

永久硬度：水中含有钙、镁的硫酸盐、氯化物、硝酸盐，在加热时也不沉淀（但在锅炉运行温度下，溶解度低的可析出而成锅垢）。

水中钙、镁离子的含量可用 EDTA 法测定。在 pH10 时，以铬黑 T 为指示剂，用 0.01mol/L 的 EDTA 标准溶液直接测定水中的 Ca^{2+}、Mg^{2+}。

滴定前：Ca^{2+} + HIn^{2-}（纯蓝色）——→CaIn$^-$（紫红色）+ H$^+$

Mg^{2+} + HIn^{2-}（纯蓝色）——→MgIn$^-$（紫红色）+ H$^+$

终点时：MgIn$^-$（紫红色）+ H$_2$Y^{2-}——→Mg Y^{2-} + HIn^{2-}（纯蓝色）+ H$^+$

水的硬度的表示方法有多种，本书采用我国目前常用的表示方法，以度（°）计，1

硬度单位表示 10 万份水中含 1 份 CaO。

　　计算公式　　　硬度（°）$= \dfrac{c_{EDTA} V_{EDTA} M_{CaO}}{V_水 \times 1000} \times 10^5$　　　　　　（$M_{CaO} = 56.08$ g/mol）

3.15.3　仪器与试剂

（1）25mL 酸式滴定管；100mL 容量瓶；250mL 锥形瓶。

（2）0.01mol/L 的 EDTA 标准溶液（同 3.14）。

（3）0.5％铬黑 T 指示剂（同 3.14）；$NH_3 \cdot H_2O$-NH_4Cl 缓冲液（pH10）（同 3.14）。

（4）样品：自来水。

3.15.4　实验步骤

　　精密量取自来水 100.0mL（可用容量瓶取），置于 250mL 锥形瓶中，加入 $NH_3 \cdot H_2O$-NH_4Cl 缓冲液（pH10）5mL，摇匀，再加入 0.5％铬黑 T 指示剂 1～2 滴，摇匀，用 0.01mol/L 的 EDTA 标准溶液滴定至溶液由紫红色变为纯蓝色，即为终点。平行测定 3 次。

3.15.5　数据记录与处理

　　同实验 3.6。

3.15.6　注意事项

　　（1）滴定时，因反应速度较慢，在接近终点时，应缓慢加入标准溶液，并充分摇匀。在氨性溶液中，当 $Ca(HCO_3)_2$ 含量高时，可能会析出 $CaCO_3$ 沉淀，使终点颜色不敏锐，这时可于滴定前先将溶液酸化，加 2～3 滴 4mol/L 盐酸溶液，煮沸溶液除去 CO_2，注意 HCl 不宜多加，以免影响滴定的 pH。

　　（2）其他水质硬度测定时可根据具体情况适当稀释，如测定海水中镁含量时可稀释 40 倍。

3.15.7　思考题

　　（1）什么叫水的硬度？

　　（2）配位滴定与酸碱滴定法相比，有哪些不同点？操作中应注意哪些问题？

　　（3）钙、镁含量测定除用本实验方法还可以用哪些方法？

3.15　Determination of Water Hardness

3.15.1　Objectives

　　（1）To understand the significance of determining water hardness, as well as the common expression of water hardness.

（2）To master the principles and approaches for the determination of water hardness via using EDTA titration.

（3）To master the application of eriochrome black T indicator, and to understand the characteristics of metal indicators.

3.15.2　Principles

Usually, the ordinary water (e.g. tap water, river water, and well water) contains calcium and magnesium salts, so it is called hard water. The total concentration of calcium and magnesium ions is expressed by water hardness. The total water hardness includes temporary hardness and permanent hardness.

Temporary hardness: Water contains bicarbonates of calcium or magnesium, which can be converted to carbonate precipitation by heating. In this case the hardness is lost. The reactions are as follows:

$$Ca(HCO_3)_2 \xrightarrow{\Delta} CaCO_3 \downarrow + H_2O + CO_2 \uparrow$$

$$Mg(HCO_3)_2 \xrightarrow{\Delta} MgCO_3 \downarrow \text{ (depositing incompletely) } + H_2O + CO_2 \uparrow$$
$$\left| \begin{array}{l} + H_2O \downarrow \\ \rightarrow Mg(OH)_2 \downarrow + CO_2 \uparrow \end{array} \right.$$

Permanent hardness: Water contains sulfates, chlorides and nitrates of calcium or magnesium, which do not precipitate even when heated (but salts with low solubility can separate out as the boiler scale at the operating temperature).

The total concentration of calcium and magnesium ions can be determined by using EDTA titration. Take some water, and adjust its pH to 10. Then the total concentration of calcium and magnesium ions can be measured by 0.01mol/L of EDTA solution with eriochrome black T as the indicator.

Before titration:　　　　$Ca^{2+} + HIn^{2-}$ (pure blue) $\longrightarrow CaIn^-$ (purple) $+ H^+$

　　　　　　　　　　$Mg^{2+} + HIn^{2-}$ (pure blue) $\longrightarrow MgIn^-$ (purple) $+ H^+$

End-point: $MgIn^-$ (purple) $+ H_2Y^{2-} \longrightarrow MgY^{2-} + HIn^{2-}$ (pure blue) $+ H^+$

There are many different ways to express water hardness. This book adopts an expression commonly used in China (°): $1° = 10$ ppm CaO (ppm: part per million).

$$\text{Hardness } (°) = \frac{c_{EDTA} V_{EDTA} M_{CaO}}{V_{water} \times 1000} \times 10^5 \quad (M_{CaO} = 56.08 \text{g/mol})$$

3.15.3　Apparatus and Reagents

（1）25mL acid burette; 100mL volumetric flask; 250mL conical flask.

（2）0.01mol/L EDTA standard solution (the same as 3.14).

（3）0.5% eriochrome black T (the same as 3.14); $NH_3 \cdot H_2O$-NH_4Cl buffer solution (pH10) (the same as 3.14).

（4）Sample：Tap water.

3. 15. 4　Procedures

Accurately transfer 100. 0mL（measured by 100mL volumetric flask）of tap water into a 250mL conical flask，add 5mL of ammonia-ammonium chloride buffer solution（pH10）and shake well. Then add $1\sim2$ drops of eriochrome black T，shake well and titrate with 0. 01 mol/L EDTA standard solution until the color changes from purple to pure blue. Repeat the determination for three times.

3. 15. 5　Data Recording and Processing

The same as experiment 3. 6.

3. 15. 6　Cautions

（1）When approaching the end point of titration，standard solution should be slowly added and shaken well due to the slow reaction rate. Some $CaCO_3$ may deposit resulting from a high concentration of $Ca(HCO_3)_2$ in the ammonia solution，thus the color change at the endpoint is not obvious. In this case，the solution should be acidified by adding $1\sim2$ drops 4mol/L of HCl solution，and boiled to remove CO_2 before titration. Please do not add too much HCl solution in case the acidity of solution is affected.

（2）Hardness of other bodies of water should be determined after appropriate dilution. For example，the determination of magnesium content in seawater can be performed after 40 times of dilution.

3. 15. 7　Questions

（1）What is water hardness?

（2）What are the differences between coordination titration and acid-base titration? What should be noticed in the operations?

（3）What other methods could be employed to determine the contents of calcium and magnesium?

3. 16　0. 01 mol/L $ZnSO_4$ 标准溶液的配制与标定

3. 16. 1　目的要求

（1）掌握 $ZnSO_4$ 标准溶液的配制和标定方法。

（2）了解金属指示剂变色原理及使用注意事项。

3.16.2　基本原理

ZnSO$_4$ 标准溶液常用间接法配制，将 ZnSO$_4 \cdot 7H_2O$ 溶于水，配制成所需的近似浓度的溶液，再用 EDTA 标准溶液标定。以铬黑 T 为指示剂，滴定条件为 pH10，终点由紫红色变为纯蓝色。滴定过程中反应式如下：

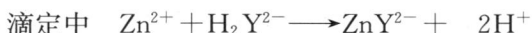

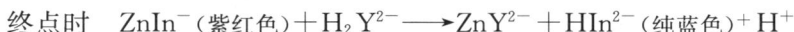

滴定前　　$Zn^{2+} + HIn^{2-}$（纯蓝色）$\longrightarrow ZnIn^-$（紫红色）$+ H^+$

滴定中　　$Zn^{2+} + H_2Y^{2-} \longrightarrow ZnY^{2-} + 2H^+$

终点时　　$ZnIn^-$（紫红色）$+ H_2Y^{2-} \longrightarrow ZnY^{2-} + HIn^{2-}$（纯蓝色）$+ H^+$

计算公式　　　　　　$c_{ZnSO_4} = \dfrac{c_{EDTA}V_{EDTA}}{V_{ZnSO_4}}$

3.16.3　仪器与试剂

（1）25mL 酸式滴定管；20mL 移液管；250mL 锥形瓶。

（2）ZnSO$_4 \cdot 7H_2O$（AR）；0.01mol/L 的 EDTA 标准溶液（同 3.14）。

（3）铬黑 T 指示剂（同 3.14）。

（4）4 mol/L 盐酸溶液（同 3.14）。

（5）NH$_3 \cdot$H$_2$O-NH$_4$Cl 缓冲液（pH10）、氨试液、甲基红指示剂（同 3.14）。

3.16.4　实验步骤

（1）0.01mol/L ZnSO$_4$ 标准溶液的配制：粗称 ZnSO$_4 \cdot 7H_2O$ 3.0 g，加 4mol/L 盐酸溶液 40mL，再加蒸馏水 1000 mL，溶解，置试剂瓶中摇匀。

（2）0.01mol/L ZnSO$_4$ 标准溶液的标定：精密吸取 ZnSO$_4$ 标准溶液 20 mL，置 250mL 锥形瓶中，加甲基红指示剂 1 滴，滴加氨试液至溶液呈微黄色，再加蒸馏水 25mL，NH$_3 \cdot$H$_2$O-NH$_4$Cl 缓冲溶液 10 mL，铬黑 T 指示剂 1～2 滴，用 0.01 mol/L EDTA 标准溶液滴定至溶液由紫红色变为纯蓝色，即为终点。平行测定 3 次。

3.16.5　数据记录与处理

同实验 3.5。

3.16.6　思考题

标定 ZnSO$_4$ 的操作步骤中，甲基红指示剂、氨试液和 NH$_3 \cdot$H$_2$O-NH$_4$Cl 缓冲溶液的作用分别是什么？

3.17　白矾中铝的含量测定

3.17.1　目的要求

（1）掌握配位滴定法中返滴定法的原理、操作及计算。

（2）了解 EDTA 测定铝盐的特点。

（3）掌握用二甲酚橙指示剂判断终点。

3.17.2　基本原理

白矾主要组分 $KAl(SO_4)_2 \cdot 12H_2O$，可先测定其组成中铝的含量，再换算成白矾的含量。铝离子能与 EDTA 形成比较稳定的配位化合物，但反应速度较慢。可采用返滴定法，即准确加入过量的 EDTA 标准溶液，待反应完全后，再用 $ZnSO_4$ 标准溶液滴定剩余的 EDTA。

选用二甲酚橙为指示剂，在 pH<6 时为黄色，计量点后，稍过量的 Zn^{2+}，即与其形成橙色的配合物，指示终点的到达。控制溶液 pH 在 5～6。滴定过程反应式为

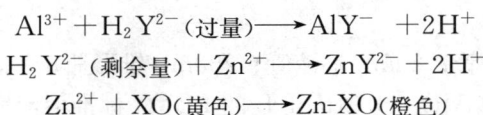

$$Al^{3+} + H_2Y^{2-}(过量) \longrightarrow AlY^- + 2H^+$$
$$H_2Y^{2-}(剩余量) + Zn^{2+} \longrightarrow ZnY^{2-} + 2H^+$$
$$Zn^{2+} + XO(黄色) \longrightarrow Zn\text{-}XO(橙色)$$

计算公式　　　$$w_{KAl(SO_4)_2 \cdot 12H_2O} = \frac{[(cV)_{EDTA} - (cV)_{ZnSO_4}] \times M_{KAl(SO_4)_2 \cdot 12H_2O}}{m_S \times 1000} \times 100\%$$

$$(M_{KAl(SO_4)_2 \cdot 12H_2O} = 474.4g/mol)$$

3.17.3　仪器与试剂

（1）分析天平；25mL 酸式滴定管；称量瓶；移液管；容量瓶；250mL 锥形瓶。

（2）0.01mol/L 的 EDTA 标准溶液（同 3.14）；0.01mol/L 的 $ZnSO_4$ 标准溶液（同 3.16）。

（3）0.2% 二甲酚橙指示剂：取 0.2g 二甲酚橙溶于 100mL 蒸馏水中。

（4）20% 六次甲基四胺（乌洛托品）溶液：取 20g 六次甲基四胺，加蒸馏水至 100mL 混匀。

（5）样品：白矾。

3.17.4　实验步骤

取白矾约 0.3g，精密称定，置于小烧杯中，加蒸馏水溶解，定量转移至 100 mL 容量瓶中，稀释至刻度。精密吸取 25mL 至 250 mL 锥形瓶中，精密加入 0.01 mol/L EDTA 标准溶液 25mL，煮沸 5min，放冷，加 20% 六次甲基四胺溶液 25mL，0.2% 二甲酚橙指示剂 4 滴，用 0.01mol/L 的 $ZnSO_4$ 标准溶液滴定至溶液由黄色变为橙色。平行测定 3 次。

3.17.5　数据记录与处理

同实验 3.6。

3.17.6　注意事项

（1）样品溶于水后，会缓慢水解呈浑浊，在加入过量 EDTA 溶液后，即可溶解，

故不影响测定。

（2）加热促进 Al^{3+} 与 EDTA 配位反应加速，一般在沸水浴中加热 3min 反应程度可达 99%，为使反应完全，加热 5min。

（3）当 pH<6 时，游离二甲酚橙呈黄色，滴定至终点时，微过量的 Zn^{2+} 与部分二甲酚橙配合成紫红色，黄色与紫红色组成橙色。

（4）在滴定溶液中加入六次甲基四胺控制溶液的酸度（pH5～6），因 pH<4 时，配合不完全，pH>7 时，生成 Al（OH）$_3$ 沉淀。

（5）计算含量时注意滴定量是称样量的 1/4。

3.17.7　思考题

（1）测定铝盐为什么必须采用返滴定法？能用铬黑 T 作指示剂吗？

（2）二甲酚橙是如何指示终点的？为什么只能在酸性溶液中滴定？还可采用何种试剂控制酸度？六次甲基四胺在滴定中起什么作用？

3.18　0.1mol/L $Na_2S_2O_3$ 标准溶液的配制与标定

3.18.1　目的要求

（1）掌握 $Na_2S_2O_3$ 标准溶液的配制方法和注意事项。

（2）了解置换碘量法的原理及操作过程，学会使用碘量瓶。

（3）正确使用淀粉指示剂指示终点。

3.18.2　基本原理

$Na_2S_2O_3$ 标准溶液通常用 $Na_2S_2O_3 \cdot 5H_2O$ 配制，由于 $Na_2S_2O_3$ 遇酸迅速分解产生 S，配制时若水中含有较多 CO_2，则 pH 偏低，容易使配得的 $Na_2S_2O_3$ 溶液变混浊。若水中有微生物，也能慢慢分解 $Na_2S_2O_3$，因此配制 $Na_2S_2O_3$ 溶液常用新煮沸放冷的蒸馏水，并加入少量的 Na_2CO_3，以防止 $Na_2S_2O_3$ 分解。

标定 $Na_2S_2O_3$ 可用 $K_2Cr_2O_7$、$KBrO_3$、KIO_3、$KMnO_4$ 等氧化剂，其中使用 $K_2Cr_2O_7$ 最方便。采用置换滴定法，先使 $K_2Cr_2O_7$ 与过量的 KI 作用，再用待标定的 $Na_2S_2O_3$ 溶液滴定析出的 I_2，第一步反应为

$$Cr_2O_7^{2-} + 14H^+ + 6I^- \longrightarrow 3I_2 + 2Cr^{3+} + 7H_2O$$

酸度较低时，反应较慢，酸度太高则 KI 被空气氧化成 I_2，故酸度应控制在 0.2～0.4mol/L 范围内，避光放置 10min，反应才能定量完成，第二步反应为

$$I_2 + 2S_2O_3^{2-} \longrightarrow 2I^- + S_4O_6^{2-}$$

第一步反应析出的 I_2 用 $S_2O_3^{2-}$ 溶液滴定，用淀粉溶液作指示剂，以蓝色消失为终点。由于开始滴定时 I_2 较多，若此时加入淀粉指示剂，则 I_2 被淀粉吸附过牢，$Na_2S_2O_3$ 不易将 I_2 完全夺出，难以观察终点，因此必须在近终点时加入淀粉指示剂。

$Na_2S_2O_3$ 与 I_2 的反应只能在中性或弱碱性溶液中进行，在碱性溶液中发生副反应，

反应式为

$$S_2O_3^{2-} + 4 I_2 + 10OH^- \longrightarrow 2SO_4^{2-} + 8 I^- + 5 H_2O$$

而在酸性溶液中 $Na_2S_2O_3$ 又易分解，反应式为

$$S_2O_3^{2-} + 2H^+ \longrightarrow S\downarrow + SO_2\uparrow + H_2O$$

因此在用 $Na_2S_2O_3$ 溶液滴定前应将溶液稀释。用水稀释溶液除降低酸度外，还可避免溶液中 Cr^{3+} 颜色太深所致终点判断偏差。

计算公式

$$c_{Na_2S_2O_3} = \frac{6 \times m_{K_2Cr_2O_7} \times 1000}{V_{Na_2S_2O_3} \times M_{K_2Cr_2O_7}} \quad (M_{K_2Cr_2O_7} = 294.2g/mol)$$

3.18.3　仪器与试剂

（1）分析天平；25mL 酸式滴定管；称量瓶；250mL 碘量瓶。

（2）$Na_2S_2O_3 \cdot 5H_2O$（AR）；Na_2CO_3（AR）；$K_2Cr_2O_7$（基准试剂）。

（3）20%KI 溶液：取碘化钾 20g，加蒸馏水 100mL 溶解。

（4）4mol/L HCl 溶液（同 3.14）。

（5）0.5%淀粉指示剂：取可溶性淀粉 0.5g，加水 5mL 搅匀后，缓缓加入 100mL 沸水中，随加随搅拌。继续煮沸 2min，放冷，倾取上层清液即得。用时新鲜配制，不能放置过久。

3.18.4　实验步骤

（1）0.1mol/L $Na_2S_2O_3$ 标准溶液的配制：在 500mL 新煮沸并冷却的蒸馏水中加入 Na_2CO_3 约 0.1g，溶解后，加入 $Na_2S_2O_3 \cdot 5H_2O$（AR）13g，充分混合溶解后倒入棕色瓶中放置 1 周再标定。

（2）0.1mol/L $Na_2S_2O_3$ 标准溶液的标定：取在 120℃ 干燥至恒重的基准 $K_2Cr_2O_7$ 约 0.12g，精密称定，置碘量瓶中，加蒸馏水 25mL 使溶解，加入 20% KI 溶液 10mL，蒸馏水 25mL，4mol/L HCl 溶液 5mL，密塞、摇匀、水封，暗处放置 10min，用 50mL 蒸馏水稀释，用 $Na_2S_2O_3$ 溶液滴定至近终点（淡黄绿色）时，加淀粉指示剂 2mL，继续滴定至蓝色消失而显亮绿色，即为终点，平行测定 3 次。

3.18.5　数据记录与处理

同实验 3.5。

3.18.6　注意事项

（1）操作条件对置换碘量法的准确度影响很大。为防止碘的挥发和碘离子的氧化，必须严格按分析规程谨慎操作。滴定开始时要快滴慢摇，减少碘的挥发。近终点时，要慢滴，加速振摇，减少淀粉对碘的吸附。

（2）用重铬酸钾标定硫代硫酸钠溶液时，滴定完了的溶液放置一定时间可能又变为蓝色。如果放置 5 min 后变蓝，是由于空气中 O_2 的氧化作用所致，可不予考虑；如果

很快变蓝，说明 $K_2Cr_2O_7$ 与 KI 的反应没有定量进行完全，反应又析出游离 I_2 所致，必须弃去重做。

（3）酸度对滴定有影响，要求在滴定过程中，HCl 的酸度控制在 $0.2\sim0.4mol/L$ 范围内，滴定前应用水稀释。

3.18.7　思考题

（1）配制 $Na_2S_2O_3$ 溶液时，为什么要加 Na_2CO_3？为什么用新煮沸放冷的蒸馏水？能否先将 $Na_2S_2O_3$ 溶于蒸馏水之后再煮沸之？为什么？

（2）称取 $K_2Cr_2O_7$、KI，量取 H_2O 及 HCl 溶液各用什么容器？

（3）以 $K_2Cr_2O_7$ 标定 $Na_2S_2O_3$ 的浓度为何要加 KI？为何要在暗处放置 10min？滴定前为何要用水稀释？淀粉指示剂为何在近终点时加入？

3.18　Preparation and Standardization of 0.1 mol/L Sodium Thiosulfate Standard Solution

3.18.1　Objectives

（1）To master the preparation of $Na_2S_2O_3$ standard solution and related cautions.

（2）To learn the principles and operations of replacement iodometry，and to learn how to use the iodine flask.

（3）To use the starch indicator to indicate the end point appropriately.

3.18.2　Principles

$Na_2S_2O_3$ standard solution is usually prepared by using $Na_2S_2O_3 \cdot 5H_2O$. As $Na_2S_2O_3$ is prone to decompose to generate sulfur in acidic solution，the prepared $Na_2S_2O_3$ solution will be turbid if the pH of the solution is low resulting from much CO_2 dissolved in the water. $Na_2S_2O_3$ can also be slowly decomposed if micro-organisms exist in water. Therefore，distilled water used to prepare $Na_2S_2O_3$ solution is required to be freshly boiled and cooled，and a small amount of Na_2CO_3 should be added into the solution to avoid the decomposition of $Na_2S_2O_3$.

$K_2Cr_2O_7$，$KBrO_3$，KIO_3，$KMnO_4$ and other oxidants can all be used for the standardization of $Na_2S_2O_3$ solution，among which $K_2Cr_2O_7$ is the most convenient one. In displacement titration，$K_2Cr_2O_7$ reacts with excessive KI at the first step，and then titrate the deposited I_2 with the $Na_2S_2O_3$ solution. The reaction of the first step is：

$$Cr_2O_7^{2-}+14H^++6I^-\longrightarrow3I_2+2Cr^{3+}+7H_2O$$

The reaction is slow if the acidity is too week，while KI would be oxidized into I_2 by the air if the acidity is too strong. Therefore，the acidity of the solution should be controlled within the range of $0.2\sim0.4$ mol/L. The reaction can quantitatively complete only when the solution is kept away from light for 10 min. The reaction of the second step is:

$$I_2 + 2S_2O_3^{2-} \longrightarrow 2I^- + S_4O_6^{2-}$$

Deposited I_2 in the first step reaction is titrated by $S_2O_3^{2-}$ solution with starch solution as the indicator, and the disappearance of blue indicates the end point. Since there is too much I_2 at the beginning of titration, the added starch will absorb I_2 firmly. As a result, $Na_2S_2O_3$ could not take I_2 out completely, so that it will be difficult to observe the end point. Therefore, the starch indicator should be added when approaching the end point.

The reaction between I_2 and $Na_2S_2O_3$ can only carry on in neutral or weak alkalescent solution, because a side-effect would occur in alkaline solution:

$$S_2O_3^{2-} + 4I_2 + 10OH^- \longrightarrow 2SO_4^{2-} + 8I^- + 5H_2O$$

In acidic solution, $Na_2S_2O_3$ will decompose:

$$S_2O_3^{2-} + 2H^+ \longrightarrow H_2O + SO_2\uparrow + S\downarrow$$

Therefore, the $Na_2S_2O_3$ solution should be diluted before titrating with the solution. Dilution of the solution with water can not only decrease acidity, but also avoid the end-point observation error resulting from the dark color of Cr^{3+}. The calculation formula is asfollows:

$$c_{Na_2S_2O_3} = \frac{6 \times m_{K_2Cr_2O_7} \times 1000}{V_{Na_2S_2O_3} \times M_{K_2Cr_2O_7}} \quad (M_{K_2Cr_2O_7} = 294.2 \text{ g/mol})$$

3.18.3 Apparatus and Reagents

(1) Analytical balance; 25mL acid burette; weighing bottle; 250mL iodine flask.

(2) $Na_2S_2O_3 \cdot 5H_2O$ (AR); Na_2CO_3 (AR); $K_2Cr_2O_7$ (primary standard).

(3) 20% KI solution: Weigh 20g potassium iodide, and resolve it with 100 mL distilled water.

(4) 4mol/L HCl solution (the same as 3.14).

(5) 0.5% starch indicator: Mix 0.5 g soluble starch with 5mL water, and slowly add into 100mL boiling water with stirring. Keep boiling for 2min, and take the supernatant for use after cooling. The indicator solution is required to be freshly prepared.

3.18.4 Procedures

(1) Preparation of 0.1mol/L $Na_2S_2O_3$ standard solution: Dissolve about 0.1 g Na_2CO_3 in 500mL freshly boiled and cooled distilled water. Then add 13g $Na_2S_2O_3 \cdot 5H_2O$ (AR), and mix well. The solution is poured into a brown bottle and stored for one week before standardizing.

(2) Standardization of 0.1mol/L $Na_2S_2O_3$ solution: Accurately weigh 0.12g

primary standard $K_2Cr_2O_7$ （dried to constant weight at 120℃）into an iodine flask， and dissolve it with 25mL distilled water. Add 10mL of 20% KI solution， 25mL of distilled water and 5 mL of 4 mol/L HCl solution. Seal and shake the flask well， and put it in the dark with water seal for 10min. Then dilute the solution with 50mL distilled water. Titrate the solution with the $Na_2S_2O_3$ solution until the end point is near （yellowish green）， and then add 2mL starch indicator. Continue the titration until the blue color disappears with the appearance of a bright green color， which indicates the end point. Repeat the experiment for three times.

3. 18. 5　Data Recording and Processing

The same as experiment 3. 5。

3. 18. 6　Cautions

（1） Operating conditions have great impact on the accuracy of replacement iodometry. To prevent the volatility of iodine and the oxidation of iodide ions， analytical regulations must be strictly obeyed and the operations must be careful. At the beginning of the titration， drop the solution quickly and shake the flask slowly to reduce the volatility of iodine. When the end point is near， drop the solution slowly and speed up the shaking of the flask to reduce the adsorption of iodine on the starch.

（2） During the standardization of $Na_2S_2O_3$ solution with $K_2Cr_2O_7$， the color of the reaction solution may return to blue after the solution is laid aside over a period of time. The color returning to blue after 5min is caused by the oxidation of O_2 in air， which can be negligible. However， the color returning to blue quickly indicates that the quantitative reaction between $K_2Cr_2O_7$ and KI should have not completely accomplished and free iodine deposit from the reaction again. In this case， the experiment should be redone.

（3） The acidity of the solution has impact on the titration， and the concentration of HCl solution is required to be in the range between 0. 2mol/L and 0. 4mol/L via diluting the solution with water before titration.

3. 18. 7　Questions

（1） Why should Na_2CO_3 be added when preparing $Na_2S_2O_3$ solution? Why should freshly boiled and cooled water be used? Can $Na_2S_2O_3$ be firstly dissolved in distilled water before boiling the solution? Why?

（2） What containers should be used to weigh $K_2Cr_2O_7$ and KI， and measure H_2O and HCl solution， respectively?

（3） Why should KI be added during the standardization of the $Na_2S_2O_3$ solution with $K_2Cr_2O_7$? Why should the flask be placed in the dark for 10 min? Why should it be diluted before titration? Why should the starch indicator be added near the end point?

3.19　间接碘量法测定铜盐的含量

3.19.1　目的要求

（1）掌握间接碘量法测定铜盐含量的原理和方法。

（2）巩固碘量法的操作。

3.19.2　基本原理

在弱酸性条件下，Cu^{2+} 可以与过量的 KI 反应，还原为 CuI，析出等量的 I_2，过量的 KI 可使 Cu^{2+} 的还原趋于完全，I^- 作为沉淀剂，可以提高 Cu^{2+}/Cu^+ 的氧化还原电位，有利于反应向右进行，使 Cu^{2+} 定量的还原；过量的 KI 使 I_2 生成 I_3^- 以防止 I_2 的挥发，减少 I_2 的损失。反应式为

$$2\,Cu^{2+} + 5I^- \longrightarrow 2CuI \downarrow + I_3^-$$

生成 I_2 的量，取决于试样中 Cu^{2+} 的含量。析出的 I_2 以淀粉为指示剂，用 $Na_2S_2O_3$ 标准溶液滴定：

$$2S_2O_3^{2-} + I_3^- \longrightarrow S_4O_6^{2-} + 3\,I^-$$

因 $2Cu^{2+} \longrightarrow I_2 \longrightarrow 2\,Na_2S_2O_3$，故：$n_{Cu^{2+}} : n_{S_2O_3^{2-}} = 1 : 1$

计算公式　　$\omega_{CuSO_4 \cdot 5H_2O} = \dfrac{c_{Na_2S_2O_3} V_{Na_2S_2O_3} M_{CuSO_4 \cdot 5H_2O}}{m_S \times 1000} \times 100\%$

（$M_{CuSO_4 \cdot 5H_2O} = 249.71 g/mol$）

3.19.3　仪器与试剂

（1）分析天平（0.1mg）；称量瓶；25mL 酸式滴定管；250mL 锥形瓶。

（2）0.1mol/L $Na_2S_2O_3$ 标准溶液（同 3.18）。

（3）20％KI 溶液；0.5％淀粉指示剂（同 3.18）。

（4）10％KSCN 溶液；醋酸（AR，36％～37％）。

（5）样品：胆矾。

3.19.4　实验步骤

取胆矾（主要成分为 $CuSO_4 \cdot 5H_2O$）样品约 0.5g，精密称定，置于 250mL 碘量瓶中，加蒸馏水 50mL，溶解后加醋酸 4mL，20％ KI 溶液 10mL，立即密塞摇匀。用 0.1mol/L $Na_2S_2O_3$ 标准溶液滴定。至近终点时（溶液由红棕色变为黄色），加淀粉指示剂 2mL，继续滴定至铅灰色时，加入 10％KSCN 溶液 5mL，摇动，此时溶液颜色变深，再用 $Na_2S_2O_3$ 标准溶液继续滴定至乳白色，即为终点。平行测定 3 次。计算胆矾中 $CuSO_4 \cdot 5H_2O$ 的质量分数。

3.19.5　数据记录与处理

同实验 3.6。

3.19.6　注意事项

（1）为了防止铜盐水解，需加醋酸使溶液呈微酸性。

（2）反应中生成的 CuI 沉淀吸附 I_2，使终点难以观察而影响结果的准确度，若在近终点时加入硫氰化钾或硫氰化铵试剂，使 CuI 转变为对 I_2 吸附弱的 CuSCN 沉淀，释放出吸附的 I_2，从而使反应完全，则终点易于观察。

3.19.7　思考题

（1）本实验为什么在弱酸性溶液中进行？能否在强酸性或碱性溶液中进行？

（2）滴定 $CuSO_4 \cdot 5H_2O$ 时，为什么不能过早加入淀粉指示剂？

（3）加 KSCN 溶液的作用是什么？为什么不能过早的加入？

3.19　Determination of the Content of Copper Salt by Indirect Iodometry

3.19.1　Objectives

（1）To master the principles and approaches of indirect iodometry for the determination of the content of copper salt.

（2）To consolidate the operations of iodometry.

3.19.2　Principles

Cu^{2+} can react with excessive KI and be reduced to CuI in weakly acidic solution, and at the same time, the same amount of I_2 is separated out. The excessive KI can make the reduction of Cu^{2+} complete. As a precipitating reagent, I^- can increase the Cu^{2+}/Cu^+ redox potential, promote the reaction to proceed toward right, and quantitatively deoxidate Cu^{2+}. Excessive KI can convert I_2 to I_3^- in case of the volatility of I_2. The reaction is listed as follows：

$$2\,Cu^{2+} + 5I^- =\!=\!= 2CuI \downarrow + I_3^-$$

The generated amount of I_2 depends on the content of Cu^{2+} in the sample. The precipitated I_2 can be titrated with $Na_2S_2O_3$ standard solution by using starch as the indicator：

$$2S_2O_3^- + I_3^- =\!=\!= S_4O_6^- + 3I^-$$

As

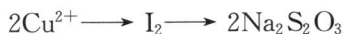
$$2Cu^{2+} \longrightarrow I_2 \longrightarrow 2Na_2S_2O_3$$

Hence

$$n_{Cu^{2+}} : n_{S_2O_3^{2-}} = 1 : 1$$

The calculation formula is as follows:

$$w_{CuSO_4 \cdot 5H_2O} = \frac{c_{Na_2S_2O_3} V_{Na_2S_2O_3} M_{CuSO_4 \cdot 5H_2O}}{m_S \times 1000} \times 100\% \quad (M_{CuSO_4 \cdot 5H_2O} = 249.71 g/mol)$$

3.19.3 Apparatus and Reagents

(1) Analytical balance (0.1mg); weighing bottle; 25mL acid burette; 250mL conical flask.

(2) 0.1mol/L $Na_2S_2O_3$ standard solution (the same as 3.18).

(3) 20% KI solution; 0.5% starch indicator solution (the same as 3.18).

(4) 10% KSCN solution; acetic acid (AR, 36%~37%).

(5) Sample: Blue vitriol.

3.19.4 Procedures

Accurately weigh 0.5g sample of blue vitriol ($CuSO_4 \cdot 5H_2O$) into 250mL iodine flask, and dissolve it with 50mL distilled water. Add 4 mL acetic acid and 10 mL of 20% KI solution; seal and mix well. Titrate with 0.1mol/L $Na_2S_2O_3$ standard solution. When the end point is near (the color of the solution changes from reddish brown to yellow), add 2mL starch indicator, and continue to titrate until the color turns lead grey. Then add 5mL of 10% KSCN solution and shake; the color of the solution will darken. Still continue to titrate with $Na_2S_2O_3$ standard solution until the color turns ivory, which indicates the end point. Repeat the experiment for three times, and calculate the mass fraction of $CuSO_4 \cdot 5H_2O$ in the sample of blue vitriol.

3.19.5 Data Recording and Processing

The same as experiment 3.6.

3.19.6 Cautions

(1) Acetic acid should be added to make the solution slightly acidic in order to prevent the hydrolysis of copper salt.

(2) CuI precipitate generated in the reaction can adsorb iodine, which makes it difficult to observe the end point, affecting the accuracy of results. KSCN or NH_4SCN reagent can be added near the end point so that CuI can be converted to CuSCN precipitate, which adsorbs iodine more weakly. Thus, I_2 originally adsorbed on the CuI can be released, resulting in a complete reaction and an easily observable end point.

3.19.7 Questions

(1) Why should this experiment be carried out in a weakly acidic solution? Is it

possible to carry out the experiment in strongly acidic or alkalescent solution?

(2) Why can't starch solution be added prematurely during the titration of $CuSO_4 \cdot 5H_2O$?

(3) What is the role of KSCN solution? Why can't it be added prematurely?

3.20 0.05 mol/L I_2 标准溶液的配制与标定

3.20.1 目的要求

(1) 掌握直接碘量法的操作过程。

(2) 了解 I_2 标准溶液的配制方法和注意事项。

3.20.2 基本原理

纯碘虽可用升华法制得，但因其具有挥发性和腐蚀性，不宜用分析天平准确称量，通常仍采用间接法配制成近似浓度的待标液，用 $Na_2S_2O_3$ 标准溶液或基准物质 As_2O_3 标定。

I_2 在水中的溶解度很小 (0.02g/100mL)，而且容易挥发，在有大量 KI 存在时，I_2 与 I^- 形成可溶性 I_3^- 配合离子，这样既增大了 I_2 的溶解度，又降低了 I_2 的挥发性。

在少量盐酸存在下，可使在 KI 中可能存在的少量 KIO_3 与 KI 作用生成 I_2，以消除 KIO_3 对滴定的影响。同时，因在配制 $Na_2S_2O_3$ 溶液时加入了少量 Na_2CO_3，可避免滴定反应在碱性溶液中进行。本实验选用 $Na_2S_2O_3$ 标准溶液标定 I_2 标准溶液浓度。标定反应式

$$I_2 + 2S_2O_3^{2-} \longrightarrow 2I^- + S_4O_6^{2-}$$

计算公式

$$c_{I_2} = \frac{c_{Na_2S_2O_3} \times V_{Na_2S_2O_3}}{2V_{I_2}}$$

3.20.3 仪器与试剂

(1) 25mL 酸式滴定管 (棕色)；250mL 锥形瓶；20mL 移液管。

(2) I_2 (AR)；KI (AR)。

(3) 0.1 mol/L $Na_2S_2O_3$ 标准溶液 (同 3.18)。

(4) 0.5% 淀粉指示剂 (同 3.18)。

(5) 4 mol/L HCl 溶液 (同 3.14)。

3.20.4 实验步骤

1. 0.05 mol/L I_2 标准溶液的配制

称取 7 g I_2 和 18 g KI 置小研钵中，加少量蒸馏水，加 4 mol/L HCl 溶液 1 mL，充

分研磨至 I_2 全部溶解后，转移入棕色试剂瓶中，加蒸馏水稀释至 500 mL，摇匀，并将玻璃塞盖紧。

　　2. 0.05 mol/L I_2 标准溶液的标定

　　精密吸取 0.1mol/L $Na_2S_2O_3$ 标准溶液 20mL，加蒸馏水 25mL，淀粉指示剂2mL，用待标定 I_2 标准溶液滴定至溶液恰显蓝色，30s 不退色，即为终点。平行测定 3 次。根据 $Na_2S_2O_3$ 标准溶液的浓度和体积及消耗的 I_2 溶液的体积，计算 I_2 标准溶液的浓度。

　　或者：精密量取待标定 I_2 标准溶液 20.00mL，加蒸馏水 25mL，用 0.1mol/L $Na_2S_2O_3$ 标准溶液滴定至溶液呈浅黄色，加淀粉指示剂 2mL，溶液显蓝色，继续滴定至蓝色恰退去（30s 内不变回蓝色），即为终点。平行测定 3 次。根据 I_2 溶液的体积及 $Na_2S_2O_3$ 标准溶液的浓度和消耗的体积，计算 I_2 标准溶液的浓度。

3.20.5　数据记录与处理

　　同实验 3.5。

3.20.6　注意事项

　　（1）I_2 必须溶解在浓 KI 溶液中，并充分搅拌，使 I_2 完全溶解后，才可用水稀释。

　　（2）I_2 溶液见光遇热时浓度会发生变化，故应装在棕色瓶里，并用玻璃塞盖紧，放置于暗处保存。储存和使用 I_2 溶液时，应避免与橡皮塞、橡皮管等接触。

3.20.7　思考题

　　（1）配制 I_2 溶液时，为什么加 KI 和少量盐酸？

　　（2）I_2 溶液应装在哪种滴定管中？为什么？

3.21　直接碘量法测定维生素 C 的含量

3.21.1　目的要求

　　（1）掌握直接碘量法的原理和方法。

　　（2）了解维生素 C 含量测定的操作步骤。

3.21.2　基本原理

　　I_2 标准溶液可以直接测定一些还原性的物质，如维生素 C，反应在稀酸中进行，维生素 C 分子中的二烯醇基被 I_2 定量地氧化成二酮基：

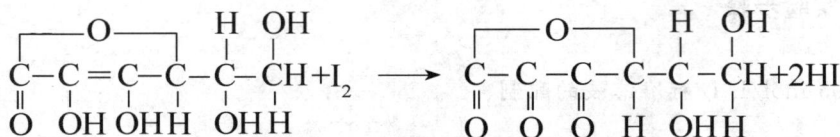

由于维生素 C 的还原性很强，即使在弱酸性条件下，上述反应也进行得相当完全。维生素 C 在空气中极易被氧化，尤其是在碱性条件下更甚，故该反应在稀醋酸介质中进行，以减少维生素 C 的副反应。

计算公式　　　　$w_{C_6H_8O_6} = \dfrac{c_{I_2} V_{I_2} M_{C_6H_8O_6}}{m_S \times 1000} \times 100\%$　　　　$(M_{C_6H_8O_6} = 176.1\text{g/mol})$

3.21.3　仪器与试剂

（1）分析天平（0.1mg）；25mL 酸式滴定管（棕色）；250mL 碘量瓶。
（2）0.05mol/L I_2 标准溶液（同 3.20）。
（3）0.5% 淀粉指示剂（同 3.18）；HAc（1∶1）。
（4）样品：维生素 C 原料。

3.21.4　实验步骤

取维生素 C 样品约 0.2g，精密称定，置于 250mL 碘量瓶中，加新煮沸放冷的蒸馏水 100mL 与稀 HAc 溶液 10mL 使之溶解后，加 0.5% 淀粉指示剂 1mL，立即用 I_2 标准溶液滴定至溶液变为蓝色，30s 内不退去，即为终点。平行测定 3 次。计算维生素 C 的质量分数。

3.21.5　数据记录与处理

同实验 3.6。

3.21.6　注意事项

（1）在酸性介质中，维生素 C 受空气的氧化速度稍慢，较为稳定，但样品溶解后仍需立即进行滴定。
（2）在有水或潮湿的情况下，维生素 C 易分解。

3.21.7　思考题

（1）为什么维生素 C 含量可以用碘量法测定？
（2）滴定维生素 C 时，为什么要加稀 HAc 溶液？
（3）溶解样品时为什么要用新煮沸放冷的蒸馏水？

3.22　0.02mol/L $KMnO_4$ 标准溶液的配制与标定

3.22.1　目的要求

（1）掌握 $KMnO_4$ 标准溶液的配制方法与保存方法。
（2）掌握用 $Na_2C_2O_4$ 标定 $KMnO_4$ 溶液的原理、方法及滴定条件。

3.22.2 基本原理

市售 $KMnO_4$ 试剂常含少量 MnO_2 及其他杂质，蒸馏水中也常含少量有机物，这些物质都能促使 $KMnO_4$ 还原，因此 $KMnO_4$ 标准溶液在配制后要进行标定。

配制所需浓度的 $KMnO_4$ 溶液，在暗处放置 $7 \sim 10d$，使溶液中还原性杂质与 $KMnO_4$ 充分作用，将还原产物 MnO_2 过滤除去，贮存于棕色瓶中，密闭保存。

标定 $KMnO_4$ 溶液常采用 $Na_2C_2O_4$ 作基准物质，$Na_2C_2O_4$ 易提纯，性质稳定。

标定反应式

$$2\,MnO_4^- + 5C_2O_4^{2-} + 16H^+ \longrightarrow 2\,Mn^{2+} + 10CO_2 \uparrow + 8H_2O$$

上述反应进行缓慢. 开始滴定时加入的 $KMnO_4$ 不能立即褪色，但一经反应生成 Mn^{2+} 后，Mn^{2+} 对该反应有催化作用，促使反应速度加快，可采用在滴定过程中加热溶液，并控制在 $70 \sim 85℃$ 进行滴定。利用 $KMnO_4$ 本身的颜色指示滴定终点。

计算公式

$$c_{KMnO_4} = \frac{m_{Na_2C_2O_4} \times 1000}{V_{KMnO_4} \times M_{Na_2C_2O_4}} \times \frac{2}{5} \qquad (M_{Na_2C_2O_4} = 134.0 g/mol)$$

3.22.3 仪器与试剂

（1）分析天平（0.1mg）；称量瓶；25mL 酸式滴定管；250mL 锥形瓶；恒温水浴锅。

（2）$KMnO_4$（AR）；$Na_2C_2O_4$（基准试剂）。

（3）2mol/L H_2SO_4 溶液：取硫酸（AR）112mL，缓慢加入到 900mL 蒸馏水中，混匀。

3.22.4 实验步骤

1. 0.02mol/L $KMnO_4$ 溶液的配制

称取 $KMnO_4$ 1.8g，溶于 500mL 新煮沸并冷却的蒸馏水中，混匀，置棕色试剂瓶中，于暗处放置 $7 \sim 10d$，用垂熔玻璃漏斗过滤，存于洁净棕色玻璃瓶中。

2. $KMnO_4$ 溶液的标定

取于 $105 \sim 110℃$ 干燥至恒重的 $Na_2C_2O_4$ 基准物约 0.14g，精密称定，置于 250mL 锥形瓶中，加新煮沸并冷却的蒸馏水 20mL 使之溶解，再加 2mol/L H_2SO_4 溶液 15mL，迅速滴加 0.02mol/L $KMnO_4$ 标准溶液 10mL，加热至 $75 \sim 85℃$，待退色后，继续滴定至溶液呈粉红色并保持 30s 不退去，即为终点。平行测定 3 次。

3.22.5 数据记录与处理

同实验 3.5。

3. 22. 6　注意事项

（1）滴定终了时，溶液温度不应低于 55℃，否则反应速度较慢，会影响终点观察的准确性。

（2）操作中加热可使反应速度增快，但温度不可超过 90℃，否则会引起 $Na_2C_2O_4$ 分解，并且 $KMnO_4$ 会转变成 MnO_2。

3. 22. 7　思考题

（1）为什么用 H_2SO_4 溶液调节酸性？是否可以用 HCl 溶液或 HNO_3 溶液？

（2）用 $KMnO_4$ 配制标准溶液时，应注意哪些问题？为什么？

（3）用 $KMnO_4$ 溶液滴定时速度如何控制？

3. 22　Preparation and Standardization of 0. 02 mol/L Potassium Permanganate Standard Solution

3. 22. 1　Objectives

（1）To grasp the method of preparing and preserving potassium permanganate standard solution.

（2）To grasp the principles, approaches and conditions of the standardization of potassium permanganate standard solution via using sodium oxalate as the primary standard.

3. 22. 2　Principles

The commercially available potassium permanganate often contains a small quantity of manganese dioxide and other impurities. The distilled water also often contains some organic substances. All these chemicals can urge the reduction of potassium permanganate. Therefore, potassium permanganate standard solution should be standardized with the primary standard after preparation.

Prepare the potassium permanganate solution of the required concentration, and place it in the dark for $7 \sim 10$ days to allow the reducible impurities in the solution to react completely with potassium permanganate. After removal of the reduction product MnO_2, the solution should be preserved in a sealed brown reagent bottle.

Sodium oxalate is usually used as primary standard to standardize potassium permanganate. Sodium oxalate is stable and easy to purify. The reaction equation can be written as follows:

$$2\ MnO_4^- + 5\ C_2O_4^{2-} + 16\ H^+ = 2\ Mn^{2+} + 10\ CO_2 \uparrow + 8\ H_2O$$

The rate of the above reaction is slow, and the color of potassium permanganate cannot fade immediately at the beginning of titration. However, the reaction rate dramatically speeds up once Mn^{2+} is produced. The reason is that Mn^{2+} has catalytic effect on this reaction. In general, the solution needs to be heated before titration, and the temperature should be controlled between 70℃ and 85℃. The color of $KMnO_4$ is employed to indicate the end point. The calculation formula is described below:

$$c_{KMnO_4} = \frac{m_{Na_2C_2O_4} \times 1000}{V_{KMnO_4} \times M_{Na_2C_2O_4}} \times \frac{2}{5} \quad (M_{Na_2C_2O_4} = 134.0 g/mol)$$

3.22.3　Apparatus and Reagents

(1) Analytical balance (0.1mg); weighing bottle; 25mL acid burette; 250mL conical flask; thermostatic water bath.

(2) $KMnO_4$ (AR); $Na_2C_2O_4$ (primary standard).

(3) 2 mol/L sulfuric acid solution: Add 112 mL sulfuric acid (AR) into 900 mL distilled water; mix well.

3.22.4　Procedures

(1) Preparation of 0.02mol/L potassium permanganate solution.

Weigh 1.8 g potassium permanganate and dissolve it with 500mL distilled water (freshly boiled and cooled). Transfer the solution into a sealed brown glass reagent bottle, and place it in the dark for 7～10 days. Filter the solution with sintered glass funnel, and store it in a clean brown glass bottle.

(2) Standardization of the potassium permanganate solution.

Accurately weigh 0.14g sodium oxalate (dried to constant weight at 105～110℃) into a 250mL conical flask. Dissolve it with 20 mL distilled water (freshly boiled and cooled). Add 15mL of 2mol/L sulfuric acid solution, and quickly add 10mL of 0.02mol/L standard potassium permanganate solution dropwise. Heat the solution to 75～85℃. After color fading, continuously titrate till the pink color appears and remains for no less than 30s. The determination is repeated for three times.

3.22.5　Data Recording and Processing

The same as experiment 3.5.

3.22.6　Cautions

(1) The solution temperature should not be lower than 55℃ at the end of titration, or the reaction rate will be slow, affecting the accuracy of end-point observation.

(2) The reaction rate can be increased by heating in the experiment, but the temperature should not exceed 90℃. Otherwise, sodium oxalate will be decomposed, and potassium permanganate will be converted to manganese dioxide.

3. 22. 7   Questions

(1) Why is the sulfuric acid solution used to adjust the acidity? Can hydrochloric acid or nitric acid be used?

(2) What should be noticed when preparing the standard potassium permanganate solution? Why?

(3) How to control the speed when using potassium permanganate solution as the titrant?

3.23   医用双氧水中过氧化氢的含量测定

3. 23. 1   目的要求

(1) 掌握用 $KMnO_4$ 法测定 H_2O_2 含量的方法。

(2) 掌握液体样品的取样方法。

(3) 进一步掌握 $KMnO_4$ 法的操作。

3. 23. 2   基本原理

过氧化氢在工业、生物、医药等方面有广泛的应用，常需测定其含量。市售医用双氧水为 3% 的过氧化氢溶液。在酸性溶液中，H_2O_2 遇氧化性比它更强的氧化剂 $KMnO_4$，将被氧化成 O_2，测定含量应在 $1\sim2$ mol/L H_2SO_4 溶液中进行。滴定反应式

$$2MnO_4^- + 5H_2O_2 + 6H^+ \longrightarrow 2Mn^{2+} + 5O_2\uparrow + 8H_2O$$

市售 H_2O_2 中常有起稳定作用的少量乙酰苯胺或尿素，它们也具有还原性，妨碍测定。在这种情况下，以采用碘量法为宜。

计算公式

$$w_{H_2O_2} = \frac{c_{KMnO_4} \times V_{KMnO_4} \times M_{H_2O_2}}{V_s \times 1000} \times \frac{5}{2} \times 100\% \qquad (M_{H_2O_2} = 34.02\text{g/mol})$$

式中 V_s——所取试样体积，mL。

3. 23. 3   仪器与试剂

(1) 25mL 酸式滴定管；250mL 锥形瓶；吸量管。

(2) 0.02mol/L $KMnO_4$ 标准溶液（同 3.22）。

(3) 2mol/L H_2SO_4 溶液（同 3.22）。

(4) 样品：医用双氧水。

3. 23. 4   实验步骤

精密量取双氧水溶液 1.0mL，置贮有蒸馏水 20mL 的锥形瓶中，加入 2mol/L H_2SO_4 溶液 10mL，用 0.02mol/L $KMnO_4$ 标准溶液滴定至溶液呈微红色，即为终点。

平行测定 3 次。

3.23.5　数据记录与处理

同实验 3.6。

3.23.6　注意事项

（1）在用 1mL 吸量管取样时，若所用吸量管上部刻有"吹"字，表明管尖最后一滴也应计量，不可损失。

（2）滴定开始时反应较慢，可在滴定时先快速加入适量 KMnO₄，待褪色后，再匀速滴定。

（3）锥形瓶中应先装蒸馏水再加样品溶液，否则 H_2O_2 易挥发，导致测定结果偏低。

3.23.7　思考题

（1）测定 H_2O_2 含量，除用 KMnO₄ 法外，还可用什么方法测定？

（2）用 KMnO₄ 法测定 H_2O_2 时，能否用 HNO₃ 或 HCl、HAc 来控制酸度？为什么？

3.23　Assay of Hydrogen Peroxide in Medical Hydrogen Peroxide Solution

3.23.1　Objectives

（1）To grasp the approach of the determination of hydrogen peroxide via using potassium permanganate.

（2）To grasp the sampling method for liquid samples.

（3）To further master the operations of the potassium permanganate method.

3.23.2　Principles

Hydrogen peroxide has been widely used in industry, biology, medicine and so on. It is often necessary to determine the concentration of the chemical. The commercially available medical hydrogen peroxide solution is 3% hydrogen peroxide solution. Under acidic conditions, hydrogen peroxide will be oxidized into oxygen when it encounters stronger oxidant, e. g. potassium permanganate. The content determination should be carried out in $1\sim2$mol/L sulfuric acid solution. The titrating reaction is expressed as follows:

$$2\,MnO_4^- + 5\,H_2O_2 + 6\,H^+ = 2\,Mn^{2+} + 5\,O_2\uparrow + 8\,H_2O$$

The commercially available hydrogen peroxide solution often contains small quantities of acetanilide or urea for stabilizing the solution. But these chemicals are also oxidizable, which will interfere with the determination. In this case, it would be better to employ iodimetry.

The calculation equation is as follows:

$$w_{H_2O_2} = \frac{c_{KMnO_4} \times V_{KMnO_4} \times M_{H_2O_2}}{V_s \times 1000} \times \frac{5}{2} \times 100\% \quad (M_{H_2O_2} = 34.02 \text{ g/mol})$$

where V_s is the volume of the sample (mL).

3. 23. 3　Apparatus and Reagents

(1) 25 mL acid burette; 250mL conical flask; measuring pipette.

(2) 0.02 mol/L potassium permanganate standard solution (the same as 3.22).

(3) 2 mol/L sulfuric acid (the same as 3.22).

(4) Sample: Medical hydrogen peroxide solution.

3. 23. 4　Procedures

Accurately transfer 1.00mL medical hydrogen peroxide solution into a 250mL conical flask containing 20mL distilled water, add 10mL of 2mol/L sulfuric acid, and titrate with 0.02mol/L potassium permanganate standard solution until pink color appears and remains for no less than 30s, which indicates the end point. The determination should be repeated for three times.

3. 23. 5　Data Recording and Processing

The same as experiment 3.6.

3. 23. 6　Cautions

(1) If the pipette is imprinted with "blows", then the last bit of liquid remaining in the pipette should be blown out to deliver the measured calibrated amount.

(2) The reaction is slow at the initial stage of the titration. Therefore, an appropriate amount of potassium permanganate standard solution should be added quickly at first. After the color has faded, the titrant can then be dropped at a constant speed.

(3) The conical flask should be filled with distilled water before the sample solution is added. Otherwise, hydrogen peroxide is ready to vaporize, and result in a lower value of H_2O_2 content.

3. 23. 7　Questions

(1) Is there any other method to determine the content of hydrogen peroxide besides titrating it with potassium permanganate solution?

(2) Can nitric acid, hydrochloric acid or acetic acid substitute for sulfuric acid when adjusting the acidity? Why?

3.24　氯化钡结晶水的测定

3.24.1　目的要求

(1) 掌握间接重量法测定水分的原理和方法。

(2) 进一步熟悉分析天平的正确称量方法。

3.24.2　基本原理

干燥失重法常用于固体试样中水分、结晶水或其他易挥发组分的含量测定。将试样放入电热干燥箱中进行常压加热,提高试样内部水的蒸气压,使试样中的水分向外扩散,达到干燥脱水的目的。

存在于物质中的水分一般有两种形式:一种是吸湿水,另一种是结晶水。吸湿水是物质从空气中吸收的水,其含量随空气中的湿度而改变,一般在不太高的温度下即能除掉。结晶水是水合物内部的水,有固定的质量,可以在化学式中表示出来。例如,$Na_2CO_3 \cdot 10H_2O$;$CuSO_4 \cdot 5H_2O$;$BaCl_2 \cdot 2H_2O$ 等,均可测定其中结晶水的含量。

$BaCl_2 \cdot 2H_2O$ 中的结晶水,在 105~110℃加热能完全挥发失去所含的结晶水。

$$BaCl_2 \cdot 2H_2O \xrightarrow{\Delta} BaCl_2 + 2H_2O\uparrow$$

无水 $BaCl_2$ 在 1073~1173K(800~900℃),甚至更高温度下,也不分解和挥发。称取一定质量的结晶氯化钡,在上述温度下加热到质量不再改变时为止,试样减轻的质量就等于结晶水的质量。

结晶水的质量分数计算公式　$\omega_{结晶水} = \dfrac{m_2 - m_3}{m_2 - m_1} \times 100\%$

式中　m_1——称量瓶恒重后的质量;

m_2——称量瓶加样品恒重前的质量;

m_3——称量瓶加样品恒重后的质量。

含水量测得值应在 14.75%±0.05%范围内。

3.24.3　仪器与试剂

(1) 电热恒温干燥箱;电子天平(0.1mg);称量瓶;干燥器。

(2) 样品:$BaCl_2 \cdot 2H_2O$(AR)。

3.24.4　实验步骤

取洗净的扁形称量瓶,打开瓶盖,置干燥箱中于 105℃干燥 1h,取出置干燥器内冷却 30min,在分析天平上称量(m_0)。重复上述干燥、冷却、称量过程,直至恒重为止。

两次称量值之差不超过 0.3mg 即为恒重，记为 m_1 （g）。

取 $BaCl_2 \cdot 2H_2O$ 约 1g，平铺在上述恒重的称量瓶中，精密称定，记为 m_2 （g）。置干燥箱中逐渐升温（瓶盖打开，斜靠瓶口），于 105℃ 烘干 1h，取出置干燥器中冷却 30min，精密称定。重复上述干燥、冷却、称量过程，直至恒重为止，记为 m_3 （g）。平行测定 2 次。

3.24.5 数据记录与处理

将实验数据及处理结果记入在表 3-14 中。

表 3-14 实验数据表

实验次数	1	2
m_0 （称量瓶质量）/g		
m_1 （称量瓶质量）/g		
m_2 （称量瓶＋样品）质量/g		
m_3 （称量瓶＋样品）质量/g		
含水量/%		
平均值/%		
相对平均偏差/%		

3.24.6 注意事项

（1）每次加热的时间不能少于 1h。
（2）加热时，称量瓶盖必须打开，有利于水分蒸发，并避免受热后瓶盖会打不开。

3.24.7 思考题

加热干燥后的称量瓶和样品，在称量前为什么须放在干燥器中冷却？冷却不充分对称量结果会产生什么影响？

3.25 沉淀重量法——硫酸钡法

3.25.1 目的要求

（1）掌握沉淀、过滤、洗涤及灼烧等沉淀法的基本操作技术。
（2）了解晶型沉淀的条件。

3.25.2 基本原理

1. 硫酸盐含量测定

芒硝主要成分为硫酸钠，在 HCl 酸性溶液中，以 $BaCl_2$ 作沉淀剂使硫酸盐成

BaSO$_4$ 晶型沉淀析出，经过滤、干燥、灼烧后称定称量形式 BaSO$_4$ 质量，从而计算硫酸钠的含量。

计算公式　　　$w_{Na_2SO_4} = \dfrac{m_{BaSO_4} \times M_{Na_2SO_4}}{m_S \times M_{BaSO_4}} \times 100\%$

$$(M_{Na_2SO_4} = 142.0\,g/mol；M_{BaSO_4} = 233.4\,g/mol)$$

2. 氯化钡含量测定

将氯化钡试样溶于水后，用稀 HCl 溶液酸化，加热近沸，在不断搅拌下逐滴加入稀 H$_2$SO$_4$ 溶液。生成的沉淀经陈化、过滤、洗涤后，灼烧或微波干燥，以 BaSO$_4$ 形式称量，即可求得试样中 BaCl$_2$ 或 Ba 的质量分数。

$$w_{BaCl_2} = \frac{m_{BaSO_4} \times M_{BaCl_2}}{m_S \times M_{BaSO_4}} \times 100\% \quad 或 \quad w_{Ba} = \frac{m_{BaSO_4} \times M_{Ba}}{m_S \times M_{BaSO_4}} \times 100\%$$

$$(M_{BaCl_2} = 208.2\,g/mol；M_{Ba} = 137.2\,g/mol)$$

3.25.3　仪器与试剂

(1) 仪器：分析天平、高温炉、水浴锅、称量瓶、坩埚、坩埚钳、烧杯、量筒、玻璃漏斗、漏斗架、玻璃棒、洗瓶。

(2) 试剂：芒硝试样（或 BaCl$_2$·2H$_2$O）、5% BaCl$_2$ 溶液（或 1mol/L H$_2$SO$_4$ 溶液）、2mol/L HCl 溶液、AgNO$_3$ 试液、稀硝酸。

3.25.4　实验步骤

1. 芒硝中 Na$_2$SO$_4$ 含量的测定

取试样约 0.4g，精密称定，置烧杯中，加蒸馏水 200mL 使之溶解，加 2mol/L HCl 溶液 2mL，加热近沸，在不断搅拌下缓慢加入 5% BaCl$_2$ 溶液（约 1 滴/s），直到不再发生沉淀（15~20mL），放置过夜或置水浴上加热 30min，静置 1h（陈化）。用无灰滤纸以倾泻法过滤，将沉淀转移在滤纸上，再用蒸馏水洗涤沉淀直至洗液不再含 Cl$^-$（用 AgNO$_3$ 的稀 HNO$_3$ 溶液检查）。将沉淀干燥后转入恒重的坩埚中，灰化、灼烧至恒重，精密称定。计算 Na$_2$SO$_4$ 的质量分数。

2. 氯化钡试样的含量测定

取试样约 0.4g，精密称定，置烧杯中，加蒸馏水 100mL 使之溶解，加入 2mol/L HCl 溶液 2mL，加热近沸，另取 1mol/L H$_2$SO$_4$ 4mL，加水稀释至 50mL，加热近沸，在不断搅拌下趁热缓慢滴加（开始不能太快，4~5s 加 1 滴，后面可稍微加快）到热试样溶液中，待沉淀完全（BaSO$_4$ 沉降后，于上层清液中滴加 1~2 滴稀 H$_2$SO$_4$，仔细观察，若无混浊，表示已沉淀完全）。余下操作同上。

3.25.5　思考题

(1) 结合实验说明形成晶型沉淀的条件有哪些？

(2) 加 HCl 溶液 2mL 的作用是什么？

(3) 实验中哪个步骤检查沉淀是否完全？又在哪个步骤检查洗涤是否完全？为什么？

(4) 沉淀进行陈化的作用是什么？

(5) 为保证 $BaSO_4$ 沉淀的溶解损失不超过 0.1%，洗涤沉淀用水要控制在多少毫升？

附：重量分析法基本操作

1. 沉淀

(1) 沉淀的条件。样品溶液的浓度、pH、沉淀剂的浓度和用量、沉淀剂加入速率、各种试剂加入顺序、沉淀时溶液温度等条件要严格按实验步骤控制。

(2) 加沉淀剂。将样品置于烧杯中溶解并稀释到一定浓度，加沉淀剂应沿烧杯内壁或沿玻璃棒加入，小心操作勿使溶液溅出损失。若需缓缓加入沉淀剂，可用滴管逐滴加入并搅拌。若需在热溶液中进行，最好在水浴上加热。

(3) 陈化。沉淀完毕，将烧杯用表面皿盖好，放置过夜或在石棉网上加热近沸 $0.5\sim1h$。

(4) 检查沉淀是否完全。沉淀完毕或陈化完毕，沿烧杯壁加入少量沉淀剂，若上清液出现混浊或沉淀，说明沉淀不完全，需补加沉淀剂使沉淀完全。

2. 沉淀的过滤及洗涤

1) 漏斗及选择

玻璃漏斗用于过滤需进行灼烧的沉淀，可根据滤纸大小选择合适的玻璃漏斗，放入的滤纸应比漏斗沿低约 1cm，不可高出漏斗。微孔玻璃漏斗或微孔玻璃坩埚，用于减压抽滤在 180℃以下干燥而不需灼烧的沉淀。各种漏斗及过滤装置见图 3-1。玻璃坩埚的规格和用途见表 3-15。

图 3-1　各种漏斗及过滤装置

玻璃漏斗　　　　微孔玻璃漏斗　　　　微孔玻璃坩埚　　　　抽滤装置

表 3-15　玻璃坩埚的规格和用途

坩埚滤孔编号	滤孔平均大小/μm	用途
1	80~120	过滤粗颗粒沉淀
2	40~80	过滤较粗颗粒沉淀

续表

坩埚滤孔编号	滤孔平均大小/μm	用途
3	15～40	过滤一般晶型沉淀及滤除杂质
4	5～15	过滤细颗粒沉淀
5	2～5	过滤极细颗粒沉淀
6	<2	滤除细菌

玻璃坩埚滤器的底部滤层为玻璃粉烧结而成。玻璃坩埚可用热盐酸或洗液处理并立即用水洗涤。不能用会损坏滤器的氢氟酸、热浓磷酸、热或冷的浓碱液洗涤。

2）滤纸及过滤

质量分析用的滤纸为定量滤纸或无灰滤纸（灰分在 0.1mg 以下或质量已知），分快速、中速及慢速滤纸，直径有 7cm、9cm 及 11cm 三种，根据沉淀量及沉淀性质选择使用。如微晶型沉淀多用 7cm 致密滤纸，蓬松的胶状沉淀要用较大的疏松滤纸过滤。滤纸的折叠及安放见图 3-2。将折好的滤纸放在洁净漏斗中，用手按紧使之密合，用蒸馏水将滤纸润湿，再用玻璃棒按压滤纸，将留在滤纸与漏斗壁之间的气泡赶出，使滤纸紧贴漏斗壁。过滤通常采用倾注法，操作如图 3-3（1～4）所示。先将沉淀倾斜静置，然后将沉淀上部的清液小心倾于滤纸上。

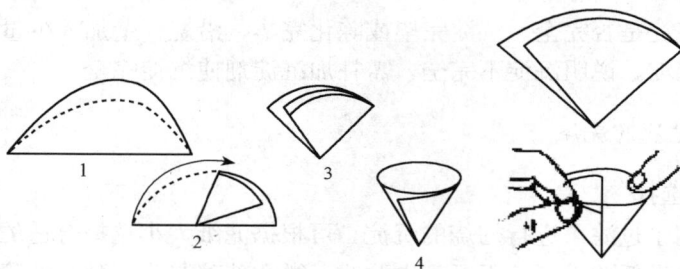

图 3-2　滤纸的折叠及安放

3）沉淀的洗涤及转移

（1）洗涤沉淀一般采用倾注法，按"少量多次"的原则进行。洗涤时，将少量洗涤液（以淹没沉淀为度）注入滤除母液的沉淀中，充分搅拌，静止分层后倾注上清液经滤纸过滤，以上操作需经 3～4 次倾注洗涤。

（2）将沉淀转移到滤纸上：在烧杯中加入少量洗涤液，用玻璃棒将沉淀充分搅起，立即将沉淀混悬液一次倾入滤纸中（注意勿使沉淀损失）。然后用洗瓶吹洗烧杯内壁，冲下玻璃棒和烧杯壁上的沉淀，再充分搅起进行倾注转移，经几次如此操作将沉淀几乎全部转移到滤纸上。最后，对吸附在烧杯壁上和玻璃棒上的沉淀，可用撕下的滤纸角擦拭玻璃棒后，将滤纸角放入烧杯中，用玻璃棒推动滤纸角使附着在烧杯内壁的沉淀松动。将滤纸角放入漏斗中，按图 3-4 的方式将剩余沉淀全部转入漏斗中。

（3）沉淀全部转入滤纸后，需在滤纸上进行最后洗涤，按图 3-5 方式操作，注意洗涤时应待前次洗涤液流尽后，再加第二次洗涤液。

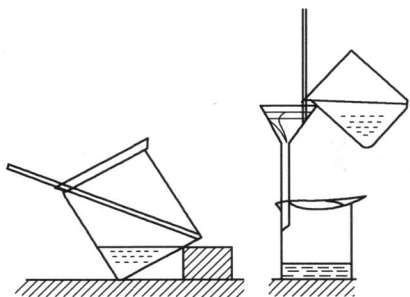

图 3-3　倾斜静置和倾注过滤操作　　　　图3-4　沉淀的转移操作　　　图3-5　在滤纸上洗涤沉淀

3. 沉淀的干燥与灼烧

1) 坩埚的恒重

将洗净的坩埚带盖放入高温炉中，慢慢升温至灼烧温度，恒温 30min，打开炉门稍冷后，用微热过的坩埚钳取出放在石棉网上，稍冷后将坩埚移入干燥器中。要用手握住干燥器的盖并不时地将盖微微推开，以放出热空气，然后，盖好干燥器，冷却 30min，取出称量。再将坩埚按上述方法灼烧，冷却称重，直至恒重。

2) 沉淀的包卷

用玻璃棒或干净的手指将滤纸三层部分掀起，把滤纸连同沉淀从漏斗中取出，然后打开滤纸，按图 3-6 所示方法包卷。

3) 沉淀的干燥

把包好的沉淀放入已恒重的空坩埚中，滤纸三层部分朝上，有沉淀的部分朝下，以利滤纸的灰化。将坩埚与沉淀放入干燥箱中 105℃干燥。注意移取坩埚用坩埚钳，其摆放如图 3-7 所示。

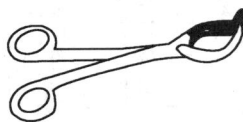

图 3-6　沉淀的包卷　　　　　　图 3-7　坩埚钳的放置

4) 沉淀的炭化、灰化与灼烧

沉淀干燥好后，将坩埚置于电炉上，先于低温使滤纸慢慢炭化（注意不要使滤纸着火燃烧）。待滤纸全部炭化后，可调高温度，将炭黑全部烧掉，直至完全灰化为止。最后将灰化完成的坩埚放入高温炉内灼烧，灼烧时要加盖，防止污染。恒温加热一定时间后，关闭电源，打开炉门，将坩埚移至炉口稍冷，取出后放在石棉网上，在空气中冷却至微热，移入干燥器，冷至室温，称量，直至恒重。

第4章 仪器分析实验

4.1 弱酸的电位滴定

4.1.1 目的要求

(1) 掌握 pH 计及电极的使用方法。
(2) 掌握电位滴定确定滴定终点的方法。
(3) 学会电位滴定法测定弱酸 pK_a 的方法。

4.1.2 基本原理

电位滴定法是利用滴定过程中电池电动势或指示电极电位的突变，来确定滴定终点的方法。可用于酸碱、沉淀、配位、氧化还原及非水等各种滴定。

酸碱电位滴定常用的指示电极为玻璃电极，参比电极为饱和甘汞电极（SCE），用 pH 计测定溶液的 pH。仪器装置如图 4-1 所示。

电位滴定时，记录滴定剂体积 V 和相应的 pH，按滴定曲线（pH-V）、一阶微商曲线（$\Delta pH/\Delta V - V'$）及二阶微商曲线（$\Delta^2 pH/\Delta V^2 - V''$）做图法或计算法确定滴定终点，从而计算出弱酸溶液的浓度。图 4-2 为强碱滴定一元弱酸的电位滴定曲线。

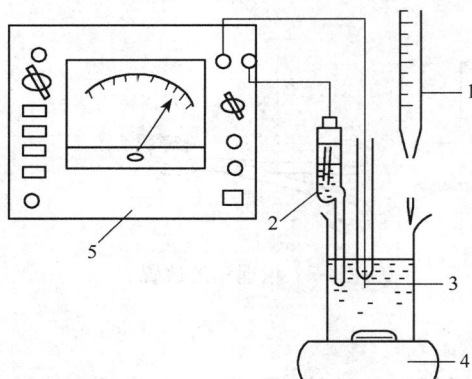

图 4-1 电位滴定仪器装置图
1. 滴定管；2. 饱和甘汞电极；3. 玻璃电极；
4. 电磁搅拌器；5. 酸度计。

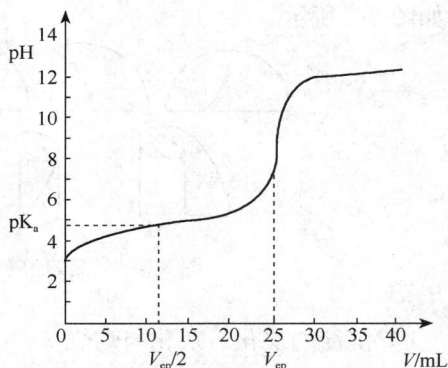

图4-2 强碱滴定一元弱酸的电位滴定曲线

酸碱电位滴定可以测定弱酸、弱碱的离解常数。例如，弱碱滴定一元弱酸的 pH-V 曲线上，半计量点时溶液的 pH 即为该弱酸的 pK_a。

由 $\qquad HA \Longrightarrow H^+ + A^- \qquad K_a = [H^+][A^-]/[HA]$

半计量点时　　　　　$V = V_{ep}/2$,　　　　　$[HA] = [A^-]$

所以　　　　　$K_a = [H^+]_{\frac{1}{2}Vep}$,　　即　$pK_a = pH_{\frac{1}{2}V_{ep}}$

同理，多元酸 H_nA，$pK_{a_1} = pH_{\frac{1}{2}Vep}$，$pK_{a_2} = pH_{1/2V_{ep_2}}$，$\cdots$

4.1.3　仪器与试剂

（1）pH 计；玻璃电极和 SCE 或复合 pH 玻璃电极；电磁搅拌器；搅拌磁子。

（2）25mL 或 50mL 碱式滴定管；20mL 或 10mL 移液管；100mL 或 150mL 烧杯。

（3）0.05mol/L 邻苯二甲酸氢钾标准缓冲液（pH4.00）：取邻苯二甲酸氢钾缓冲剂 1 袋，加蒸馏水适量，超声使溶解，转移至 250mL 容量瓶中，加水至刻度，混匀。

（4）0.1mol/L NaOH 标准溶液（同 3.4，已标定）；酚酞指示剂（同 3.4）。

（5）0.1mol/L HAc 溶液：取冰醋酸约 6mL，加水 1000mL 稀释。

（6）0.1mol/L H_3PO_4 溶液：取磷酸约 7mL，加水 1000mL 稀释。

4.1.4　实验步骤

1. HAc 溶液的电位滴定

（1）接通电源，仪器预热 15min。用 0.05mol/L 邻苯二甲酸氢钾标准缓冲溶液（pH4.00）定位。仪器操作方法见 2.3.1。

（2）精密吸取 0.1mol/L HAc 溶液 20mL，置于 100mL 烧杯中，放入搅拌磁子，插入电极（若电极未能浸没，可适当加入一些蒸馏水），加 2 滴酚酞指示剂作对照，开动电磁搅拌器，测定并记录滴定前 0.1mol/L HAc 溶液的 pH。

（3）用 0.1mol/L NaOH 标准溶液进行滴定。每滴加 5、5、2、2mL⋯NaOH 溶液记录一次滴定管读数和 pH，在接近计量点时（加入 NaOH 溶液引起 pH 变化逐渐增大时），每次加入体积逐渐减少（1mL、1mL、⋯、0.2mL、0.2mL、⋯2 滴、2 滴⋯），在计量点前后每加入 2 滴 NaOH 溶液，记录一次 pH，继续滴定至计量点后适当量，每次加入体积可逐渐增大。

2. H_3PO_4 溶液的电位滴定

精密吸取 0.1mol/L H_3PO_4 溶液 10mL，置于 150mL 烧杯中，滴定时每滴加 2mL NaOH 溶液记录一次滴定管读数和 pH。当溶液 pH 大于 3 以后，每滴加 0.2mL 测量一次 pH，当溶液 pH 大于 6 以后，每滴加 1mL 测量一次 pH，当溶液 pH 大于 7.5 以后，每滴加 0.2mL 测量一次 pH。当 pH>11 以后，停止滴定。

4.1.5　数据记录与处理

（1）将电位滴定的实验数据记录及处理填入表 4-1 中。

表 4-1　实验数据表

No	V/mL	pH	ΔV	ΔpH	$\Delta \text{pH}/\Delta V$	V'	$\Delta V'$	$\Delta (\Delta \text{pH}/\Delta V)$	$\Delta^2 \text{pH}/\Delta V^2$	V''
1	0.00									
2										
3										
4										
5										
...										

（2）根据表中数据绘制出 pH-V、$\Delta \text{pH}/\Delta V$-$V'$、$\Delta^2 \text{pH}/\Delta V^2$-$V''$曲线。

（3）由 $\Delta^2 \text{pH}/\Delta V^2$ 和 V''栏中的数据，用内插法计算计量点时 NaOH 消耗体积 V_{ep}，并由 NaOH 的准确浓度，计算酸的准确浓度。

（4）由 pH-V 曲线，求出 HAc（pK_a）或 H_3PO_4（pK_{a_1}、pK_{a_2}）值。

4.1.6　注意事项

（1）认真预习仪器使用方法及使用注意事项（见 2.3.1）。

（2）测量电极应插入烧杯的底部，防止搅拌磁子损坏玻璃膜球。

（3）在将电极从一种溶液移入另一溶液之前，需用蒸馏水轻轻冲洗电极，并用吸水纸将玻璃膜球表面的水吸干（请勿擦拭电极，否则会产生极化和响应迟缓现象）。

（4）用邻苯二甲酸氢钾标准缓冲溶液（pH4.00）校准仪器后，不得再旋动定位钮，否则必须重新校准。

（5）为方便数据处理，滴定管起始体积调节为 0.00mL，并在计量点前后每次加入相等体积的 NaOH 溶液。

4.1.7　思考题

（1）如何根据 pH-V、$\Delta \text{pH}/\Delta V$-$V'$、$\Delta^2 \text{pH}/\Delta V^2$-$V''$做图法确定终点？如何按 $\Delta^2 \text{pH}/\Delta V^2$-$V''$计算法确定终点？

（2）试计算滴定前酸溶液的 pH，并与实测值比较。

（3）通过实验和数据处理，体会为何计量点前后加入的 NaOH 体积以相等为好？

（4）如何测定弱碱的 pK_b？

4.1　Potentiometric Titration of Weak Acids

4.1.1　Objectives

（1）To grasp the usage of pH meter and electrode.

（2）To grasp how to judge the end point via using the potentiometric titration.

（3）To learn how to measure pK_a of the weak acid via using the potentiometric titration.

4. 1. 2 Principles

Potentiometric titration is a method utilizing sudden change of battery electromotive force or electrode potential in the titration process to determine the end point. It can be employed in the acid-base, precipitation, coordination, and redox titration. It can even be employed for the titration in a non-aqueous medium.

The commonly used indicator electrode in acid-base potentiometric titration is glass electrode, and the reference electrode is saturated calomel electrode (SCE). The pH meter is used to determine the pH of the solution. The device is shown schematically in Figure 4-1.

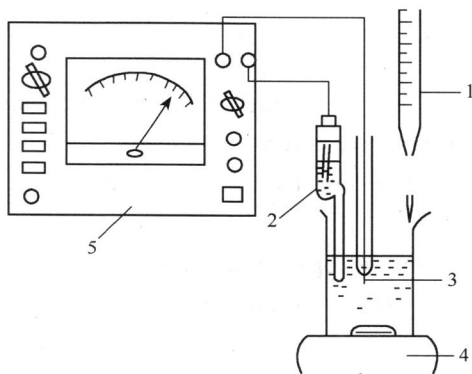

Figure 4-1 Potentiometric titration apparatus
1. Burette; 2. Saturated calomel electrode; 3. Glass electrode;
4. Electromagnetic Stirrer; 5. pH meter

Potentiometric titration requires recording the titrant volume (V) and the corresponding pH. The end point can be derived from the titration curve (pH-V), first derivative curve ($\Delta pH/\Delta V$-V') or second derivative curve ($\Delta^2 pH/\Delta V^2$-V''), and otherwise the calculation approach. Thereupon, the concentration of the weak acid can be calculated. The potentiometric titration curve of a weak monoprotic acid titrated by a strong base is shown in Figure 4-2.

Acid-base potentiometric titration can also be used to measure the dissociation constants of weak acids or bases. For example, on the pH-V curve of a weak monoprotic acid titrated by a weak base, the pH value of the half-stoichiometric point is just the pK_a of the weak acid.

As $$HA \Longrightarrow H^+ + A^- \qquad K_a = [H^+][A^-]/[HA]$$

At the half-stoichiometric point $$V = V_{ep}/2, \qquad [HA] = [A^-]$$

Hence $$K_a = [H^+]_{\frac{1}{2}V_{ep}} \qquad pK_a = pH_{\frac{1}{2}V_{ep}}$$

Analogously, for a polyprotic acid H_nA, $pK_{a_1} = pH_{1/2V_{ep1}}$, $pK_{a_2} = pH_{1/2V_{ep2}}$, $\cdots$

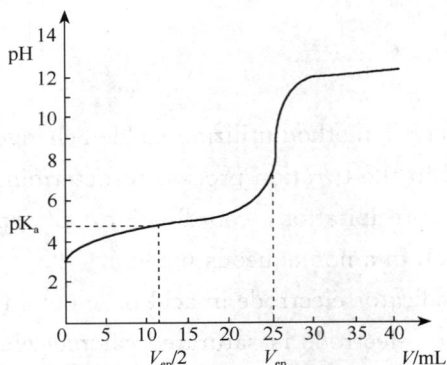

Figure 4-2　Potentiometric titration curve of a weak monoprotic acid titrated by a strong base

4.1.3　Apparatus and Reagents

(1) A pH meter; glass electrode and SCE (or composite pH glass electrode); electromagnetic stirrer, stirring magneton.

(2) 25mL or 50mL alkaline burette; 20mL or 10mL pipette; 100mL or 150mL beaker.

(3) 0.05mol/L potassium hydrogen phthalate standard buffer (pH4.00): Take 1 bag of potassium hydrogen phthalate buffer reagent, and dilute it with distilled water. Transfer the solution to a 250mL volumetric flask after ultrasonic dissolving, and add water to the mark.

(4) 0.1mol/L NaOH standard solution (standardized in 3.4); phenolphthalein indicator (the same as 3.4).

(5) 0.1mol/L HAc solution: Take about 6mL of glacial acetic acid and dilute to 1000 mL with distilled water.

(6) 0.1mol/L H_3PO_4 solution: Take about 7mL of phosphoric acid and dilute to 1000mL with distilled water.

4.1.4　Procedures

1. Potentiometric titration of the acetic acid

(1) Switch the power on, preheat the instrument for 15min, and calibrate it with 0.05mol/L potassium hydrogen phthalate buffer standard solution (pH4.00). The operation guide of the device is available for reference in Section 2.3.1.

(2) Accurately transfer 20.00mL of the 0.1mol/L HAc test solution into a 100 mL beaker, put a stirring magneton in, and insert the electrode (add adequate amount of distilled water if the electrode fails to immerge into the liquid). Add 2 drops of phenolphthalein indicator, and start the electromagnetic stirrer. Measure and record the

pH value of the HAc solution before titration.

（3）The 0.1mol/L NaOH standard solution is used for titration. At the initial stage，the pH value of the solution is recorded after each dropping of 5mL，5mL，2 mL，and 2mL ⋯ the NaOH standard solution. When approaching the stoichiometric point （The addition of the NaOH solution causes a gradually increasing change in pH value.），the dropping volume should be gradually reduced （1mL，1mL，⋯，0.2 mL，0.2mL，⋯，2 drops，2 drops，⋯）. Record the pH value after adding every two drops of the NaOH solution near the stoichiometric point. Continue to titrate to the appropriate volume after the stoichiometric point，and the volume of titrant can gradually increase.

2. Potentiometric titration of the phosphoric acid

Accurately transfer 10.00mL of the 0.1mol/L H_3PO_4 test solution to a 150mL beaker. At the initial stage，record the burette readings and the pH value of the solution after each dropping of 2.0mL of the NaOH standard solution. Record the pH value after each dropping of 0.2mL of the NaOH solution when the pH value of the solution is larger than 3. Record the pH after each dropping of 1.0mL of the NaOH solution when the pH is larger than 6. Record the pH after each dropping of 0.2mL of the NaOH solution when the pH is larger than 6. When the pH is larger than 11，stop titrating.

4.1.5 Data Recording and Processing

（1）Record potentiometric titration data in Table 4-1.

Table 4-1 The recording of experiment

No	V/mL	pH	ΔV	ΔpH	ΔpH/ΔV	V'	$ΔV'$	Δ（ΔpH/ΔV）	$Δ^2pH/ΔV^2$	V''
1	0.00									
2										
3										
4										
5										
...										

（2）Plot pH-V，$ΔpH/ΔV$-V' and $Δ^2pH/ΔV^2$-V'' curves according to the above data.

（3）Calculate the consumed volume （V_{ep}）of the NaOH solution at the stoichiometric point according to the data of $Δ^2pH/ΔV^2$ and V'' by interpolation，and the accurate concentration of the acid via the concentration of the NaOH standard solution.

（4）Calculate pK_a of HAc or pK_{a_1} and pK_{a_2} of H_3PO_4 according to the pH-V curve.

4.1.6　Cautions

（1）Preview the operation guide and the cautions of the instrument carefully（see Section 2.3.1 of Chapter 2）.

（2）The measuring electrode should be inserted into the bottom of the beaker in case of the damage of the glass bead.

（3）Before transferring the electrode from one solution to another，wash it gently by using distilled water and sip up the surface water of the glass bead with filter paper（Do not wipe the electrode，for fear of polarization or delayed-response）.

（4）Do not turn the knob any more after calibrating the instrument with potassium hydrogen phthalate solution（pH4.00），or the calibration must be redone.

（5）In order to simplify the data processing，you should adjust the initial volume of the burette to 0.00mL，and drop an equal volume of the NaOH solution near the stoichiometric point.

4.1.7　Questions

（1）How to determine the end-point by the pH-V，$\Delta pH/\Delta V$-V' and $\Delta^2 pH/\Delta V^2$-V'' curves? How to determine the end point via using the $\Delta^2 pH/\Delta V^2$-V'' calculation approach?

（2）Calculate the pH of the HAc test solution at pre-titration，and compare it with the actually measured one.

（3）Why should an equal volume of the NaOH solution be added near the stoichiometric point? You may get your answer to this question during the experiment and data processing.

（4）How to determine the pK_b of a weak base?

4.2　永停滴定法标定 I_2 标准溶液浓度

4.2.1　目的要求

（1）掌握永停滴定法标定碘标准溶液浓度的方法。
（2）熟悉永停滴定法原理、操作、终点确定方法。

4.2.2　基本原理

永停滴定法是将两支完全相同的铂电极插入待测溶液中，在两电极间外加一小电压（10～200mV），根据可逆电对有电流产生，不可逆电对无电流产生的现象，通过观察滴定过程中电流变化特征来确定滴定终点的方法。

本实验采用 I_2 溶液滴定 $Na_2S_2O_3$ 溶液，标定碘标准溶液浓度。滴定反应式

$$I_2 + 2S_2O_3^{2-} \longrightarrow S_4O_6^{2-} + 2I^-$$

化学计量点前，溶液中有 $S_4O_6^{2-}/S_2O_3^{2-}$ 不可逆电对存在，无电解反应发生，化学计量点稍过，溶液中有 I_2/I^- 可逆电对存在，即有电解电流通过两电极，发生电解反应，电流突然增大，并且随着 I_2/I^- 可逆电对数目的增多，电流也随之增大（图 4-3），因此 I_2 溶液滴定 $Na_2S_2O_3$ 溶液时可以用电流计指针突然偏转很大并且不再回到原位来确定终点。

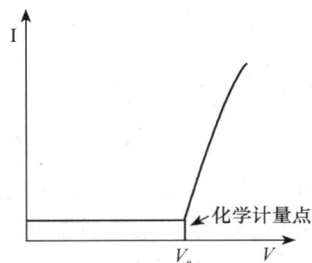

图 4-3　I_2 滴定 $Na_2S_2O_3$ 的滴定曲线

4.2.3　仪器与试剂

（1）永停滴定仪；铂电极；电磁搅拌器；搅拌磁子。

（2）25mL 酸式滴定管（棕色）；20mL 移液管；100mL 烧杯。

（3）0.05mol/L I_2 标准溶液（同 3.20）；0.1mol/L $Na_2S_2O_3$ 标准溶液（同 3.18）。

4.2.4　实验步骤

（1）安装仪器，打开电源，预热，按要求调节各旋钮。

（2）精密移取 0.1mol/L $Na_2S_2O_3$ 标准溶液 20mL，置于 100mL 烧杯中，放入搅拌磁子，置于电磁搅拌器上。在溶液中插入两根铂电极，接上永停滴定仪，调电流为零。

（3）在电磁搅拌下，开始用 0.05mol/L I_2 标准溶液滴定，当电流计指针突然偏转很大并且不再回到原位时，即为终点。

4.2.5　数据记录与处理

记录滴定体积，计算 I_2 标准溶液浓度。

4.2.6　注意事项

（1）永停滴定仪的安装与操作参照仪器说明书。

（2）铂电极应完全浸入液面下，但不要触及器皿底部，以免损坏。

4.2.7　思考题

（1）比较本方法与指示剂法的优缺点？

（2）是否可以用 $Na_2S_2O_3$ 溶液滴定 I_2 溶液？其电流变化情况如何？终点该如何判断？

4.3　分光光度计的使用与性能检验

4.3.1　目的要求

（1）掌握分光光度计的使用。

（2）掌握比色皿配对和校正值测定的方法。

（3）熟悉分光光度计性能检验的方法。

4.3.2　基本原理

（1）相同规格的比色皿，由于材料、工艺及使用磨损等原因，使透光率有差异，从而影响测定结果准确性，因此需选择配对的使用。配对比色皿间百分透光率之差应小于0.5%，可在比色皿中装入同一溶液，通过测定百分透光率进行判断。

（2）实验时常常遇到比色皿彼此互不配对的现象，需进行比色皿的校正。可在比色皿中装入同一溶液，在测定样品测定的波长处，测定各比色皿的吸光度作为校正值。

（3）分光光度计的性能指标合格与否，直接影响到测定结果的准确性，新购及使用一定时间的仪器，均需进行性能检验。仪器稳定性是检查的一个方面，要求连续多次测定结果的 RSD≤2%，则符合要求。

（4）由于温度变化对机械部分的影响，仪器的工作波长会略有变动，从而影响吸光度的准确度。可以通过检查标准物质吸光度检定吸光度准确度，常采用 $2.0 \times 10^{-4} \, mol/L$ 的 $K_2Cr_2O_7$ 硫酸溶液，在规定的波长处测定吸光度，计算其百分吸收系数，与规定值（表 4-2）比较进行判断。

表 4-2　$2.0 \times 10^{-4} \, mol/L$ 重铬酸钾的硫酸溶液在规定波长处的百分吸收系数

波长/nm	235（最小）	257（最大）	313（最小）	350（最大）
吸收系数 $E_{1cm}^{1\%}$	124.5	144.0	48.62	106.6
吸收系数的许可范围	123.0～126.0	142.8～146.2	47.0～50.3	105.5～108.5

4.3.3　仪器与试剂

（1）紫外-可见分光光度计；比色皿（1cm）。

（2）0.005mol/L H_2SO_4 溶液：取 0.3mL 硫酸，慢慢加到盛有 1000mL 蒸馏水的烧杯中，混匀。

（3）$2.0 \times 10^{-4} \, mol/L$ $K_2Cr_2O_7$ 溶液：取在 120℃ 干燥至恒重的基准 $K_2Cr_2O_7$ 约 60mg，精密称定，置 1000mL 容量瓶中，用 0.005mol/L H_2SO_4 溶液溶解并稀释至刻度，摇匀。

4.3.4　实验步骤

（1）比色皿的配对性。将 4 只比色皿装入蒸馏水（或空白溶液），依次放入样品室的比色皿架，在 350nm 波长处，以参比池为 100%T，分别测定其他各样品池的百分透光率，根据百分透光率之差是否小于 0.5% 判断比色皿的配对性。

（2）比色皿的校正。选择上述比色皿中百分透光率最大作为参比池，在 350nm 波长处，以参比池的吸光度为 0（100%T），测定其余各比色皿的吸光度，作为各比色皿的校正值（A_0）。

（3）仪器稳定性。上述参比池中装入 0.005mol/L H_2SO_4 空白溶液（参比溶液），在上述样品池 1 中装入 $2.0 \times 10^{-4} \, mol/L$ $K_2Cr_2O_7$，在 350nm 波长处，以参比池的吸光

度为 0，连续测定 7 次吸光度，根据相对标准偏差是否在 2% 内进行判断。

（4）吸光度准确度。在上述参比池中装入 0.005mol/L H_2SO_4 空白溶液（参比溶液），在上述样品池中依次装入 2.0×10^{-4} mol/L $K_2Cr_2O_7$，在 350nm 波长处，以参比池的吸光度为 0，依次测定吸光度 A，并减去相应比色皿的校正值 A_0，$\bar{A}$ 计算摩尔吸光系数 ε 和百分吸光系数 $E_{1cm}^{1\%}$ 进行判断。

4.3.5　数据记录及处理

（1）配对性及校正（表 4-3）。

表 4-3　实验数据表　　　　　空白溶液_____

	配对			校正	
比色皿	T%		结论	比色皿	A_0
0	100			0	0.000
1				1	
2				2	
3				3	

（2）仪器稳定性（表 4-4）。

表 4-4　实验数据表　　　　　空白溶液_____

测定次数	1	2	3	4	5	6	7
A							
RSD/%							
结论							

（3）吸光度准确度（表 4-5）。

表 4-5　实验数据表　　　　　空白溶液_____

比色皿	A_0	A	A_i	$\bar{A}$	ε	$E_{1cm}^{1\%}$	结论
1							
2							
3							

4.3.6　注意事项

（1）认真预习仪器使用方法及使用注意事项（见 2.3.2）。

（2）操作比色皿拉杆时应轻轻拉动，直进直出，不得转动。

（3）每次改变测定波长后，均应调节仪器的 "0%T"，并重新调节空白溶液的 "100%T"。

（4）比色皿使用时应注意透光面的外壁不能有指印或不洁，溶液加至比色皿容积的

2/3～3/4，比色皿每次使用完毕后，应立即用蒸馏水洗净，倒扣在吸水纸上晾干。

（5）仪器使用完毕，应将干燥剂归位，做好使用登记。

4.3.7　思考题

（1）同规格的比色皿透光度的差异对测定有何影响？

（2）检查分光光度计的吸光度准确度及重现性对测定有什么实际意义？

（3）使用分光光度计时，应注意哪些问题？

4.3　Usage and Performance Checking of the Spectrophotometer

4.3.1　Objectives

（1）To master how to operate the spectrophotometer.

（2）To master how to match cuvettes and measure the calibration value.

（3）To get familiar with how to check the performance of the spectrophotometer.

4.3.2　Principles

（1）Sometimes, cuvettes of the same size are different in transmittance（T%）because of different materials, techniques, degrees of wearing and so on, which would affect the accuracy of determination. So cuvettes should be matched before being used. The way of matching is to measure T% by pouring the same sample solution into several cuvettes, and the difference between cuvettes should be less than 0.5%.

（2）Often, cuvettes do not match each other in experiments; calibration of the cuvettes is necessary. The way of the calibration is to pour the same solution into the cuvettes, and measure their values of absorbance（A）at the same wavelength for measuring samples; the values of absorbance are considered as the corrections（A_0）.

（3）The performance of the spectrophotometer directly affects the accuracy of results, so the performance checking is required for an instrument that is newly purchased or has been used for a period of time. To check the stability of the instrument, which is a part of performance checking, needs to repeatedly measure the same solution under the same condition for several times, and the relative standard deviation（RSD）of the results should not more than 2%.

（4）Due to the effect of changing temperature on mechanical parts of the instrument, the wavelength of the spectrophotometer would slightly change, which inevitably affects the accuracy of absorbance. The accuracy of absorbance can be checked by measuring the absorbance of standard substances; the 2.0×10^{-4} mol/L $K_2Cr_2O_7$ sulfuric acid solution is usually employed. Through measuring the values of absorbance and calculating the values of percentage absorptivity at the specified wavelengths, the assessment can be performed by comparing the values with those prescribed in Table 4-2.

Table 4-2 **The values of percentage absorptivity of 2.0×10^{-4} mol/L $K_2Cr_2O_7$**

sulfuric acid solution at the specified wavelengths

Wavelength / nm	235 (min)	257 (max)	313 (min)	350 (max)
Absorptivity $E_{1cm}^{1\%}$	124.5	144.0	48.62	106.6
The tolerable range of $E_{1cm}^{1\%}$	123.0 ~ 126.0	142.8 ~ 146.2	47.0 ~ 50.3	105.5 ~ 108.5

4.3.3 Apparatus and Reagents

(1) Ultraviolet-visible spectrophotometer; cuvettes (1 cm).

(2) 0.005mol/L sulfuric acid solution: Slowly drop 0.3mL sulfuric acid into a beaker with 900mL distilled water. Then dilute it to 1000mL with distilled water, and mix to uniform.

(3) 2.0×10^{-4} mol/L $K_2Cr_2O_7$ solution: Accurately weigh about 60mg of $K_2Cr_2O_7$ primary standard (dried to constant weight at 120℃) into a 1000 mL volumetric flask, and dilute with 0.005mol/L sulfuric acid to the mark.

4.3.4 Procedures

1. Matching of cuvettes

Pour distilled water (or blank solution) into 4 cuvettes, and put them in turn into the cuvette rack in the sample chamber. At the wavelength of 350 nm, consider the transmittance of the reference cell as 100%, and measure the values of percentage transmittance of the others. Match the cuvettes with the difference of T% less than 0.5%.

2. Calibration of cuvettes

Choose the cuvette presenting the maximumT% as the reference cell, and set the absorbance of the reference cell to 0 (100%T) at the wavelength of 350 nm. Measure the values of absorbance of the other cells, and take the values as the corrections (A_0) of the cuvettes.

3. Stability of the instrument

Pour 0.005mol/L sulfuric acid solution into the reference cell as the blank solution (reference solution), and set the absorbance of the reference cell to 0 (100%T) at the wavelength of 350nm. Pour the 2.0×10^{-4} mol/L $K_2Cr_2O_7$ solution into the sample cell 1, and consecutively measure the absorbance at the same wavelength for 7 times. The reproducibility is acceptable if the relative standard deviation is not more than 2%.

4. Accuracy of absorbance

Take 0.005 mol/L sulfuric acid solution into the reference cell as the blank solution (reference solution), and set the absorbance of the reference cell to 0 (100%T) at the wavelength of 350 nm. Take the 2.0×10^{-4} mol/L $K_2Cr_2O_7$ solution into the above sample cells. Measure the values of absorbance at the same wavelength in turn, and then subtract the corresponding corrections (A_0) of the cuvettes from the values of absorbance. Calculate the molar absorptivity (ε) and percentage absorptivity ($E_{1cm}^{1\%}$) according to the average absorbance ($\overline{A}$), and evaluate the accuracy of absorbance by comparing those values of absorptivity with the prescriptive ones.

4.3.5　Data Recording and Processing

(1) Matching and calibration of cuvettes (Table 4-3).

Table 4-3　The recording of experiment　　　　Blank solution ＿＿＿＿＿

Matching			Calibration	
Cuvettes	$T\%$	Conclusion	Cuvettes	A_0
0	100		0	0.000
1			1	
2			2	
3			3	

(2) Stability of the instrument (Table 4-4).

Table 4-4　　　　The recording of experiment　　　　Blank solution ＿＿＿＿＿

No.	1	2	3	4	5	6	7
A							
RSD/%							
Conclusion							

(3) Accuracy of absorbance (Table 4-5).

Table 4-5　　　　The recording of experiment　　　　Blank solution ＿＿＿＿＿

Cuvette	A_0	A	A_i	$\overline{A}$	ε	$E_{1cm}^{1\%}$	Conclusion
1							
2							
3							

4.3.6　Cautions

(1) Preview the user's guide and the cautions of the instrument seriously (see

Section 2. 3. 2.

(2) Draw the rod gently and straight to move the cuvettes. Do not rotate the rod.

(3) Re-calibrate "0％T" of the instrument and "100％T" of the blank solution，respectively，once the wavelength is changed.

(4) Keep the outer walls of cuvettes clean and tidy during measurement. The solution should reach 2/3～3/4 volume of the cuvettes. Wash the cuvettes by distilled water once finishing the measurement，and put them upside down on the filter paper.

(5) Return the desiccant back and register the laboratory record of the instrument when finishing the experiment.

4. 3. 7　Questions

(1) How does the difference between the values of transmittance of cuvettes with the same size affect the experiment results?

(2) What is the significance to check the accuracy and reproducibility of absorbance of the spectrophotometer?

(3) What should be noticed during the operations of the spectrophotometer?

4.4　芦丁的含量测定

4.4.1　目的要求

(1) 掌握显色反应的操作方法。
(2) 掌握标准曲线法、标准对照法测定含量的方法。

4.4.2　基本原理

显色反应需要具备良好的重现性与灵敏性，因此必须控制反应的条件，包括溶剂种类、试剂用量、溶液酸碱度、反应时间和比色时间等。芦丁为黄酮苷，能与 Al^{3+} 生成黄色配合物（图 4-4），在 $NaNO_2$ 的碱性溶液中呈红色，在 510nm 波长处有最大吸收。因此可通过显色反应，用分光光度法测定芦丁含量，但应注意控制反应时间、比色时间以及试剂用量。

分光光度法的定量分析方法一般采用标准曲线法、标准对照法及吸光系数法。本实验采用前两种方法。

(1) 通过测定系列对照品溶液的吸光度，制作标准曲线或回归方程，从标准曲线上读出或由回归方程计算出样品溶液的实测浓度 $c_{测}$ (mg/mL)，计算样品中芦丁的质量分数。

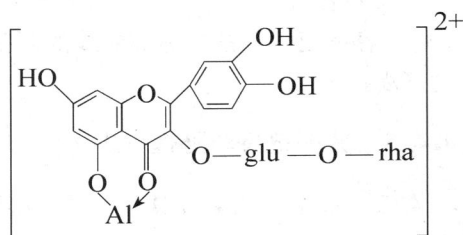

图 4-4　黄酮苷与 Al^{3+} 生成的黄色配合物

$$w_{芦丁} = \frac{c_{测}(\text{mg/mL}) \times D}{c_{样}(\text{mg/mL})} \times 100\%$$

（2）若标准曲线过原点，可选用一个浓度的对照品溶液测定吸光度，并在相同的条件下测定样品溶液的吸光度，用标准对照法计算样品的实测浓度 $c_{测}$（mg/mL）和芦丁的质量分数。

$$c_{测} = \frac{c_{标} \times A_{测}}{A_{标}}(\text{mg/mL})$$

$$w_{芦丁} = \frac{c_{测}(\text{mg/mL}) \times D}{c_{样}(\text{mg/mL})} \times 100\%$$

式中　D——样品的稀释倍数。

4.4.3　仪器与试剂

（1）紫外-可见分光光度计；玻璃比色皿（1cm）；容量瓶；移液管；吸量管。

（2）30％乙醇溶液；5％亚硝酸钠溶液；10％硝酸铝溶液；1mol/L 氢氧化钠溶液。

（3）芦丁对照品溶液（$c_{标(配制)}$ = 0.1mg/mL）：取在 120℃减压干燥至恒重的芦丁对照品约 10mg，精密称定，置于 100mL 容量瓶中，加 30％乙醇适量，超声溶解，放冷并加至刻度，摇匀。

（4）芦丁样品溶液（$c_{样(配制)}$ 0.1mg/mL）：取芦丁粗品约 1g，精密称定，置于 100mL 容量瓶中，加 30％乙醇适量，超声溶解，放冷并加至刻度，摇匀，得芦丁储备液（10mg/mL）。精密吸取该储备液 1.0mL，置于 100mL 容量瓶中，加 30％乙醇至刻度，摇匀。

4.4.4　实验步骤

（1）比色皿的校正值测定。同 4.3。

（2）标准曲线的制备。精密吸取芦丁对照品溶液（$c_{标(配制)}$ = 0.1mg/mL）0.0、1.0、2.0、3.0、4.0、5.0mL，分别置于 10mL 容量瓶中，依次加 30％乙醇至溶液体积为 5.0mL，各加入 5％亚硝酸钠溶液 0.3mL，充分摇匀 5min 后，各加入 10％硝酸铝溶液 0.3mL，再充分摇匀 5min 后，各加入 1mol/L 氢氧化钠溶液 4.0mL，然后用蒸馏水稀释至刻度，充分摇匀 5min 后，以第 1 瓶作空白，用分光光度计在 510nm 波长下测定各瓶的吸光度（$A_{标}$）。

（3）样品测定。精密吸取芦丁样品溶液（$c_{样(配制)}$ = 0.1mg/mL）3.0mL，置于 10mL 容量瓶中，按"标准曲线的制备"项下相应的方法操作，直至测定出样品的吸光度（$A_{测}$）。

4.4.5　数据记录与处理（表 4-6）

（1）根据 $c_{标(配制)}$ 计算各对照品溶液浓度 $c_{标}$（mg/mL）。

（2）绘制 $A-c$ 标准曲线，计算回归方程和相关系数（r）。

（3）用标准曲线法和标准对照法分别计算芦丁的质量分数。

表 4-6　实验数据表

$c_{标(配制)}$ _____ （mg/mL）；$c_{样(配制)}$ _____ （mg/mL）

容量瓶编号	标 1	标 2	标 3	标 4	标 5	样品
A_0						
A						
A_i						
$c_{标}$/（mg/mL）						—
回归方程				相关系数 r		
$w_{芦丁}$（标准曲线法）						
$w_{芦丁}$（标准对照法）						

4.4.6　注意事项

（1）如实验时室温低，芦丁有析出现象，可微热使其溶解。

（2）本显色反应为配位反应，反应速度较慢，故每加入一种试剂后应充分振摇，以利反应完全，并且各种试剂加入的顺序应按实验步骤进行。

4.4.7　思考题

（1）显色反应有哪些影响因素？

（2）试比较用标准对照法与标准曲线法定量的优缺点。

（3）指出本实验所加各试剂的作用。

4.4　Quantitative Assay of Rutin Samples

4.4.1　Objectives

（1）To master how to operate color reactions.

（2）To master how to measure contents by employing calibration curve or single point calibration approach.

4.4.2　Principles

A color reaction, used for spectrophotometry, must possess good reproducibility and sensitivity. Therefore, the reaction conditions, such as solvent species, reagent amounts, solution acidity, reaction times, and colorimetric times, should be controlled. Rutin, one of the flavonoid glycosides, is able to react with Al^{3+} to form a yellow coordination compound (Figure 4-4), which appears red in the alkaline solution of sodium nitrite and the maximum absorbance wavelength is at 510nm. Hence, the content of rutin can be measured by spectrophotometry via color reaction; however, the reaction time, colorimetric time and color reagent amount should be controlled during the experiment.

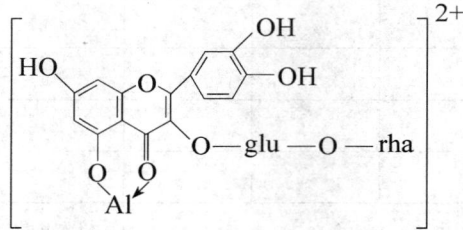

Figure 4-4　The yellow coordination compound

The calibration curve approach, single point calibration approach and absorptivity approach are commonly used in the quantitative analysis of spectrophotometry. The first two are employed in this experiment.

(1) A calibration curve or regression equation of A $vs.$ c can be plotted by measuring the absorbance of a series of reference solutions at different concentrations. The determined concentration of rutin (c_x, mg/mL) can be obtained from the calibration curve or calculated from the regression equation. Then the mass fraction of rutin in the sample can be calculated by the following equation:

$$w_{Rutin} = \frac{c_x(mg/mL) \times D}{c_s(mg/mL)} \times 100\%$$

where D is the dilution ratio of the sample.

(2) It is enough to measure the absorbance of the reference solutions at only one concentration if the calibration curve passes through the origin. Measure the absorbance of the sample solution under the same condition. Then the concentration (c_x, mg/mL) and mass fraction of rutin can be calculated by the following equations:

$$c_x = \frac{c_r \times A_x}{A_r}(mg/mL)$$

$$w_{Rutin} = \frac{c_x(mg/mL) \times D}{c_s(mg/mL)} \times 100\%$$

4. 4. 3　Apparatus and Reagents

(1) Ultraviolet-visible spectrophotometer; cuvettes (1cm); volumetric flask; transfer pipette; measuring pipette.

(2) 30% ethanol solution; 5% sodium nitrite solution; 10% aluminum nitrate solution; 1 mol/L sodium hydroxide solution.

(3) Reference solution of rutin ($c_r = 0.1mg/mL$): Accurately weigh 10 mg reference rutin (dried to constant weight at 120℃ under decompression) into a 100 mL volumetric flask, ultrasonically dissolve it with 30% ethanol solution, and dilute the

cooled solution to the mark with the ethanol solution.

(4) Sample solution of rutin (c_s 0.1mg/mL): Accurately weigh 1g rutin sample into a 100 mL volumetric flask, ultrasonically dissolve it with 30% ethanol solution, and dilute the cooled solution to the mark with the ethanol solution; the rutin stock solution (10mg/mL) is thus obtained. Accurately take 1.0mL of the stock solution into a 100mL volumetric flask; dilute it to the mark with 30% ethanol solution and mix it to uniform.

4.4.4 Procedures

(1) Calibration of cuvettes, the same as 3.3.

(2) Preparation of a standard curve. Firstly, accurately take rutin reference solution ($c_r = 0.1$ mg/mL) 0.0 mL, 1.0 mL, 2.0mL, 3.0mL, 4.0mL and 5.0mL into six 10mL volumetric flasks, respectively. For each flask, add 30% ethanol solution until the volume of the solution reaches 5.0mL. Continue to add 0.3mL 5% sodium nitrite solution, and mix to uniform for 5min. Next, add 0.3mL 10% aluminum nitrate solution into each flask, and mix to uniform for 5min. Then add 4.0mL 1mol/L sodium hydroxide solution into each flask; dilute to the mark with distilled water, and mix to uniform for 5min. Finally, take the solution in the first flask as the blank, and measure the absorbance (A_r) of the solution in each flask at 510nm by using the spectrophotometer.

(3) Measurement of the sample. Accurately transfer 3.0 mL rutin sample solution ($c_s = 0.1$mg/mL) into a 10 mL volumetric flask. Operate the following in the same way as above until the absorbance (A_x) of the sample solution is measured.

4.4.5 Data Recording and Processing (Table 4-6)

(1) Calculate the series of concentrations of the reference solutions according to c_r.

(2) Plot the calibration curve of A-c, and calculate the regression equation and correlation coefficient (r).

(3) Calculate the mass fraction of rutin by the calibration curve and single point calibration approach, respectively.

Table 4-6 The recording of experiment

c_r _____ (mg/mL); c_s _____ (mg/mL)

No.	1	2	3	4	5	Sample
A_0						
A						

No.	1	2	3	4	5	Sample
A_i						
c_r/(mg/mL)						—
Regression equation				r		
w_{Rutin} (Calibration curve approach)						
w_{Rutin} (Single point calibration approach)						

4.4.6　Cautions

（1）Rutin separates out at low temperature. In this case，slightly heat the flask to dissolve it.

（2）The color reaction is a coordination reaction with a slow reaction rate. Hence, a thorough shaking after adding each reagent is required so that the reaction can proceed completely. Furthermore，please follow the experiment procedures for the order of adding each reagent.

4.4.7　Questions

（1）What factors have impacts on color reactions?

（2）Compare the advantages and disadvantages between the calibration curve approach and single point calibration approach.

（3）What roles do the individual reagents employed in the experiment play?

4.5　紫外吸收曲线的绘制及注射液的分析

4.5.1　目的要求

（1）学习绘制吸收曲线及选择测定波长。

（2）掌握采用吸光度比值进行定性鉴别的方法。

（3）掌握用吸收系数法测定注射液含量的方法。

（4）掌握标示量百分含量及稀释度等计算方法。

4.5.2　基本原理

（1）吸收曲线的绘制可以通过配制适宜浓度的待测液，利用双波长或双光束紫外-可见分光光度计在一定波长范围内扫描得到，或用单光束紫外-可见分光光度计在不同波长处分别测定吸光度，绘制吸光度-波长曲线得到。从吸收曲线上可选择最大吸收波长（λ_{max}）或适宜的波长用作定量分析的测定波长。维生素 B_{12} 注射液吸收曲线如图 4-5 所示。

（2）对于给定物质，吸收曲线不同波长的吸光度或吸收系数的比值是一定值，可依此进行鉴别。

（3）百分吸收系数 $E_{1cm}^{1\%}(\lambda)$ 是指当溶液浓度为 1%（g/100mL），液层厚度为 1.00cm 时，在一定波长处的吸光度。在一定波长下为定值，可以通过标准曲线的斜率或测定某一浓度溶液的吸光度计算得到。《中国药典》常用百分吸收系数根据 L-B 定律，通过测定某一波长的吸光度计算含量。

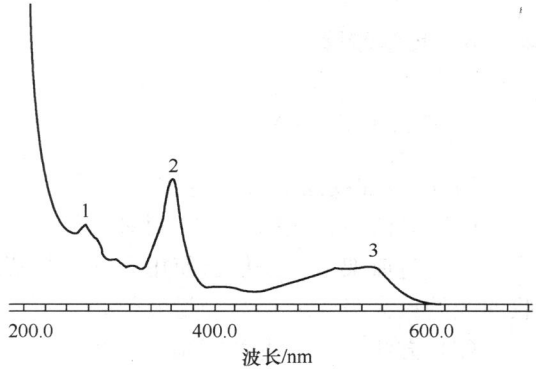

图 4-5　维生素 B_{12} 注射液吸收曲线
1.278nm；2.361nm；3.550nm

（4）维生素 B_{12} 是一类含钴的卟啉类化合物，分别在 278（±1）nm、361（±1）nm 与 550（±1）nm 有吸收，现行版《中国药典》规定：A_{361nm} 与 A_{278nm} 的比值应为 1.70～1.88；A_{361nm} 与 A_{550nm} 的比值应为 3.15～3.45，依此进行鉴别；《中国药典》以维生素 B_{12} 的吸收系数 $E_{1cm}^{1\%}(361nm)$ 为 207 进行含量测定，由吸收系数定义，即得

$$E_{1cm}^{1\%}361nm = 207 \left[100mL/(g\cdot cm)\right] = 2.07\times10^{-6}\left[mL/(\mu g\cdot cm)\right]$$

所以　　　$c_{样} = c_{测}\times D = A_{测}/(b\times E_{1cm}^{1\%})\times D = A_{样}\times48.31\times D\ (\mu g/mL)$

式中　D——稀释倍数。

注射液标示量以 100μg/mL 计，规定其标示量应为的 90.0%～110.0%，判断样品是否合格。

则　　　　$标示\ \omega_{VB_{12}} = \dfrac{c_{样}}{标示量\ (100\mu g/mL)}\times100\%$

（5）《中国药典》规定以丹皮酚的吸光系数 $E_{1cm}^{1\%}(274nm)$ 为 908，在 274.0nm 波长处测定吸光度用吸光系数法计算注射液的含量。丹皮酚注射液标示量为每 1mL 含丹皮酚 5mg，规定其标示量应为 95.0%～105.0%，判断样品是否合格。

4.5.3　仪器与试剂

（1）紫外-可见分光光度计；石英比色皿（1cm）；吸量管；容量瓶。

（2）95% 乙醇（AR）。

（3）维生素 B_{12} 待测液（30μg/mL）：精密吸取维生素 B_{12} 注射液（标示量 100μg/mL）3mL，置于 10mL 容量瓶中，加蒸馏水至刻度，摇匀。

（4）丹皮酚待测液（5μg/mL）：精密吸取丹皮酚注射液（标示量 5mg/mL）1mL，置于 100 mL 容量瓶中，加乙醇至刻度，摇匀。精密吸取 1mL，置于 10 mL 容量瓶中，加乙醇至刻度，摇匀。

4.5.4　实验步骤

1. 维生素 B_{12} 测定

1) 吸收曲线绘制及测定波长选择

（1）方法一：扫描法。在两只石英比色皿中分别盛装空白（蒸馏水）和待测溶液，放置在比色皿架上。按仪器使用方法进行紫外区波段自动扫描，得到吸收曲线。选择吸收曲线的最大吸收波长为测量波长。

（2）方法二：吸光度绘制法。在 330～390nm 范围内，先每隔 10nm 测定一次吸光度 A，找到波峰和波谷。在波峰或波谷附近，每隔 2nm 测定一次，读取并记录待测溶液的吸光度 A。以波长为横坐标，吸光度 A 为纵坐标，绘制维生素 B_{12} 注射液的部分吸收曲线。从吸收曲线上找出最大吸收波长（$\lambda_{\max}$）作为测定波长。

2) 样品吸光度测定

（1）比色皿的校正同 4.3。（注：需分别测定 278nm、361nm 和 550nm 处的校正值）

（2）取维生素 B_{12} 待测液（30μg/mL）适量，装入石英比色皿中，以蒸馏水为空白，分别在 278nm、361nm 和 550nm 波长处，测定吸光度 A。

2. 丹皮酚测定

1) 吸收曲线绘制及测定波长选择

以乙醇为空白，方法一同上，方法二测定波长选择在 230～280nm 范围内。

2) 样品吸光度测定

样品溶液为丹皮酚待测液（5μg/mL），以乙醇为空白，在 274nm 波长处测定吸光度 A。其余同上相应方法。

4.5.5　数据记录与处理

（1）维生素 B_{12}（丹皮酚）吸收曲线测定（$T_{水(乙醇)}=100\%$）（表 4-7）。

表 4-7　实验数据表

λ/nm	330（230）	340（240）	350（250）	360（260）	370（270）	380（280）	390（290）
A							
λ/nm	355（272）	357（274）	359（276）	361（278）	363	365	367
A							

以波长 λ 为横坐标，吸光度 A 为纵坐标，绘制吸收曲线。

（2）维生素 B_{12} 注射液鉴别及标示量（表 4-8）。

表 4-8　实验数据表

实验顺序	A_0	A	A_i	A_{361}/A_{278}	A_{361}/A_{550}	标示量/%
278nm					—	
361nm						
550nm					—	
结论	—	—	—			

（3）丹皮酚注射液吸收系数及标示量（表 4-9）。

表 4-9　实验数据

实验顺序	A_o	A_i	$E_{1cm}^{1\%}(274nm)$	标示量/%
274nm				
结论	—	—	—	

4.5.6　注意事项

（1）测定丹皮酚时，比色皿需加盖，防止溶液挥发。

（2）绘制吸收曲线时，应由小到大调整测定波长，以防止空回引起测定误差。

（3）每变动一次波长，均需对空白溶液调吸光度为 0（百分透光率 100%）。

4.5.7　思考题

（1）单色光不纯对于测得的吸收曲线有什么影响？

（2）试比较用标准曲线法与吸收系数法定量的优缺点。

（3）百分吸光系数与摩尔吸光系数的意义和作用有何区别？怎样换算？将本实验中的百分吸光系数换算成摩尔吸光系数（$M_{C_{63}H_{88}CoN_{14}O_{14}P}=1355.38$、$M_{丹皮酚}=166.18$）。

4.5　Plotting of Ultraviolet Absorption Curves and Analysis of Injections

4.5.1　Objectives

（1）To learn how to plot an ultraviolet absorption curve，and how to choose the appropriate detection wavelength.

（2）To master how to identify the vitamin B_{12} injection by absorption peak ratio.

（3）To master how to determine the contents of injections by absorptivity approach.

（4）To master how to calculate the percentage of the labeled amount and the dilution ratio.

4. 5. 2　Principles

（1）An ultraviolet absorption curve can be plotted by scanning the analyte solution at an appropriate concentration with a dual wavelength UV-Vis spectrophotometer or individually determining the values of absorbance at several different wavelengths with a single beam UV-Vis spectrophotometer. From the absorption curve, the maximum absorption wavelength（λ_{max}）or an appropriate one can be selected as the detection wavelength. The absorption curve of vitamin B_{12} injetion is shoovn in Fig. 4-5.

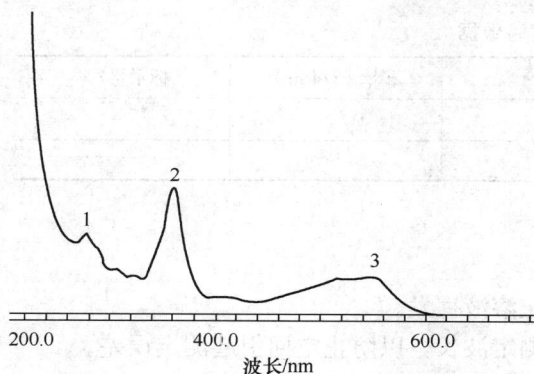

Figure 4-5　absorption curve of vitamin B_{12} injection

1. 278nm；2. 361nm；3. 550nm

（2）The ratio of the values of absorbance or absorptivity at different wavelengths is a constant for a certain substance, which can be used for identification.

（3）Percentage absorptivity, $E_{1cm}^{1\%}$（λ）, is the absorbance at a certain wavelength with the concentration of the solution being 1% （g/100mL）and the thickness of the liquid layer being 1.00 cm. It is a constant at a certain wavelength, and can be calculated by the slope of a calibration curve or the absorbance of a solution at a certain concentration. According to Lambert-Beer law, $E_{1cm}^{1\%}$ is usually employed in Chinese Pharmacopoeia （CP） to calculate the content by measuring the absorbance at a certain wavelength.

（4）Vitamin B_{12} is one of the porphyrin compounds containing cobalt, which presents strong absorbance at wavelengths of 278nm±1nm, 361nm±1nm and 550nm±1nm. Current edition of CP recommends that the ratio of the absorbance at 361nm（A_{361nm}）to that at 278nm（A_{278nm}）should be within 1.70~1.88, while the ratio of the absorbance at 361nm（A_{361nm}）to that at 550 nm（$A_{550\,nm}$）should be within 3.15~3.45；the identification of vitamin B_{12} is based upon these ratios. According to CP, the value of $E_{1cm}^{1\%}$（361nm）, which is equal to 207, is used to determine the content of vitamin B_{12}. The calculation formulae are as follows：

$$E_{1cm}^{1\%}（361\ nm）=207\ [100\ mL/g\cdot cm]=2.07\times10^{-6}（100\ mL/\mu g\cdot cm）$$

$$c_{sample}=c_{test}\times D=A_{test}/（b\times E_{1cm}^{1\%}）\times D=A_{test}\times48.31\times D（\mu g/mL）$$

（D：dilution ratio）

The labeled amount of the vitamin B_{12} injection is stated to be 100μg/mL, and the percentage of the labeled amount should be within 90.0%~110.0% for qualified products. The calculation formula is as follows：

$$\text{Labeled}\quad w_{VB_{12}} = \frac{c_{sample}}{\text{Labeled amount } (100\mu g/mL)} \times 100\%$$

(5) According to CP, the value of $E_{1cm}^{1\%}$ (274 nm), which is equal to 908, is used to determine the content of the paeonol injection by the absorptivity approach. The labeled amount of the paeonol injection is 5 mg/mL, and the percentage of the labeled amount should be within 95.0%~105.0% for qualified products.

4.5.3 Apparatus and Reagents

(1) UV-Vis spectrophotometer; quartz cuvettes (1cm); measuring pipette; volumetric flask.

(2) 95% ethanol (AR).

(3) Vitamin B_{12} test solution (30μg/mL): Accurately transfer 3.00 mL vitamin B_{12} injection (the labeled amount is 100 μg/mL) into a 10mL volumetric flask; dilute to the mark with distilled water and mix to uniform.

(4) Paeonol test solution (5μg/mL): Accurately transfer 1.00mL of paeonol injection (the labeled amount is 5mg/mL) into a 100mL volumetric flask; dilute to the mark with 95% ethanol and mix to uniform. Accurately transfer 1.00mL of the above solution into a 10mL volumetric flask; dilute to the mark with 95% ethanol and mix to uniform.

4.5.4 Procedures

1. Assay of vitamin B_{12} injection

1) Plotting of the ultraviolet absorption curve and choosing of the detection wavelength

(1) Method 1, scanning: Individually add the blank (distilled water) and sample solutions into two quartz cuvettes, and place them on the cuvette rack. The absorption curve can be obtained by automatic scanning in the ultraviolet region with the UV-Vis spectrophotometer. The maximum absorption wavelength is chosen as the detection wavelength.

(2) Method 2, plotting based on the values of absorbance: Firstly, measure the values of absorbance (A) at an interval of 10nm within the range of 330 to 390nm to find the peak and the valley. Then, measure the values of A at an interval of 2 nm near the peak or valley. It is necessary to re-calibrate the absorbance of the blank solution to zero ($T = 100\%$) every time the wavelength is changed, and then measure and record the value of A of the sample solution. Finally, plot part of the ultraviolet absorption curve of vitamin B_{12} injection with absorbance as the vertical coordinate and wavelength as the horizontal coordinate. Find the maximum absorption wavelength (λ_{max}) from the absorption curve and choose it as the detection wavelength.

2) Detecting of sample absorbance

(1) Calibration of quartz cuvettes see 4.3.

(Note: corrected values of quartz cuvettes at 274nm, 278 nm, 361nm and 550 nm should be determined, respectively).

(2) Take a proper amount of vitamin B_{12} test solution (30 $\mu g/mL$) into a quartz cuvette. With distilled water as the blank solution, measure the values of A at 278, 361 and 550nm, respectively.

2. Assay of paeonol injection

1) Plotting of the ultraviolet absorption curve and choosing of the detection wavelength

Take ethanol as the blank solution. Method 1 is just the same as that of vitamin B_{12}. The detection wavelength is in the range of 230~280nm in Method 2.

2) Detecting of sample absorbance

The absorbance of the sample solution, paeonol test solution (5$\mu g/mL$), is measured at 274 nm with ethanol as the blank solution. Other procedures are the same as those of the corresponding methods of vitamin B_{12}.

4.5.5 Data Recording and Processing

(1) Ultraviolet absorption curve of vitamin B_{12} ($T_{water} = 100\%$) or paeonol ($T_{ethanol} = 100\%$) (Table 4-7).

Table 4-7　The recording of experiment

λ/nm	330 (230)	340 (240)	350 (250)	360 (260)	370 (270)	380 (280)	390 (290)
A							
λ/nm	355 (272)	357 (274)	359 (276)	361 (278)	363	365	367
A							

Plot the ultraviolet absorption curve with absorbance A as the vertical coordinate and wavelength λ as the horizontal coordinate.

(2) Identification of vitamin B_{12} and determination of the percentage of the labeled amount (Table 4-8).

Table 4-8　The recording of experiment

	A_0	A	A_i	A_{361}/A_{278}	A_{361}/A_{550}	Labeled amount/%
278nm					—	
361nm						
550nm				—		
Conclusion	—	—	—			

(3) Absorptivity of paeonol and the percentage of the labeled amount of the

injection（Table 4-9）.

Table 4-9　The recording of experiment

	A_0	A	A_i	$E_{1cm}^{1\%}$(274nm)	Labeled amount/%
274 nm					
Conclusion	—	—	—	—	

4.5.6　Cautions

（1）Quartz cuvettes should be capped in case of the evaporation of solution during the experiment for determination of paeonol.

（2）The value of wavelength should be adjusted from small to large to prevent measurement errors caused by null back during the experiment of plotting absorption curve.

4.5.7　Questions

（1）What is the influence of impure monochromatic light on the measured absorption curve?

（2）Compare the advantages and disadvantages between the calibration curve approach and the absorptivity approach for quantitative analysis.

（3）What is the difference of the significance and roles between percentage absorptivity and molar absorptivity? How to convert them into each other? Please convert the values of percentage absorptivity in this experiment to the values of molar absorptivity（$M_{C_{63}H_{88}CoN_{14}O_{14}P}=1355.38$, $M_{paeonol}=166.18$）.

4.6　紫外分光光度法测定苯酚含量

4.6.1　目的要求

（1）掌握紫外分光光度法的基本原理和方法。

（2）掌握 752 型分光光度计的使用。

4.6.2　基本原理

许多具有 $\pi-\pi*$、$n-\pi*$ 跃迁基团的化合物，在紫外-可见区有特征吸收，根据朗伯-比尔定律，对在紫外-可见区有特征吸收的物质进行分光光度测定的方法叫做紫外-可见分光光度法。

一般通过测定最大吸收波长处的吸光度，采用标准曲线法、对照法或吸收吸收法进行定量分析。

苯酚是芳烃类化合物，有共轭的 $\pi-\pi*$ 跃迁，在紫外区有特征吸收，因此可以采用紫外分光光度法进行分析。

4.6.3　仪器与试剂

（1）752 型分光光度计；石英比色皿（1cm）；50mL 容量瓶；5mL 移液管；50mL 烧杯。

（2）0.50g/L 苯酚对照品溶液：取苯酚适量，精密称定，置于烧杯中，用蒸馏水溶解，转移至容量瓶中，加水稀释至刻度。

（3）样品：苯酚水溶液。

4.6.4　实验步骤

1. 吸收曲线绘制及测定波长选择

以苯酚对照品溶液（30mg/L），在 220～300nm 波长范围内，以 5nm 为间隔，分别测其吸光度（用蒸馏水作参比），以波长为横坐标，吸光度为纵坐标绘制吸收曲线，找出 λ_{max}。

2. 含量测定

（1）比色皿的校正值测定同 4.3。

（2）标准曲线的制备。精密吸取苯酚对照品溶液（0.50g/L）1、2、3、4、5mL，分别置于 50mL 容量瓶中，用蒸馏水稀释至刻度，摇匀。在选定的 λ_{max} 下，用蒸馏水作参比，分别测定系列对照品溶液的吸光度。

（3）未知溶液的测定。在相同条件下测定样品溶液的吸光度。

4.6.5　数据记录与处理（表 4-10）

（1）吸收曲线的测定（表格参见实验 5）。以波长 λ 为横坐标，吸光度 A 为纵坐标，绘制吸收曲线。

（2）计算各对照品溶液浓度 $c_{标}$（mg/mL）。

（3）绘制 $A-c$ 标准曲线，计算回归方程和相关系数（r）。

（4）根据标准曲线或回归方程计算苯酚的质量分数。

表 4-10　实验数据

容量瓶编号	标1	标2	标3	标4	标5	样品
A_0						
A						
A_i						
$c_{标}$/(mg/L)						—
回归方程		r				
$c_{样}$/(mg/L)						
$\omega_{苯酚}$						

4.6.6　思考题

紫外分光光度法与可见分光光度法有何异同？

4.7　邻二氮菲分光光度法测定水中铁含量

4.7.1　目的要求

（1）了解邻二氮菲吸收光度法测定 Fe^{2+} 的原理和方法。

（2）掌握标准曲线法定量测定的原理和方法。

4.7.2　基本原理

Fe^{2+} 与有机配位剂邻二氮菲（又称邻菲罗啉）形成橘红色配合离子，在 pH 为 2～9 的溶液中稳定。Fe^{3+} 在盐酸羟胺存在下，可与邻二氮菲迅速形成橘红色配合离子。生成的配离子在 510 nm 处有强吸收（ $\varepsilon = 1.1 \times 10^4$ ），因此，在此波长下测定其吸光度 A ，采用标准曲线法进行定量分析，$A = ac + b$，可以计算 Fe^{2+} 的浓度。

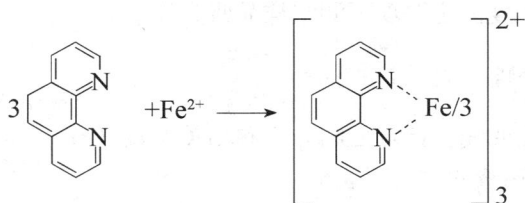

4.7.3　仪器与试剂

（1）紫外-可见分光光度计；比色皿（1cm）；50mL 比色管；吸量管。

（2）$(NH_4)_2SO_4 \cdot FeSO_4 \cdot 6H_2O$（AR）。

（3）0.15％邻二氮菲水溶液（新鲜配制）。

（4）2％盐酸羟胺水溶液（新鲜配制）。

（5）0.1mol/L HCl 溶液。

（6）NaAc-HAc 缓冲溶液：取 NaAc 136g 与冰 HAc 120mL，加水至 500mL，摇匀。

（7）铁标准溶液（含铁100μg/mL）：取 $(NH_4)_2SO_4 \cdot FeSO_4 \cdot 6H_2O$ 约0.7g，精密称定，置于烧杯中，用 0.1mol/L HCl 溶液溶解，并转移至 1L 容量瓶中，加水稀释至刻度，摇匀。

（8）样品：自来水、井水或河水〔或蒸馏水中加少量 $(NH_4)_2SO_4 \cdot FeSO_4 \cdot 6H_2O$ 配制〕。

4.7.4 实验步骤

1. 标准曲线的制备

（1）标准溶液的显色。精密吸取铁标准溶液（含铁 $100\mu g$ /mL）0（空白）、0.2、0.4、0.6、0.8、1.0mL，分别置于 50mL 比色管中，依次加入 NaAc-HAc 缓冲溶液 5mL，盐酸羟胺 5.0mL，邻二氮菲溶液 5.0mL，用水定容至 50mL，摇匀，放置 10min。

（2）选择测定波长。选任一浓度标准溶液，以空白溶液作参比，在 $360\sim650$nm 范围内进行光谱扫描，得到吸收光谱图，确定最大吸收波长（λ_{max}）为测定波长。

（3）比色皿的校正同 4.3。

（4）吸光度测定。在测定波长处，以空白溶液作参比，测定系列铁标准溶液吸光度 A。

2. 水样的测定

精密吸取澄清水样 2mL，置于 50mL 比色管中，按"标准溶液的显色"项下制备样品溶液，并按"吸光度测定"项下测定样品吸光度 A。

4.7.5 数据记录与处理（表 4-11）

（1）绘制 A-c 标准曲线，计算回归方程和相关系数（r）。

（2）样品溶液中 Fe 含量。

表 4-11　实验数据表

比色管编号	标 1	标 2	标 3	标 4	标 5	样品
A_0						
A						
A_i						
$c_{标}$/(g/100mL)						—
回归方程（$A=a+bc$）		r				
$c_{样}$/(g/100mL)						

4.7.6 注意事项

（1）缓冲溶液用量杯量取，盐酸羟胺与邻二氮菲溶液用吸量管准确量取，注意平行操作（每位同学负责加一种试剂）。

（2）测定标准曲线时，浓度由稀至浓，可减小误差。

4.7.7 思考题

（1）邻二氮菲亚铁离子配合物的 λ_{max} 理论值为 510nm，在本次实验中测得的最大吸收波长为多少？若有差别，是什么原因引起？

（2）显色反应中的各标准溶液与样品溶液有不同的含酸量，对显色反应有无影响？

（3）本次实验所得标准溶液浓度与吸光度间的线性关系如何？分析其原因。

4.8　双波长分光光度法测定复方片剂中磺胺甲噁唑含量

4.8.1　目的要求

（1）掌握等吸收双波长法测定复方片剂组分含量的原理及方法。

（2）熟悉利用单波长分光光度计进行双波长法测定。

4.8.2　基本原理

对于二元组分混合物中某一组分的测定，若干扰组分在两个波长处（λ_1 和 λ_2）具有相同的吸光度，且被测组分在这两个波长处的吸光度差别显著，则可采用"等吸收双波长消除法"消除干扰组分的影响，测定目标组分的含量，原理为

$$\Delta A = A_1 - A_2 = (A_1^a + A_1^b) - (A_2^a + A_2^b)$$

由于 $A_1^b = A_2^b$，

则 $\Delta A = (A_1^a - A_2^a) = (E_1^a - E_2^a)c_a l$

所以 $c_a = \dfrac{A_1^a - A_2^a}{(E_1^a - E_2^a)l} = \dfrac{\Delta A^a}{\Delta E^a l}$

式中　a——被测组分；

　　　b——干扰组分。

复方磺胺甲噁唑片含有磺胺甲噁唑（SMZ）和甲氧苄啶（TMP），SMZ 和 TMP 对照品在 0.4% NaOH 溶液中的紫外吸收光谱图，如图 4-6 所示。SMZ 在 257nm 处有最大吸收，而在 304nm 处 A 值较小，$\Delta A_{SMZ} = A_{257nm}^{SMZ} - A_{304nm}^{SMZ}$ 较大，而 $A_{257nm}^{TMP} = A_{304nm}^{TMP}$，因此可通过实验用 TMP 对照品溶液选定 λ_1、λ_2（257、304nm 左右）为测定波长，再用已知浓度的 SMZ 对照品溶液在 2 个波长处分别测定浓度与 ΔA 的比例常数 ΔE，即可测定出 SMZ 的含量。药典规定复方磺胺甲噁唑片 SMZ 的标示量应为 90.0%~110.0%。据此判断样品是否合格。

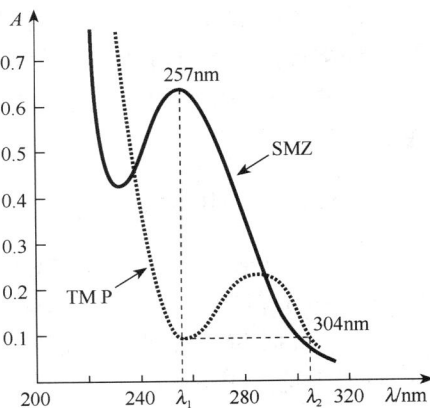
图 4-6　SMZ 和 TMP 的紫外吸收光谱（0.4%NaoH 溶液）

计算公式

$$\Delta E_{SMZ} = \frac{A_{\lambda_1}^{SMZ} - A_{\lambda_2}^{SMZ}}{c_{SMZ}}$$

$$c_{样} = \frac{A_{\lambda_1}^{样} - A_{\lambda_2}^{样}}{\Delta E_{SMZ}}(g/100mL)$$

$$标示\ w_{SMZ} = \frac{测得量(g/\ 平均每片)}{标示量(g/\ 每片)} \times 100\%$$

$$= \frac{\dfrac{c_样 \times 100}{2}}{m_s(g)} \times \frac{平均片重(g)}{标示量(g/\ 每片)} \times 100\%$$

$$= \frac{c_样 \times 100}{m_s(g) \times 2} \times \frac{平均片重(g)}{标示量(g/\ 每片)} \times 100\%$$

4.8.3　仪器与试剂

（1）紫外-可见分光光度计；石英吸收池（1cm）；容量瓶；移液管；吸量管。

（2）磺胺甲噁唑和甲氧苄啶对照品；复方磺胺甲噁唑片；无水乙醇（AR）；0.4%NaOH 溶液。

4.8.4　实验步骤

1.溶液的配制

（1）TMP 对照品溶液。取 105℃干燥至恒重的 TMP 约 10mg，精密称定，置烧杯中，加乙醇溶解，转移至 100 mL 容量瓶中，加乙醇至刻度，摇匀。精密吸取上述溶液 2 mL，置 100mL 容量瓶中，用 0.4%NaOH 溶液稀释至刻度，摇匀。

（2）SMZ 对照品溶液。取 105℃干燥至恒重的 SMZ 约 50mg（m_{SMZ}），精密称定，置烧杯中，加乙醇溶解，转移至 100mL 容量瓶中，加乙醇至刻度，摇匀。精密吸取上述溶液 2mL，置 100mL 容量瓶中，用 0.4%NaOH 溶液稀释至刻度，摇匀。

（3）样品溶液。取复方磺胺甲噁唑片剂 10 片，研细，取相当于 SMZ 50mg 的粉末，精密称定，置烧杯中，加乙醇溶解，转移至 100mL 容量瓶中，加乙醇至刻度，摇匀。过滤，精密吸取续滤液 2mL 置 100mL 容量瓶中，用 0.4%NaOH 溶液稀释至刻度，摇匀。

2.SMZ、TMP 对照品溶液吸收光谱绘制以及等吸收点的确定

（1）分别取 SMZ 和 TMP 对照品溶液适量，以 0.4%NaOH 溶液为参比溶液，在 220～320nm 范围内进行光谱扫描，得到 SMZ 和 TMP 对照品溶液吸收光谱图。

（2）根据 SMZ 的吸收光谱图，以 SMZ 最大吸收波长为测定波长 λ_1（约 257nm）；在 TMP 吸收光谱图中，根据 $A_{\lambda_1}^{TMP}$ 值，寻找 $A_{\lambda_2}^{TMP} = A_{\lambda_1}^{TMP}$ 点，初步确定 λ_2（约 304 nm）。

（3）在光度测量模式下，以 λ_1（约 257nm）为测定波长，在 λ_2（约 304 nm）附近选择几个波长，测定 TMP 对照品溶液的吸光度，准确找到 $A_{\lambda_1}^{TMP} = A_{\lambda_2}^{TMP}$ 点，保证 $\Delta A = A_{\lambda_1}^{TMP} - A_{\lambda_2}^{TMP} = 0$，准确确定 λ_2。

（4）以相同空白为参比溶液，在 λ_1 和 λ_2 处，分别测定 SMZ 对照品溶液 $A_{\lambda_1}^{SMZ}$ 和 $A_{\lambda_2}^{SMZ}$。

3.样品的测定

以相同空白为参比溶液，在 λ_1 和 λ_2 处，分别测定样品溶液 $A_{\lambda_1}^{样}$ 和 $A_{\lambda_2}^{样}$。

4.8.5　数据记录与处理（表 4-12）

（1）计算 SMZ 在 λ_1 和 λ_2 处的吸光系数差值 ΔE_{SMZ}。

（2）计算复方样品中 SMZ 的浓度。

（3）计算复方磺胺甲噁唑片中磺胺甲噁唑（SMZ）的标示量百分含量。

表 4-12　实验数据

λ/nm	A	1	2	3	平均值
257	A_{SMZ}				
	$A_{样}$				
304	A_{SMZ}				
	$A_{样}$				
ΔE_{SMZ}					
$c_{样}/$（g/100mL）					

4.8.6　注意事项

（1）注意药物是否完全溶解。

（2）参比波长对测定影响较大，此波长可因仪器不同而异，故用对照品溶液来确定。

4.8.7　思考题

（1）在双波长法测定中，如何选择适当的测定波长和参比波长？

（2）在选择实验条件时，是否应考虑赋形剂等辅料的影响？如何进行？

（3）如果只测定磺胺甲噁唑，甲氧苄啶对照品溶液的浓度是否需要准确配制？

（4）能否采用双波长法测定复方磺胺甲噁唑片中甲氧苄啶的含量？如果可行，试设计复方磺胺甲噁唑片中甲氧苄啶含量的测定方法。

4.9　苯甲酸红外吸收光谱的测绘及定性鉴别

4.9.1　目的要求

（1）掌握用压片法制作固体试样晶片的方法。

（2）掌握用红外吸收光谱进行化合物的定性分析。

（3）熟悉红外分光光度计的工作原理及其使用方法。

4.9.2　基本原理

在化合物分子中，具有相同化学键的基团，其基本振动频率吸收峰（简称基频峰）基本上出现在同一频率区域内。但在不同化合物分子中因所处的化学环境不同，同一类型基团的基频峰频率会发生一定移动。掌握各种基团基频峰的频率及其位移规律，就可应用红外吸收光谱来确定有机化合物分子中存在的基团及其在分子结构中的相对位置。因此，同一化合物应有相同的红外吸收光谱图。据此应用红外吸收光谱法，采用与标准谱库核对或与标准物质同时进行分析的方法，可以进行定性鉴别。

苯甲酸分子中各原子基团基频峰在 $4000\sim650\ cm^{-1}$ 范围内的频率，见表 4-13。

表 4-13　苯甲酸的基团和频率

苯甲酸结构式	原子基团的基本振动形式	基频峰的频率/cm^{-1}
	$v_{=C-H}$（Ar 上）	3077，3012
	$v_{C=C}$（Ar 上）	1600，1582，1495，1450
	δ_{C-H}（Ar 上邻接五氢）	715，690
	$v_{C=H}$（形成氢键二聚体）	3000~2500（多重峰）
	δ_{O-H}	935
	$v_{C=O}$	1400
	δ_{C-O-H}（面内弯曲振动）	1250

本实验采用溴化钾压片法，在相同的实验条件下，分别测绘苯甲酸标样和试样的红外吸收光谱，比对两张图谱及与上述各基团基频峰频率及其吸收强度的一致性，若相同，则可鉴定该试样为苯甲酸。

4.9.3　仪器与试剂

（1）红外分光光度计；玛瑙乳钵；红外灯；压片模具；油压压片机（配真空泵）。
（2）苯甲酸（GR）；溴化钾（光谱纯）。
（3）样品：苯甲酸试样。

4.9.4　实验步骤

1. 仪器准备

（1）开启空调机，使室内的温度为 $18\sim20℃$，相对湿度≤65%。
（2）打开红外仪、预热平衡，打开电脑、进入红外工作站，设置相关参数。

2. 制片

（1）空白晶片。取预先在 110℃烘干 48 h 以上，并保存在干燥器内的溴化钾（光谱纯）约 150 mg，置于洁净的玛瑙研钵中，于红外灯下研磨均匀，将磨好的粉末装入压片模具，铺匀。在抽真空状态下用油压机以 $10\sim20$ MPa 的压力压至 2min，小心取出透明晶片（厚度为 $1\sim2$mm），保存于干燥器中。

（2）对照品晶片。取溴化钾约 150mg，加入 $2\sim3$mg 苯甲酸（优级纯），同"空白晶片"项下操作。

（3）样品晶片。取溴化钾约 150mg，加入 $2\sim3$mg 苯甲酸试样，同"空白晶片"项下操作。

3. 测定

将以上三种晶片置于样品架上，以"空白晶片"为背景，分别测绘标样和试样的红外吸收光谱。

4.9.5　数据记录与处理

（1）记录实验条件。

（2）在苯甲酸对照品和样品红外吸收光谱图上，标出各特征吸收峰的波数，并确定其归属。

（3）将苯甲酸试样光谱图与其标样光谱图进行对比，若两张图谱各特征吸收峰及其吸收强度一致，则可定性鉴定该样品是苯甲酸。

4.9.6　注意事项

（1）红外分光光度计使用之前，需预热 30min。

（2）仪器参数的设计要合理，否则会影响样品的红外图谱形状。

（3）样品的研磨须在红外灯下进行，防止样品吸湿。

（4）压片时要抽真空，以除去样品粉末中的空气，以免压成的晶片减压碎裂。

（5）在整个实验过程中，要严格避免水分的干扰。如压制的晶片模糊，表示晶片中含有水分，表现在光谱图中 $3450~cm^{-1}$ 和 $1640~cm^{-1}$ 处出现吸收峰。

（6）压片模具用后应立即用无水乙醇揩擦，以免试样腐蚀磨具。

4.9.7　思考题

（1）红外光谱实验室为什么对温度和相对湿度要维持一定的指标？

（2）研磨操作过程为什么须在红外灯下进行？

（3）压片法制样应注意些什么？

4.9　Scanning，Plotting and Qualitative Identification of the Infrared Spectrum of Benzoic Acid

4.9.1　Objectives

（1）To master how to prepare crystal plates of solid samples by press method.

（2）To master the qualitative analysis by using infrared（IR）spectroscopy.

（3）To get familiar with the working principle and the operation of the IR spectrophotometer.

4.9.2　Principles

For the functional group having the same chemical bonds in different compound, its fundamental vibration frequency absorption band (*abbr*. fundamental frequency band) is mainly located in the same frequency region. However, the frequency of the fundamental frequency band corresponding to the same type of group may shift because the chemical environment is different in the different compound molecule. The infrared spectrum can be used to identify the functional groups and their relative positions in the structure of the molecule as long as the frequencies and the shift rules of the fundamental frequency bands of various functional groups have been understood. Therefore, the same compounds should present identical IR spectrum. Thus, with the application of IR spectroscopy, the qualitative identification can be performed by comparing the IR spectrum of the analyte with the standard IR spectrum library or that of the standard substance.

Table 4-13 individually list of the frequencies in the range of 4000 to 650 cm^{-1} of the fundamental frequency bands of the functional groups in the molecule of benzoic acid.

Table 4-13　Functional groups in benzoic acid and their frequencies

Structure of Benzoic acid	Fundamental vibration mode of functional group	Frequency of fundamental frequency band / cm^{-1}
	$v_{=C-H}$ (in Ar)	3077, 3012
	$v_{C=C}$ (in Ar)	1600, 1582, 1495, 1450
	δ_{C-H} (the 5 hydrogen atoms linked to Ar)	715, 690
	$v_{C=H}$ (forming a hydrogen bond dimer)	3000~2500 (multiplet)
	δ_{O-H}	935
	$v_{C=O}$	1400
	δ_{C-O-H} (in-plane bending vibration)	1250

KBr press method is employed in this experiment. Scan and plot the IR spectra of the standard sample and the test sample of benzoic acid under the same experimental condition. Then compare the consistency of the two spectra, and the frequencies and intensities of the fundamental frequency bands of the above functional groups on the two spectra. The high agreement indicates the sample be benzoic acid.

4.9.3　Apparatus and Reagents

(1) IR spectrophotometer; agate mortar; infrared lamp; press mold; oil pressure press machine (equipped with a vacuum pump).

(2) Benzoic acid (guaranteed reagent, GR); potassium bromide (Specpure reagent).

(3) Sample: benzoic acid test sample.

4.9.4 Procedures

1. Preparation of the instrument

(1) Turn on the air conditioner to keep the room temperature at 18～20℃, and the relative humidity ≤ 65%.

(2) Turn on the IR spectrophotometer, and allow it to warm up. Turn on the computer, enter the IR workstation and set the relevant parameters.

2. Preparation of the crystal plates

(1) Blank crystal plate. Take about 150 mg of potassium bromide powder (pre-dried at 110℃ for more than 48 h and stored in desiccators). Grind well in the agate mortar under the infrared lamp. Put the powder into the press mold and spread it uniformly. Compress the powder for 2 min at a pressure of 10～20MPa under the state of vacuum by using the oil pressure press machine. Then take out the translucent crystal plate (the thickness is about 1～2 mm) carefully, and preserve it in desiccators.

(2) Reference crystal plate. Take about 150 mg of potassium bromide powder and add 2～3mg benzoic acid (GR). Other operations are the same as those of the item of "blank crystal plate".

(3) Sample crystal plate. Take about 150mg of potassium bromide powder and add 2～3mg benzoic acid test sample. Other operations are the same as those of the item of "blank crystal plate".

3. Determination

Place the above three crystal plates into the sample shelf. Individually scan and plot the IR spectra of the standard sample and the test sample with the blank crystal plate as the background.

4.9.5 Data Recording and Processing

(1) Record the experimental conditions.

(2) Mark the wave numbers of the characteristic absorption bands on the IR spectra of the standard sample and test sample of benzoic acid, and identify their assignments.

(3) Compare the IR spectra of the standard sample and test sample of benzoic acid. If the characteristic absorption bands and their intensities of the two spectra are in accordance with each other, the test sample can then be identified as benzoic acid.

4. 9. 6　Cautions

（1）It is necessary to allow the IR spectrophotometer to warm up for 30 min before operation.

（2）The parameters of the spectrophotometer should be set to reasonable values. Otherwise，the shape of the IR spectrum may be affected.

（3）Grind the sample under infrared lamp in order to prevent moisture absorption.

（4）The sample should be pressed under the state of vacuum in order to remove the air from the sample powder，in case the pressed crystal plate should shatter or break when decompressing.

（5）In the whole process of the experiment，the disturbance of moisture should be strictly avoided. If the pressed crystal plate is cloudy，there is moisture in the plate and some absorption bands can appear at $3450\mathrm{cm}^{-1}$ and $1640\mathrm{cm}^{-1}$ in the spectrum.

（6）Wipe the press mold with anhydrous alcohol immediately after using in case the mold should be corroded by the sample.

4. 9. 7　Questions

（1）Why should the laboratory of IR spectrophotometer be maintained at a certain temperature and relative humidity?

（2）Why should the operation of grinding be performed under infrared lamp?

（3）What should be noticed during the sample preparation via the press method?

4.10　硫酸奎尼丁的荧光法分析

4. 10. 1　目的要求

（1）掌握激发光谱和发射光谱的概念及其测定方法。
（2）掌握荧光法的基本原理，并采用标准曲线法进行荧光定量分析。
（3）熟悉荧光分光光度计的基本原理和实验技术。
（4）了解荧光分光光度计的使用方法。

4. 10. 2　基本原理

任何荧光物质都具有两种特征光谱：激发光谱和发射光谱。物质的激发光谱和发射光谱是定性分析的依据，也是定量测量时选择激发波长 λ_{ex} 和发射波长 λ_{em} 的依据。在荧光分析法中。一般最大的激发波长 λ_{ex} 和最大发射波长 λ_{em} 是最灵敏的光谱条件。但往往拉曼散射容易对发射光谱产生影响，如图 4-7 所示，因此选择激发光时应尽量避免散射光的影响。

硫酸奎尼丁属生物碱类抗心律失常药，分子结构如图 4-8 所示。由于其分子中具有喹啉环结构，故能产生较强的荧光，可用于荧光法的光谱测定和样品中奎尼丁的含量测定。

在一定的浓度范围内，荧光强度与组分浓度成正比：$F=Kc$，用标准曲线法求得原料药中硫酸奎尼丁的浓度（$c_{测}$），按下式计算硫酸奎尼丁的质量百分数。

$$w_{硫酸奎尼丁}=\frac{c_{测}\times D}{c_{样}}\times100\%$$

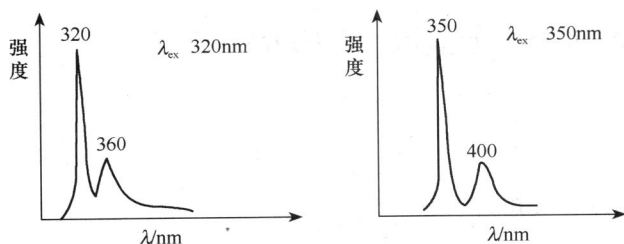

0.05mol/L H_2SO_4在不同激发波长下的拉曼光谱

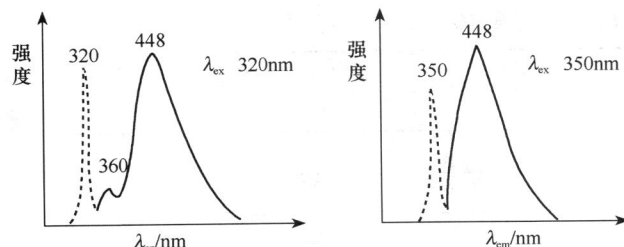

图 4-7　硫酸奎尼丁在不同激发波长的荧光光谱

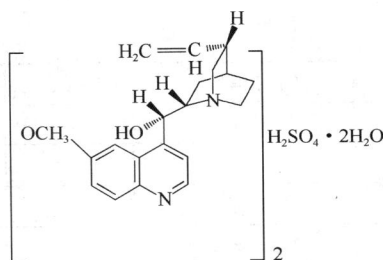

图 4-8　硫酸奎尼丁的结构式

4.10.3　仪器与试剂

（1）荧光分光光度计（960-CRT 型）；分析天平（0.01mg）；容量瓶；移液管；吸量管。

（2）硫酸奎尼丁标准储备液（1μg/mL）；0.05mol/L 硫酸溶液。

（3）硫酸奎尼丁样品储备液：取硫酸奎尼丁原料药约 50 mg，精密称定，置烧杯中，用 0.05mol/L 的 H_2SO_4 溶液溶解转移至 2000mL 容量瓶中，并稀释至刻度，摇匀。

4.10.4　实验步骤

1. 对照品溶液的配制

分别精密吸取硫酸奎尼丁标准储备液（1μg/mL）2、4、6、8、10mL，置 50mL 容量瓶中，用 0.05mol/L H_2SO_4 溶液稀释至刻度，摇匀。

2. 样品溶液的配制

精密吸取硫酸奎尼丁样品储备液 2mL，置 100mL 容量瓶中，用 0.05mol/L 的 H_2SO_4 溶液稀释至刻度，摇匀。

3. 测定

（1）用浓度最大的对照品溶液进行激发光谱和发射扫描，确定荧光最大激发光波长 λ_{ex}^{max} 和最大发射波长 λ_{em}^{max} 及仪器的灵敏度。

（2）用空白溶液（0.05mol/L 的 H_2SO_4 溶液）进行扫描，观察瑞利与拉曼散射对测量的影响。

（3）测定标准曲线　按浓度由小至大的顺序分别测定 5 个对照品溶液荧光强度 F。

（4）测定样品溶液的荧光强度。

4.10.5　数据记录与处理（表 4-14）

（1）绘制 F-c 标准曲线，计算回归方程及相关系数 r。

（2）计算样品中硫酸奎尼丁的质量分数。

表 4-14　实验数据

容量瓶编号	标 1	标 2	标 3	标 4	标 5	样品
F（INT）						
c/（μg/mL）						—
回归方程				r		
$w_{硫酸奎尼丁}$						

4.10.6　注意事项

（1）测量顺序为由低浓度到高浓度，以减小测量误差。

（2）标准曲线测定和样品测定时，仪器参数设置应保持一致。

4.10.7　思考题

（1）荧光分光光度计为什么要设置两个单色器？

（2）荧光分光光度计和紫外可见分光光度计构造的区别？

（3）试比较激发光谱和发射光谱。说明两者的联系及区别。

（4）荧光分析法为什么比紫外可见分光光度法有更高的灵敏度？

（5）测量试样溶液、标准溶液时，为什么要同时测定硫酸（0.05mol/L）空白溶液？

（6）如何选择激发光波长 λ_{ex} 和发射光波长 λ_{em}？采用不同的 λ_{ex} 和 λ_{em} 对测定结果有何影响？

4.11　原子吸收分光光度法测定水中铜（钙、镁）的含量

4.11.1　目的要求

（1）掌握原子吸收光谱法的基本原理。

（2）熟悉用标准曲线法进行定量测定。

（3）了解原子吸收分光光度计的基本结构、性能及操作方法。

4.11.2　基本原理

稀溶液中的铜（钙、镁）离子在火焰温度（小于 3000K）下变成铜（钙、镁）原子蒸气，由光源空心阴极铜（钙、镁）灯辐射出铜（钙、镁）的特征谱线被铜（钙、镁）原子蒸气强烈吸收，其吸收的强度与铜（钙、镁）原子蒸气浓度的关系符合比尔定律。在固定的实验条件下，铜（钙、镁）原子蒸气浓度与溶液中铜（钙、镁）离子浓度成正比，即

$$A = Kc$$

式中　A——吸光度；

　　　K——系数；

　　　c——溶液中铜（钙、镁）离子的浓度。

定量方法采用标准曲线法，测定出系列对照品溶液和样品溶液的吸光度 A，以吸光度 A 为纵坐标，相应的标准溶液浓度 c 为横坐标，绘制工作曲线，或根据 c、A 值计算回归方程。由工作曲线或回归方程得出样品浓度，从而求出待测溶液中铜（钙、镁）的质量分数。

4.11.3　仪器与试剂

（1）原子吸收分光光度计；铜（钙、镁）元素空心阴极灯；乙炔钢瓶；空气压缩机。

（2）容量瓶；移液管。

（3）0.1g/L 铜对照品溶液；0.005g/L 镁对照品溶液；0.1 g/L 钙对照品溶液。

（4）1% HNO_3（优级纯）溶液；去离子水。

（5）样品：饮用水。

4.11.4　实验步骤

（1）铜系列对照品溶液的配制。精密吸取 0.1g/L 铜对照品溶液 0、0.5、1、1.5、2、2.5mL，分别置于 100mL 容量瓶中，用 1%HNO_3 稀释至刻度，摇匀。

（2）钙、镁系列对照品溶液的配制。精密吸取 0.1 g/L 钙对照品溶液 2、4、6、8、10mL 分别置于 100 mL 容量瓶中，再依次精密吸取 0.005g/L 镁对照品溶液 2、4、6、8、10 mL 加入上述对应的容量瓶中，用 1%HNO_3 稀释至刻度，摇匀。

（3）仪器工作条件的选择。按变动一个因素，固定其他因素来选择最佳工作条件的方法，确定实验的最佳工作条件，如表 4-15 所示。

表 4-15　原子吸收分光光度计最佳工作条件

仪器参数	铜元素	钙元素	镁元素
空心阴极灯工作电流/mA	5	5	5
分析线波长/nm	325	422.7	422.7
燃烧器高度/mm	6	9	9
狭缝宽度/mm	0.2	0.5	0.5

（4）系列对照品溶液的测定。在工作条件下，由低浓度到高浓度依次测定各对照品溶液的吸光度 A。

（5）样品溶液的测定。精密吸取水样适量（饮用水：钙 10mL、镁 2mL），置 100mL 容量瓶中（测定铜直接取水样，无需稀释），用 $1\%HNO_3$ 稀释至刻度，摇匀，在相同条件下测定其吸光度 A。

4.11.5　数据记录与处理（表 4-16）

（1）绘制 A-c 标准曲线，计算回归方程及相关系数 r。

（2）根据回归方程计算样品溶液中被测元素的浓度。

表 4-16　实验数据

容量瓶编号	标 1	标 2	标 3	标 4	标 5	样品
A						—
$c_{标}/(g/L)$						
回归方程				r		
$c_{样}/(g/L)$						

4.11.6　注意事项

（1）注意乙炔流量和压力的稳定性。

（2）乙炔为易燃、易爆气体，应严格按操作步骤进行，先通空气，后供给乙炔气体；结束或暂停实验时，要先关乙炔气体，再关闭空气，避免回火。

（3）原子吸收分光光度法常用于微量元素的测定，要注意防止环境、容器、试剂及试样等带来的污染，以保证测定的灵敏度和准确度。

4.11.7　思考题

（1）原子吸收分光光度计测定不同元素时，对光源有何要求？

（2）本实验的主要干扰因素及其消除措施有哪些？

4.11　Determination of Copper（Calcium，Magnesium）in Water by Atomic Absorption Spectrophotometry

4.11.1　Objectives

（1）To master the basic principle of atomic absorption spectrophotometry.

（2）To get familiar with quantitative analysis via using calibration curve method.

（3）To learn the structure, performance and operation of the atomic absorption spectrophotometer.

4. 11. 2　Principles

·　Copper (calcium, magnesium) ions in dilute solutions turns into copper (calcium, magnesium) atom vapor under flame temperature conditions (less than 3000K). Characteristic lines of copper (calcium, magnesium) emitted by copper (calcium, magnesium) hollow cathode lamps can be strongly absorbed by copper (calcium, magnesium) atom vapor. The relationship between the intensity of absorption and the concentration of copper (calcium, magnesium) atom vapor is in accordance with the Beer law. The concentration of copper (calcium, magnesium) atom vapor is proportional to that of copper (calcium, magnesium) ions in the solution under a fixed experimental condition, i. e.

$$A = Kc$$

where A is the absorbance, K is a constant, and c is the concentration of copper (calcium, magnesium) ions in the solution.

Calibration curve method is employed for the quantitative analysis. The values of absorbance of a series of standard solutions and sample solutions are determined, respectively. Plot the working curve with the values of absorbance (A) as the vertical coordinate, and the corresponding concentrations of the standard solutions (c) as the horizontal coordinate, or to calculate the regression equation according to the values of A, c. Then the concentrations of sample solutions can be obtained from the working curve or regression equation, and thus, the mass fractions of copper (calcium, magnesium) in the sample solutions can be worked out.

4. 11. 3　Apparatus and Reagents

(1) Atomic absorption spectrophotometer; copper (calcium, magnesium) hollow cathode lamp; acetylene steel cylinder; air compressor.

(2) Volumetric flask; transfer pipette.

(3) 0. 1g/L copper reference solution; 0. 005g/L magnesium reference solution; 0. 1g/L calcium reference solution.

(4) 1% HNO_3 (guarantee reagent) solution; deionized water.

(5) Sample: Drinking water.

4. 11. 4　Procedures

1. Preparation of a series of copper reference solutions

Accurately transfer 0. 1g/L copper reference solution 0. 00mL, 0. 50mL, 1. 00mL, 1. 50mL, 2. 00mL and 2. 50mL into six 100mL volumetric flasks, respectively. Dilute to the mark with 1% HNO_3 solution and mix to uniform. The concentrations of this series of copper reference solutions are 0.00mg/L, 0.50mg/L, 1.00mg/L, 1.50mg/L, 2.00mg/L and 2.50mg/L, respectively.

2. Preparation of a series of calcium and magnesium reference solutions

Accurately transfer 0.1g/L calcium reference solution 2.00mL, 4.00mL, 6.00mL, 8.00mL and 10.00mL into five 100mL volumetric flasks, respectively. Then accurately transfer 0.005g/L magnesium reference solution 2.00mL, 4.00mL, 6.00mL, 8.00mL and 10.00mL into the corresponding volumetric flasks, respectively. Dilute to the mark with 1% HNO_3 solution and mix to uniform. The concentrations of this series reference solutions contain 2.00mg/L, 4.00mg/L, 6.00mg/L, 8.00mg/L and 10.00mg/L of calcium, and 0.10mg/L, 0.20mg/L, 0.30mg/L, 0.40mg/L and 0.500mg/L of magnesium, respectively.

3. The optimization of the working conditions

The working conditions are optimized by altering one factor in turn while fixing the others. Table 4-15 shows the details.

Table 4-15　The optimized working conditions of the atomic absorption spectrophotometer

Working conditions	Copper	Calcium	Magnesium
Working current of the hollow cathode lamp / mA	5	5	5
Wavelength of the analysis line / nm	325	422.7	422.7
Height of the combustor / mm	6	9	9
Width of the slit / mm	0.2	0.5	0.5
Flow rate of acetylene / (L/min)	1.6	1.6	1.6

4. Determination of the series of reference solutions

Measure the values of absorbance (A) of the reference solutions in the order of low to high concentration under the working conditions.

5. Determination of the sample solution

Accurately transfer an appropriate amount of the water sample (drinking water: 10.00mL for the determination of calcium; 2.00mL for the determination of magnesium) into a 100mL volumetric flask (take the water sample directly without dilution when measuring the content of copper). Dilute to the mark with 1% HNO_3 solution and mix to uniform. Measure the value of absorbance under the same working conditions.

4. 11. 5 Data Recording and Processing （Table 4-16）

（1）Plot the A-c calibration curve，and calculate the regression equation and the correlation coefficient （r）.

（2）Calculate the concentration of the element in the sample solution based on the regression equation.

Table 4-16 The recording of experiment

Sample No.	1	2	3	4	5	Sample
A						—
$c_{reference}$/（mg/L）						
Regression equation				r		
c_{sample}/（mg/L）						

4. 11. 6 Cautions

（1） Note the stability of the flow rate and pressure of acetylene.

（2） Acetylene is a flammable and explosive gas. Therefore， the operation procedures must be strictly obeyed. The acetylene gas should be supplied after the air， and be shut off before the air in case of backfiring.

（3） The atomic absorption spectrophotometry is usually applied for the determination of trace elements， so contamination coming from the environment， containers， reagents， and samples， etc. should be avoided to ensure the sensitivity and accuracy.

4. 11. 7 Questions

（1） What is the requirement in light source for measuring different elements by using the atomic absorption spectrophotometer?

（2） What are the main interference factors in this experiment and how to eliminate them?

4.12 原子荧光光谱法测定饮用水中镉（Cd）的含量

4. 12. 1 目的要求

（1）掌握原子荧光光谱法的基本原理。
（2）熟悉用标准曲线法进行定量测定。
（3）了解原子荧光分光光度计的基本结构、性能及操作方法。

4. 12. 2 基本原理

原子荧光光谱法是通过测量待测元素的原子蒸气在辐射能激发下所产生的荧光发射

强度，来测定待测元素含量的一种光谱分析方法。

在含镉的稀溶液中加入硫脲和二价钴离子作为增敏剂，酸性条件下，可被还原剂硼氢化钾还原成镉的挥发性组分，以氩气为载气，将产生的镉的挥发性组分导入电热石英原子化器中进行原子化。在高强度镉空心阴极灯的照射下，基态镉原子被激发至高能态，在去活化回到基态时，发射出特征波长的荧光，当仪器和操作条件一定时，其荧光强度与被测液中的镉浓度成正比（$I_f = \alpha c$，α 为系数），从而进行定量分析。定量方法采用标准曲线法，可求出水样中镉的含量。

4.12.3　仪器与试剂

（1）AFS-230E 型原子荧光光度计；高强度镉空心阴极灯。

（2）50mL 容量瓶；吸量管。

（3）镉（Cd）标准储备液（1mg/mL，国家标准物质中心）；硫脲溶液（AR，100g/L）；氯化钴溶液（AR，含 Co^{2+} 100μg/mL）；硼氢化钾溶液（AR，20g/L）；盐酸溶液（GR，2.0%）；所用纯水均为亚沸蒸馏水。

（4）氩气（99.99%）。

（5）样品：饮用水。

4.12.4　实验步骤

（1）对照品溶液的制备。精密吸取 1mg/mL 的镉（Cd）标准储备液 1mL，置 10mL 容量瓶中，加去离子水稀释至刻度，得 0.1mg/mL 镉标准使用液；精密吸取该标准使用液 1mL 至 1000mL 容量瓶中，加去离子水稀释至刻度，得 0.1μg/mL 镉标准使用液。

（2）系列对照品溶液的配制。精密吸取镉标准使用液（0.1μg/mL）4mL，转移至 50mL 容量瓶中，加 100g/L 硫脲溶液 10mL，100μg/mL 氯化钴溶液 0.5mL，加 2% 盐酸至刻度，摇匀，即得含镉 8μg/L 的镉标准溶液。再采用逐级稀释法制得含镉 4、2、1、0.5μg/L 的镉标准溶液，另随行配一空白溶液。

（3）样品溶液配制。精密吸取水样 25mL，置 50mL 容量瓶中，按"系列对照品溶液的配制"项下操作。

（4）仪器条件。灯电流：60mA；负高压：260V；原子化器高度：9mm；载气流量：700mL/min。进样体积 0.5mL。载流：2.0% 盐酸。

（5）测定。设定好仪器最佳工作条件，点燃原子化器，稳定后在 2% 盐酸介质中，以硼氢化钾（20g/L）作还原剂，进行测定。连续用空白溶液进样，待读数稳定后，从低浓度至高浓度依次测定系列标准溶液，最后测定样品溶液的荧光强度值（I_f）。

4.12.5　数据记录与处理（表 4-17）

仪器以荧光强度值（I_f）为纵坐标，以镉标准溶液浓度（c）为横坐标自动绘制标准曲线，计算回归方程 $I_f = ac + b$，计算水样中镉的浓度。

表 4-17 实验数据

容量瓶编号	标 1	标 2	标 3	标 4	标 5	样品
I_f						
$c_{标}/(\mu g/L)$						—
回归方程				r		
$c_{样}/(\mu g/L)$						

4.12.6 注意事项

配制和测定时应避免溶液的污染，以及系列对照品溶液的浓度差造成的交叉污染。所以在测定完浓度高的溶液后，必须再次测定空白溶液，清洗可能残留在管道中的金属，减小误差。

4.12.7 思考题

（1）比较原子荧光光谱法与原子吸收光谱法。
（2）实验中加入硫脲和氯化钴溶液的作用是什么？

4.13 薄层色谱法分离及鉴别药物组分

4.13.1 目的要求

（1）掌握薄层板的制备方法。
（2）掌握 R_f 值及分离度的计算方法。
（3）了解薄层色谱法在复方制剂分离、鉴别中的应用。

4.13.2 基本原理

薄层色谱法系指将吸附剂或载体均匀的涂布于玻璃板等平板上形成薄层。根据同一成分在相同的色谱条件下应有相同的色谱行为，因此，在一定的色谱条件下，采用对照法，利用与对照品相同的位置有相同颜色的斑点可鉴别为同一成分，依此用以药物进行定性鉴别，杂质检查及含量测定。

通常将对照品、样品溶液分别点在同一块薄层板上，选择合适的展开剂，利用吸附剂对不同组分具有不同的吸附能力，展开剂对不同组分具有不同解吸能力而分离。将分离后的薄层板在日光或在紫外分析仪下检视，根据对照品斑点的位置和 R_f 值，对样品中的各斑点进行定性鉴别（图 4-9），并可以计算样品溶液

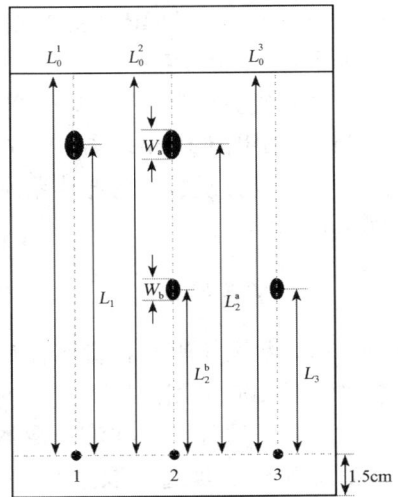

图 4-9 R_f 值及分离度示意图

中相邻两斑点的分离度 R_s。

(1) 比移值 $R_f = \dfrac{\text{原点至斑点中心的距离}(L)}{\text{原点至溶剂前沿的距离}(L_0)}$

(2) 分离度 $R_s = \dfrac{2(L_a - L_b)}{w_a + w_b}$

式中，L_a 和 L_b 分别为两组分原点至斑点中心的距离；w_a 和 w_b 分别为两组分斑点的纵向直径。$R_s = 1.0$ 时，相邻两组分斑点基本分开。

硅胶 GF_{254nm} 是薄层分析法常用的吸附剂，通过样品展开后形成的荧光斑点或暗斑进行分析。

复方磺胺甲噁唑片为复方制剂，含磺胺甲噁唑（SMZ）和甲氧苄氨嘧啶（TMP）。在硅胶 GF254nm 薄层板上，经适宜展开剂展开后，在 254nm 下检视有荧光暗斑，实现鉴别。

三黄片由大黄、黄芩浸膏和盐酸小檗碱组成，是一种具有清热泻火、消炎利便功效的常用中成药。采用盐酸小檗碱和黄芩苷为对照，在硅胶 GF254nm 薄层板上，经适宜展开剂展开后，在 254nm 下检视有荧光暗斑，从而进行鉴别。

4.13.3 仪器与试剂

1. 通用仪器与试剂

（1）紫外分析仪；双槽展开缸；微量注射器（或毛细管）；玻璃板；乳钵；牛角匙。
（2）硅胶 GF_{254}（薄层层析用）；0.5%～0.7%（g/mL）羟甲基纤维素钠（CMC-Na）水溶液。

2. 复方磺胺甲噁唑片实验

（1）SMZ、TMP 对照品溶液：分别称取磺胺甲噁唑 0.2g、甲氧苄氨嘧啶 40mg，各加甲醇 10mL 溶解。
（2）复方磺胺甲噁唑片样品溶液：称取本品细粉适量（约相当于磺胺甲噁唑 0.2g），加甲醇 10mL，超声 15min，滤过，取滤液。
（3）复方磺胺甲噁唑片鉴别展开剂。三氯甲烷-甲醇-二甲基甲酰胺（体积比 20：20：1）。

3. 三黄片实验

（1）盐酸小檗碱，黄芩苷对照品溶液。分别称取盐酸小檗碱 0.02g、黄芩苷 0.1g，各加甲醇 100mL 溶解。
（2）三黄片样品溶液。取本品 5 片，除去包衣，研细，取 0.25g 加甲醇 5mL，超声处理 5min，滤过，取滤液。
（3）三黄片鉴别展开剂。乙酸乙酯-丁酮-甲酸-水（体积比 10：7：1：1）。

4. 13. 4　实验步骤

1. 黏合薄层板的铺制

称取 CMC-Na 6g，置于 100mL 水中，加热使其溶解，混匀，放置 1 周待澄清后备用。称取硅胶 GF_{254} 7g 置乳钵中，加入 CMC-Na 上清液 20mL，待充分研磨均匀后，将糊状的吸附剂平铺在干燥洁净的玻璃板（规格 10cm×20cm）上。由于糊状物具有一定的流动性，可两头颠动玻璃板，使其均匀的流布于整块玻璃板上而获得均匀的薄层板。将其平放晾干，再在 105～110℃下活化 1h，贮于干燥器中备用。

2. 复方磺胺甲噁唑片的鉴别

在距薄层板底边 1.5cm 处用铅笔轻轻划一起始线，用微量注射器分别点 SMZ、TMP 对照品溶液及复方磺胺甲噁唑片样品溶液各 5uL，斑点直径不超过 2～3mm。待溶剂挥发后，将点有样品的一端浸入三氯甲烷-甲醇-二甲基甲酰胺（体积比 20：20：1）展开剂中上行法展开，待展开剂上移约 10cm 时，取出薄层板，立即用铅笔划出溶剂前沿。在通风橱内将展开剂挥尽后，分别在紫外分析仪 365nm 和 254nm 下检视，标出各斑点的位置和外形。

3. 三黄片的鉴别

方法同"复方磺胺甲噁唑片的鉴别"，所点样品为盐酸小檗碱，黄芩苷对照品溶液和三黄片样品溶液，展开剂为乙酸乙酯-丁酮-甲酸-水（体积比 10：7：1：1）。

4. 13. 5　数据记录与处理（表 4-18）

（1）观察并记录各斑点颜色。
（2）测量 L_0 和 L 值，计算比移值 R_f。
（3）计算样品中 2 组分的分离度 R_s。
（4）对样品中的斑点做出定性结论。

表 4-18　实验数据　　　　　　　$L_0=$ _____ cm

项目	对照品		样品	
	SMZ（盐酸小檗碱）	TMP（黄芩苷）	斑点 a	斑点 b
颜色				
L/cm				
R_f				
R_s	—	—		
结论	—	—		

4. 13. 6　注意事项

（1）在乳钵中混合硅胶 GF_{254} 和 CMC-Na 黏合剂时，注意应充分研磨均匀，并朝同一方向研磨，去除表面气泡后再铺板。

(2) 点样时，微量注射器针头切不可损坏薄层表面。

(3) 层析缸必须密封，否则溶剂易挥发，从而改变展开剂比例，影响分离效果。

(4) 展开剂用量不宜过多，否则溶液移行速度快，分离效果受影响，但也不可过少，以免分析时间过长。一般只需满足薄层板浸入 0.3～0.5cm 的用量即可。

(5) 展开时，切勿将起始线浸入展开剂中。

(6) 展开剂不可直接倒入水槽，必须倒入指定的废液桶中统一处理。

4.13.7　思考题

(1) 制备硅胶 GF_{254} 黏合薄层板时，应注意哪些问题？

(2) 影响薄层色谱 R_f 值的因素有哪些？

(3) 薄层板的主要显色方法有哪些？

4.13　Separation and Identification of Ingredients in Pharmaceuticals by Thin-Layer Chromatography

4.13.1　Objectives

(1) To master how to prepare thin-layer chromatography plates.

(2) To master how to calculate the R_f value and resolution.

(3) To learn the application of thin-layer chromatography to the separation and identification of components in compound pharmaceutical preparations.

4.13.2　Principles

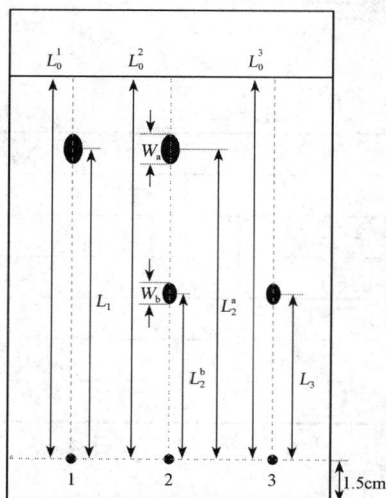

Figure 4-9　The sketches of R_f and R_s

Thin-layer chromatography (TLC) spreads the adsorbent or carrier uniformly on a plate, such as a glass plate, to form a thin layer. Since the same compound represents the same chromatographic behavior under the same chromatographic conditions, the analyte can be identified as the same compound if the spot moves to the same location and presents the same color as that of the reference. Therefore, this technique can be applied to the qualitative identification, impurity test and assay for pharmaceuticals.

Usually, the reference solution and sample solution are individually spotted on the same plate. By choosing an appropriate developer, the components can be separated because of the different adsorption capacities of the adsorbent and the different desorption capacities of the developer for different components. Then, the separated plate is inspected in daylight or in an ultraviolet analyzer. Finally, the spots of the sample can be qualitatively identified according to the locations and R_f values of those of the reference (Figure 4-9), and the resolutions (R_s) between the adjacent spots of the sample can be calculated as well.

1. R_f value

$$R_f = \frac{\text{The distance between the initial spotting site and the center of the spot } (L)}{\text{The distance between the initial spotting site and the solvent front } (L_0)}$$

2. Resolution

$$R_s = \frac{2(L_a - L_b)}{w_a + w_b}$$

where L_a and L_b are the distances of the two components between the initial spotting sites and the center of the spots; w_a and w_b are the longitudinal diameters of the two spots, respectively. The two spots can be considered basically separated if $R_s = 1.0$.

Silica gel GF_{254nm} is a commonly used adsorbent in TLC, which analyzes samples by forming fluorescent or dark spots after developing.

The compound sulfamethoxazole tablet is a compound pharmaceutical preparation, containing sulfamethoxazole (SMZ) and trimethoprim (TMP). The identification can be performed by developing with an appropriate developer on the silica gel GF_{254nm} TLC plate and inspecting the dark spots at 254nm.

Rheum palmatum L, extract of Radix Scutellariae and berberine hydrochloride are three major ingredients in the *Sanhuang* tablet, which is a commonly used traditional Chinese medicine (TCM) patent prescription for clearing heat, discharging fire, diminishing inflammation and relieving constipation. The identification can be performed by using berberine hydrochloride and baicalin as the references, developing with an appropriate developer on the silica gel GF_{254nm} TLC plate, and inspecting the dark spots at 254nm.

4.13.3　Apparatus and Reagents

(1) Ultraviolet analyzer; developing tank with double grooves; microsyringe (or capillary); glass plate; mortar; horn spoon.

(2) SMZ and TMP reference solutions: Individually weigh 0.2g SMZ and 40mg TMP, and separately add 10mL methanol. Berberine hydrochloride and baicalin reference solutions: Individually weigh 0.02g berberine hydrochloride and 0.1g baicalin, and separately add 10mL methanol.

(3) The sample solution of the compound sulfamethoxazole tablet: Weigh an

appropriate amount of sample powder（equivalent to about 0. 2g SMZ）and add 10 mL methanol. Dissolve the sample by ultrasonic agitation for 15min，and then filter the solution. Take the filtrate as the sample solution. The sample solution of the *Sanhuang* tablet：Weigh and powder 5 tablets with coating removed. Transfer 0. 25g the powdered tablets into 5 mL methanol. Dissolve the sample by ultrasonic agitation for 5min，and then filter the solution. Take the filtrate as the sample solution.

（4）The developer for the identification of the compound sulfamethoxazole tablet：trichloromethane-methanol-dimethylformamide（体积比 20：20：1）. The developer for the identification of the *Sanhuang* tablet：ethyl acetate-butanone-formic acid-water（体积比 10：7：1：1）.

（5）Silica gel GF$_{254}$（for TLC）；0. 5%～0. 7%（g/mL）aqueous solution of sodium carboxymethyl cellulose（CMC-Na）.

4. 13. 4　Procedures

1. Preparation of the bonded TLC plate

Weigh 5～7g CMC-Na into 100mL water. Dissolve it by heating，and then mix to uniform. Keep it still for one week. Weigh 7g silica gel GF$_{254nm}$ into the mortar，and add 20mL the supernatant of CMC-Na. Triturate the mixture to a homogeneous paste，and spread the paste on dry and clean glass plates（10cm× 20cm）. A uniform TLC plate can be obtained by vibrating the glass plate at both sides to disseminate the paste evenly on the whole plate for the paste is flowable. Allow the plate to dry on a horizontal plane，activate at 105～110℃ for 1 h and store in a desiccator.

2. Spotting and developing

Mark an initial spotting line spaced 1. 5cm from the end of the TLC plate. Individually apply 5μL the SMZ，TMP（or berberine hydrochloride，baicalin）reference solutions and the corresponding sample solutions to the TLC plate using a microsyringe. The diameters of the spots should be not more than 2～3mm. After the solvent evaporates，place the plate into the trichloromethane-methanol-dimethylformamide（20：20：1）[or ethyl acetate-butanone-formic acid-water（10：7：1：1）] developer with the test spots toward the bottom. Develop the samples using the ascending method until the solvent ascends about 10cm. Remove the plate from the developing tank，and immediately mark the solvent front with a pencil. Air-dry the plate in a fume hood. Inspect the plate at 365nm and 254nm，respectively，in the ultraviolet analyzer，and mark the positions and profiles of the spots.

4. 13. 5　Data Recording and Processing（Table 4-18）

（1）Observe and record the colors of the spots.

(2) Measure the values of L_0 and L, and calculate the R_f value.

(3) Calculate the resolution (R_s) of the two components in the sample.

(4) Deduce a qualitative conclusion related to the spots of the sample.

Table 4-18　The recording of experiment　　　　$L_0 = $ _____ cm

Item	Reference		Sample	
	SMZ (Berberine hydrochloride)	TMP (Baicalin)	Spot a	Spot b
Color				
L/cm				
R_f				
R_s	—	—		
Conclusion	—	—		

4.13.6　Cautions

(1) The mixture of silica gel GF_{254} and CMC-Na binder should be triturated sufficiently in one direction, and the bubbles on the surface should be removed before spreading the plate.

(2) Avoid damaging the surface of the thin layer with the microsyringe when spotting.

(3) The developing tank must be sealed. Otherwise, the composition of the developer will be altered and the separation result will be affected since the solvents are volatile.

(4) The ascending rate of the solution may be too fast and affect the separation result with an excessive amount of the developer. On the other hand, the analysis time may be too long with an insufficient amount of the developer. Therefore, it is usually appropriate for the amount of the developer to be able to dip the plate at about $0.3 \sim 0.5$ cm in depth.

(5) Do not submerge the initial spotting line into the developer during developing.

(6) Pouring developers directly down the drains or sewers is forbidden. It must be followed to pour developers into the appointed waste tanks in order to process them together.

4.13.7　Questions

(1) What should be noticed during the preparation of GF_{254} bonded TLC plates?

(2) What factors may affect the R_f value in thin-layer chromatography?

(3) What are the major visualization methods for TLC plates?

4.14　生物碱的薄层色谱分析

4.14.1　目的要求

（1）掌握薄层色谱的一般操作方法。

（2）了解薄层色谱在分离、鉴定方面的应用。

4.14.2　基本原理

同一成分在相同的色谱条件下应有相同的色谱行为。在一定的色谱条件下，采用对照法，利用与对照品相同的位置有相同颜色的斑点可鉴别为同一成分，据此判断混合样品的组分，如喹啉衍生物类生物碱可用薄层色谱法分离、鉴定（图 4-10）。

硅胶为固定相，对物质的吸附性能与被吸附的物质结构有关。物质极性越小，其吸附能力越小。

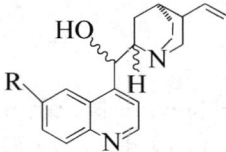

R＝CH₃O　奎宁（左旋），奎尼丁（右旋）

R＝H　辛可宁（右旋），辛可尼丁（左旋）

图 4-10　喹啉衍生物

4.14.3　仪器与试剂

（1）层析缸；预制硅胶板；点样毛细管；喷雾器；电吹风。

（2）展开剂：石油醚-乙酸乙酯-二乙胺（体积比 9：6：2）。

（3）显色剂：改良碘化铋钾试剂。

（4）对照品：0.5％奎宁的氯仿溶液；0.5％辛可宁的氯仿溶液。

（5）待检样品。

4.14.4　实验步骤

（1）点样。取薄层板一块，距板的一端 1.5cm 处，用铅笔轻轻画一横线作为起始线，把点样点的位置空出，两点样间距不小于 1cm，在板的另一端的相应处写上所点样品名称。点样时，选取毛细管比较平整的一边吸取适量样品，将奎宁、辛可宁对照品分别点在两边，混合样品点在中间，轻轻点一下，注意不要破坏薄层。点的直径不大于 3mm。

（2）展开。取展开剂 10mL，倒入层析缸中，将层析缸的一端垫起，将点好样品的薄层板倾斜置于层析缸中没有展开剂的一端，倾斜角度为 15°～20°。预饱和 15min，再小心将色谱缸放平。此时有样品的一端浸入展开剂中，浸没深度约为 0.5cm，注意展开剂不得没过原点。待展开至 5cm 左右时，取出，立即用铅笔标出溶剂前沿，并用电吹风吹干（可吹薄层板的背面）。

（3）显色。在薄层板上喷以改良碘化铋钾试剂，开始少量喷，在有斑点的位置多喷。立即用铅笔标出斑点的位置，并记录斑点的颜色。

4.14.5 实验记录与处理（表 4-19）

（1）观察并记录各斑点颜色。
（2）测量 L_0 和 L 值，计算比移值 R_f。
（3）判断待测样品中含有哪些成分。

表 4-19 实验数据　　　　$L_0 =$ _____ cm

项目	对照品		样品	
	辛可宁	奎宁	斑点 a	斑点 b
颜色				
L/cm				
R_f				
结论	—	—		

4.14.6 思考题

（1）薄层色谱定性的依据及计算方法？
（2）用硅胶薄层色谱分离化合物，其比移值和结构有什么关系？

4.15 氧化铝的活度测定

4.15.1 目的要求

（1）掌握吸附柱和薄层软板的制备方法。
（2）熟悉用柱色谱和薄层色谱测定氧化铝活度的方法。
（3）了解吸附柱色谱和薄层色谱的一般操作方法。

4.15.2 基本原理

（1）氧化铝是常用的固定相吸附剂，它对物质的吸附性能与被吸附的物质结构有关。物质极性越小，氧化铝对其吸附能力越小，如用柱色谱进行分离，物质就越容易流出；如用薄层色谱分离，则比移值越大。氧化铝的吸附能力等级测定方法中较常用的是 Brockmann 法，即观察氧化铝对多种偶氮染料的吸附情况衡量其活度。所用染料的吸附性递增排列顺序为：偶氮苯（1 号）＜对甲氧基偶氮苯（2 号）＜苏丹黄（3 号）＜苏丹红（4 号）＜对氨基偶氮苯（5 号）＜对羟基偶氮苯（6 号），见表 4-20。

表 4-20　染料的编号、名称、结构和颜色

染料编号	染料名称	结构	颜色
1	偶氮苯		淡黄色
2	对甲氧基偶氮苯		淡黄色
3	苏丹黄		橙色
4	苏丹红		紫红色
5	对氨基偶氮苯		黄色
6	对羟基偶氮苯		黄色

（2）氧化铝的活性与含水量有关。含水量越高，吸附性能越小，柱上保留的东西就越少，流出液中的物质就越多，活性越弱，活性级别越高。根据以上染料的吸附情况，可将氧化铝的活度分为五级，用柱色谱法和薄层色谱法判断级别的依据分别见表 4-21 和表 4-22。

表 4-21　氧化铝活度的柱色谱定级法

活度级别 / 染料位置	I	II	III	IV	V
柱上层	2	3	4	5	6
柱下层	1	2	3	4	5
流出液	—	1	2	3	4

表 4-22　氧化铝活度的薄层色谱定级法

活度级别 / 偶氮染料	II	III	IV	V
偶氮苯	0.59	0.74	0.85	0.95
对甲氧基偶氮苯	0.16	0.49	0.69	0.89
苏丹黄	0.01	0.25	0.57	0.78
苏丹红	0.00	0.10	0.33	0.56
对氨基偶氮苯	0.00	0.03	0.08	0.19

4.15.3　仪器与试剂

（1）玻璃柱（长 10cm，内径 1.5cm）；层析缸（25 cm×6.5 cm×3 cm）；玻璃板。

（2）带橡皮套的玻璃棒；小漏斗；精制棉；点样毛细管；10mL 量筒。

（3）2、3 和 4 号染料混合溶液：称取对甲氧基偶氮苯（2 号）、苏丹黄（3 号）、苏丹红（4 号）各 20mg，溶于 10mL 纯的无水苯中，加入适量石油醚至 50mL。

（4）展开剂：苯-石油醚（体积比 1∶4）。

（5）待测活度的氧化铝。

4.15.4　实验步骤

1. 柱色谱法测定氧化铝活度

（1）色谱柱的准备。取一洁净玻璃柱（长 10cm，内径 1.5cm，若不干净，则用洗脱液洗涤），取少量精制棉，用玻璃棒将其捅入（不要太紧），打开活塞，将玻璃柱垂直地夹于滴定管夹上。称取待测活度的氧化铝粉末 6g，将其通过小漏斗注入玻璃柱管内（氧化铝高度约为 6cm）。关紧活塞，用带有胶头的玻璃棒均匀地敲打有氧化铝的柱体部分，使其填装紧密。

（2）活度的测定。打开活塞，用滴管将 5mL 混合染料溶液沿色谱柱壁旋转缓慢加入色谱柱内。取一洁净的小烧杯放置于色谱柱下方，收集流出液，待染料溶液全部通过色谱柱后，立即以干燥的洗脱液 20mL 淋洗色谱柱，控制流速在 20～30 滴/min。

观察和记录流出液的颜色和色谱柱上的颜色及位置，根据表 4-21，判断氧化铝的活度级别。

2. 薄层色谱法测定氧化铝活度

（1）氧化铝软板的制备（干法铺板）。称取待测氧化铝约 15g，撒在洁净、干燥的玻璃板上（玻璃板下面可垫一张白纸），另取比玻璃板宽度稍大的玻璃棒，在两端各绕 3 圈胶布，其距离即为薄层的宽度，其厚度即为薄层的厚度。双手均匀用力，推挤氧化铝至玻璃板的另一端，使成一均匀平坦的薄层。

（2）点样、展开。取氧化铝薄层板一块，距一端 2.5cm 处作为起始线。取点样毛细管一根，点加染料混合液于起始线中点。在色谱缸内放入 10mL 展开剂，预饱和 15min 后展开。待展开剂前沿距起始线约 15cm 时取出。观察各染料的位置和颜色，测定比移值，根据表 4-22 判断氧化铝的活度级别。

4.15.5　数据记录与处理

（1）柱色谱法测定氧化铝的活度（表 4-23）。

表 4-23　实验数据表

位置	颜色	染料
柱上层		
柱下层		
流出液		

氧化铝活度级别为＿＿＿＿＿＿＿＿＿＿级。

（2）薄层色谱法测定氧化铝的活度（表 4-24）。

表 4-24　实验数据表　　　　　　　$L_0=$＿＿＿＿＿＿＿＿＿ cm

项目	对甲氧基偶氮苯	苏丹黄	苏丹红
颜色			
L（cm）			
$R_f=L/L_0$			

氧化铝的活度级别为＿＿＿＿＿＿＿＿级。

4.15.6　注意事项

（1）制备色谱柱时，精制棉用量不要太多，否则影响流速；也不能太少，否则漏液。

（2）染料溶液应小心地加到柱色谱上，注意不要使氧化铝表面受到扰动。

（3）用柱色谱法定级时，为了便于观察现象，可以事先将多余的洗脱液倒掉，待染料快要流出时，再收集。

（4）在氧化铝薄层上点样时，注意不要太用力，以防止吸入氧化铝。

（5）所用溶液为有机溶剂，整个过程注意防水。

（6）展开剂不可直接倒入水槽，必须倒入指定的废液桶中统一处理。

4.15.7　思考题

（1）根据染料的结构，说明极性递增的顺序。

（2）如何改变氧化铝的活度级别？

4.16　有机酸的纸色谱分离及鉴别

4.16.1　目的要求

（1）掌握纸色谱的操作方法。

（2）熟悉纸色谱的分离原理。

（3）了解纸色谱法在分离、定性方面的应用。

4.16.2　基本原理

纸色谱是平面色谱的一种，其固定相是附着在纸纤维上的水，展开剂（流动相）一般为有机溶剂，其固定相极性大于流动相，属于正相分配色谱。不同的有机酸在结构上存在差异，在水中和有机溶剂中的溶解度各不相同。极性大的有机酸在水中溶解度较大，在有机溶剂中溶解度较小，因而有较大的分配系数（K）和较小的比移值（R_f）；反之，极性小的有机酸有较小的分配系数（K）和较大的比移值（R_f），从而达到分离。

同一物质，在相同的色谱条件下，应有相同颜色的斑点和相同的比移值（R_f）。应用对比法，可以判断未知酸中所含有的成分。

4.16.3　仪器与试剂

（1）色谱筒（高 22 cm，内径 5.5 cm）；玻璃挂钩（带塞）；培养皿（直径 12 cm）。

（2）毛细管点样器；电吹风；新华色谱滤纸（中速）；喷雾瓶。

（3）展开剂：分离酒石酸和羟乙酸：正丁醇-醋酸-水（体积比 12：3：5）；分离乙氨酸、丙氨酸和蛋氨酸：正丁醇-冰醋酸-水（体积比 4：1：2）。

（4）显色剂：酒石酸和羟乙酸：0.04％溴甲酚蓝乙醇溶液；乙氨酸、丙氨酸和蛋氨酸：0.2％茚三酮正丁醇溶液。

（5）对照品：2％酒石酸和 2％羟乙酸（均为乙醇溶液）；乙氨酸，丙氨酸，蛋氨酸（均为 1mg/mL）。

（6）样品：未知混合酸乙醇溶液；三种氨基酸混合液。

4.16.4　实验步骤

1. 条形滤纸层析

（1）取色谱滤纸（4cm×15cm），距纸的一端 2 cm 处，用铅笔画一横线作为起始线，并用铅笔标明对照品、样品位置（在起始线上间距为 1～1.5cm 做标记，酒石酸和羟乙酸在滤纸起始线的两边，混合样品点在中间），在色谱纸上端打一孔，使色谱纸能够悬挂于色谱筒内。

（2）点样。用毛细管吸取样品。选取毛细管比较平整的一端吸样，在相应点样位置上轻轻点一下，一般要点样 1～2 次，点的直径一般不大于 3mm，越小越好，必须待溶液挥干后，才可以继续点样或展开。

（3）展开。在色谱筒中倒入展开剂，将点好样的色谱纸悬空挂在密闭色谱筒的挂钩上，预饱和 15～20min。再小心将挂钩往下推动，直至将划起始线的一端浸入展开剂中，注意展开剂不得没过原点。待展开剂前沿离原点 6cm 左右时，取出，立即用铅笔标出溶剂前沿，并用电吹风吹干，直至无酸味。

（4）显色。均匀喷射显色剂。开始少量喷，在有斑点的位置多喷些。显色结束后，立即用铅笔标出斑点位置。

2. 圆形滤纸层析

（1）取直径 12.5 cm 的圆形滤纸，在中心用铅笔画一直径为 1.5cm 的圆，在圆心处戳一个洞，过圆心再画 2 条或 3 条线，使圆形滤纸被 4（或 6）等分。注意在小圆和线交叉的地方不要用铅笔画上痕迹，这是点样的位置。把所点样品的名称标在大圆的边缘，每个对照品对称，待测样品对称。

（2）点样。点样操作同"条形滤纸层析"。

（3）展开。将展开剂倒入一小平皿中，放在培养皿正中。卷一实心的纸芯插在色谱纸正中的洞中，将点好样的滤纸写有字的一面朝上，把纸芯垂直浸入展开剂中，盖上培养皿盖，展开。当展距达到 $4\sim4.5\mathrm{cm}$ 时将滤纸取出，立即用铅笔标出溶剂前沿，并用电吹风吹干，直至无酸味。

（4）显色。显色操作同"条形滤纸层析"。

4.16.5　数据记录及处理

（1）长条滤纸（表 4-25）。

表 4-25　实验数据表　　　　$L_0 = $ _____ cm

项目	对照品		样品	
	酒石酸	羟乙酸	斑点 A	斑点 B
颜色				
L/cm				
R_f				
结论	—	—		

（2）圆形滤纸（表 4-26）。

表 4-26　实验数据表　　　　$L_0 = $ _____ cm

项目	对照品			样品		
	酒石酸（乙氨酸）	羟乙酸（丙氨酸）	蛋氨酸	斑点 A	斑点 B	斑点 C
颜色						
L/cm						
R_f						
结论	—	—	—			

4.16.6　注意事项

（1）色谱纸要平整，不得玷污，操作时可在下面垫一白纸。
（2）条形色谱纸要垂直悬挂，圆形色谱纸要放水平，纸芯要捻成实心的，并竖直放置。
（3）显色前必须把整张色谱纸吹干，直至无酸味为止。
（4）茚三酮对汗液（含氨基酸）能显色，在拿滤纸时应防止手汗污染。
（5）喷洒显色剂的量不要过多，避免显色剂在滤纸上流淌。
（6）展开剂不得倒入下水道中，必须倒入废液桶中统一处理。
（7）铅笔、圆规和直尺自备，不能用钢笔或圆珠笔在色谱纸上做记号。

4.16.7　思考题

（1）纸色谱的固定相是什么？
（2）纸色谱定性的依据及计算方法是什么？

（3）本实验的三种氨基酸 R_f 大小顺序是什么？为什么有这样的排列顺序？

4.17　气相色谱仪的基本操作与系统适应性

4.17.1　目的要求

（1）掌握气相色谱分析的系统适应性检查方法。
（2）掌握气相色谱仪的基本操作方法。
（3）了解气相色谱仪的工作原理和构造。

4.17.2　基本原理

《中国药典》规定，采用色谱法对药物进行定性或定量分析，需对仪器进行适用性试验。如测定柱效率、分离度、拖尾因子等。如检定的结果不符合要求，可通过改变色谱柱（如柱长、载体性能、固定液用量。色谱柱填充质量等）或改变仪器的工作条件（如柱温、载气速率、进样量等），使其达到相关要求。本实验的检定内容包括色谱柱的理论塔板数（n）、塔板高度（H）和分离度（R）。

（1）理论塔板数（n）和理论塔板高度（H）。用于评价柱效率，n 越大，H 越小，柱效率越高。同一色谱柱对于不同化合物的柱效率不一定相同。

$$n = 5.54\left(\frac{t_R}{W_{1/2}}\right)^2 = 16\left(\frac{t_R}{W}\right)^2 \qquad H = \frac{L}{n}$$

式中　　t_R——保留时间，cm 或 s；

$\qquad W_{1/2}$——半峰宽，cm 或 s；

$\qquad W$——峰底宽，cm 或 s；

$\qquad L$——柱长，mm。

（2）分离度（R）。分离度是判断相邻 2 组分在色谱柱中总分离效能的指标。分离度≥1.5，表示达到基线分离。

$$R = \frac{2(t_{R_2} - t_{R_1})}{W_1 + W_2} = \frac{2(t_{R_2} - t_{R_1})}{1.699(W_{1/2(1)} + W_{1/2(2)})} = \frac{1.177(t_{R_2} - t_{R_1})}{(W_{1/2(1)} + W_{1/2(2)})}$$

4.17.3　仪器与试剂

（1）气相色谱仪；氢火焰离子化检测器。
（2）色谱柱：20%聚乙二醇 20M，柱长 2m；10μL 微量注射器。
（3）样品：0.05%苯-甲苯（体积比 1∶1）的二硫化碳溶液，所用试剂均为 AR 级。

4.17.4　实验步骤

（1）接通载气，开启仪器，按以下色谱条件操作。

气体流速：载气：氮气，流速根据所用色谱柱确定，填充柱 20～50mL/min，毛细管柱 1～3 mL/min；燃气：氢气 40mL/min；助燃气：空气 350mL/min。温度：气化室：120℃；柱箱：80℃；检测器：130℃。

（2）点火后，待基线平直。打开色谱工作站，设定工作参数。

（3）吸取样品溶液 $0.6\mu L$，注入气相色谱仪。根据色谱图上各组分峰的参数，按公式计算理论塔板数（n）、理论塔板高度（H）及分离度（R）。

4.17.5　数据记录与处理（表 4-27）

（1）记录色谱条件：

色谱柱_____。柱温_____℃。

载气：_____。载气流速_____mL/min。

检测器_____。检测器温度_____℃。量程_____。

辅助气：H_2_____mL/min，空气_____mL/min。

气化室温度：_____℃。

（2）记录组分名、保留时间 t_R、半峰宽 $W_{1/2}$（或峰底宽 W）等参数，分别计算苯和甲苯的理论塔板数（n）、理论塔板高度（H）及两组分的分离度（R）。

表 4-27　实验数据

项目	t_R	W（$W_{1/2}$）	n	H	R
苯					
甲苯					

4.17.6　注意事项

（1）实验前认真预习气相色谱仪使用方法及使用注意事项。本实验也可采用 TCD 检测器。

（2）注意使用微量注射器的操作要领，尽量避免针头和针芯被折弯。进样前应先用被测溶液润洗数次，吸取样品时，如有气泡，可将针尖朝上，推动针芯，赶出气泡。

（3）计算时应注意 t_R 和 W 或 $W_{1/2}$ 单位的一致性。

（4）实验完毕，注意物品归位，做好仪器使用登记。

4.17.7　思考题

（1）选择柱温的原则是什么？如样品组分中最高沸点为 100℃，则柱温、气化室及检测器的温度应怎样选择以进行初步试验？

（2）为什么检测器温度必须大于柱温？

（3）色谱柱的理论塔板数受哪些因素影响？分离度是否越大越好？

4.17　Basic Operations of the Gas Chromatographer（GC）and Performance Checking of the GC Column

4.17.1　Objectives

（1）To master how to check the performance of a GC column.

(2) To master how to operate a GC instrument.

(3) To understand the working principle and structure of a GC instrument.

4.17.2 Principles

According to the regulatory requirement of Chinese Pharmacopoeia (Ch. P), the performance of a chromatographic instrument should be checked before its application in quantitative or qualitative analysis of pharmaceuticals, for such items as the column efficiency, the resolution and the tailing factor. If the required performance is not achieved, some measures should be taken, such as replacing columns (the length of the column, the performance of the supporter, the amount of the stationary liquid and the quality of the column packing, etc.) or adjusting the working conditions of the instrument (the column temperature, the gas flow and the injection volume, etc.). The checking items of this experiment include theoretical plate numbers (n), theoretical plate heights (H), and resolutions (R) of the chromatographic column.

(1) Theoretical plate number (n) and theoretical plate height (H). They are employed to evaluate the efficiency of a chromatographic column. The larger n or the smaller H is, the higher efficiency is. The efficiency of the same chromatographic column may be different for different compounds. The two parameters can be calculated by the following equations, respectively:

$$n = 5.54 \left(\frac{t_R}{W_{1/2}} \right)^2 = 16 \left(\frac{t_R}{W} \right)^2 \qquad H = \frac{L}{n}$$

where t_R is the retention time (cm or s), $W_{1/2}$ is the half-peak width (cm or s), W is the peak width (cm or s), and L is the column length (mm).

(2) Resolution (R). Resolution is an index to evaluate the total separation efficiency of a column for two adjacent compounds. $R \geqslant 1.5$ indicates that the two compounds should meet the baseline separation. R can be calculated according to the following equation:

$$R = \frac{2(t_{R_2} - t_{R_1})}{W_1 + W_2} = \frac{2(t_{R_2} - t_{R_1})}{1.699(W_{1/2(1)} + W_{1/2(2)})}$$

4.17.3 Apparatus and Reagents

(1) Gas Chromatographer (GC) equipped with a hydrogen flame ionization detector (FID).

(2) Chromatographic column: 20% polyethylene glycol (20M); length: 2m.

(3) Micro syringe: 10μL.

(4) Samples: 0.05% benzene-methyl benzene (1 : 1, V/V) dissolved in carbon disulfide (all the reagents are analytical grade).

4.17.4　Procedures

（1）Open the valve of the carrier gas cylinder and switch the instrument on. Operate the instrument according to the following chromatographic conditions.

Gas flow：carrier gas：N_2 （30mL/min）; combustion gas：H_2 （40mL/min）; auxiliary gas：air （350mL/min）.

Temperatures：vaporizer：120℃; oven：80℃; detector：130℃.

（2）Light the flame and wait until the baseline is straight. Start the chromatography workstation and set the operating parameters.

（3）Inject 0.6 μL sample solution into the GC. According to the peak parameters on the chromatogram of each compound, calculate the theoretical plate numbers （n）, the theoretical plate heights （H） and the resolutions （R） via the equations mentioned above, respectively.

4.17.5　Data Recording and Processing （Table 4-27）

（1）Record the chromatographic conditions.

Chromatographic column：_____

Column temperature：_____℃

Carrier gas：_____　Flow rate：_____ mL/min

Detector：_____　Detector temperature：_____℃　Measuring range：_____

Assistant gas：H_2_____mL/min, Air _____mL/min

Vaporizer temperature：_____℃

（2）Record the compound names, the retention times t_R and the half-peak widths $W_{1/2}$ （or the peak widths W）, and calculate the theoretical plate numbers （n）, the theoretical plate heights （H） and the resolution （R） of benzene and methyl benzene.

Table 4-27　The recording of experiment

Sample No	t_R	W （$W_{1/2}$）	n	H	R
Benzene					
Methyl Benzene					

4.17.6　Cautions

（1）The User's Guide to Instrument Operation should be previewed before class. In addition, TCD detector can also be used in this experiment.

（2）Keep in mind the micro-syringe operating procedures and avoid bending the needle head and plunger. The inner wall of the micro-syringe should be rinsed several times by the sample solution before injection. Some air bubbles might emerge in micro-syringe when sucking sample solution，which can be expelled by pushing the plunger with the needle head upwards.

（3）It must be noticed that the units of t_R and W or $W_{1/2}$ should be kept in consistency during the calculation.

（4）Return the apparatus and reagents，and register the usage record of GC when finishing the experiment.

4.17.7　Questions

（1）What is the principle of choosing column temperature? How to choose temperatures of the column，the vaporizer and the detector for the preliminary test if the highest boiling point of the components is 100℃?

（2）Why should the temperature of the detector be higher than that of the column?

（3）What factors may affect the theoretical plate number of a chromatographic column? Is the resolution the larger the better?

4.18　气相色谱法定量分析（内标法）

4.18.1　目的要求

（1）掌握气相色谱仪的使用方法。
（2）掌握内标法测定含量的方法及其计算。
（3）了解气相色谱仪的工作原理、构造及使用方法。

4.18.2　基本原理

（1）气相色谱的定量方法常采用内标法，内标法又分标准曲线法、对比法（一点法）、校正因子法。使用内标法可抵消仪器稳定性差，进样量不准确等带来的误差。内标法是选择样品中不含有的纯物质作为内标物加入待测样品溶液中，以待测组分和内标物质的响应信号对比，测定待测组分的含量。

（2）内标校正因子法可由对照品溶液得到校正因子。在相同条件下分析，若已知样品质量及样品中内标物 s 的准确质量，即可由样品色谱图的待测组分 i 和内标物 s 的峰面积计算被测组分质量分数。

$$f' = \frac{f_i}{f_s} = \frac{m_i/A_i}{m_s/A_s} \qquad \frac{m_i}{m_s} = f' \times \frac{A_i}{A_s}$$

式中　f'——校正因子；

　　　m_i——待测组分的质量；

　　　m_s——内标物的质量；

　　　A_i——待测组分的峰面积；

　　　A_s——内标物的峰面积。

$$\omega_{待测组分} = \frac{m_{ix}}{m_{样}} \times 100\% = \frac{m_{ix}}{m_{sx}} \times \frac{m_{sx}}{m_{样}} \times 100\% = f' \times \frac{A_{ix}}{A_{sx}} \times \frac{m_{sx}}{m_{样}} \times 100\%$$

式中　A_{ix}——样品中待测组分的峰面积；

　　　A_{sx}——样品中内标物的峰面积；

　　　m_{sx}——样品中内标物的质量；

　　　$m_{样}$——样品质量。

（3）内标对比法是在校正因子未知时内标法的一种应用。在药物分析中，校正因子多是未知的，所以内标对比法是气相色谱法中常用的定量分析方法。在同体积的对照品溶液和样品溶液中，各加入相同量的内标物 s，分别进样，按下式计算样品溶液中待测组分的质量分数。

$$c_{i样品} = \frac{(A_i/A_s)_{样品}}{(A_i/A_s)_{对照}} \times (c_i)_{对照}$$

（4）甲苯是药物制备过程中常见的一种有机溶剂，在成品中常有残留，其检出限量为 0.089%。甲苯的测定方法可采用 GC 法，以苯为内标，按下式计算试样中甲苯的质量分数。

$$\omega_{甲苯} = \frac{c_{i样品} \times D}{m_s} \times 100\%$$

4.18.3　仪器与试剂

（1）气相色谱仪；氢火焰离子化检测器。

（2）色谱柱：20% 聚乙二醇 20mol/L，柱长 2m；10μL 微量注射器。

（3）容量瓶；吸量管。

（4）0.89g/L 甲苯对照品储备液（二硫化碳溶液）；0.89g/L 内标物苯储备液，所用试剂均为 AR 级。

（5）样品：吡洛卡品。

4.18.4　实验步骤

（1）色谱条件。气体流速：载气：氮气，流速根据所用色谱柱确定，填充柱 20～50mL/min，毛细管柱 1～3 mL/min；燃气：氢气 40mL/min；助燃气：空气 350mL/min。温度：气化室：120℃；柱箱：80℃；检测器：130℃。

（2）对照品溶液配制。精密吸取甲苯对照品储备液（0.89g/L）1mL 于 10mL 容量瓶中，加二硫化碳稀释至刻度；精密吸取该溶液 1mL 于 10mL 容量瓶中，精密加入内标物苯储备液（0.89g/L）1mL，加二硫化碳至刻度，摇匀。

（3）样品溶液的配制。取样品吡洛卡品 1g，精密称定，至 10mL 容量瓶中，精密加入内标物苯（0.89g/L）1mL，加二硫化碳至刻度，摇匀。

（4）将对照品与样品溶液分别进样 0.6μL，平行 2 次。根据色谱图上各组分的峰面积，按公式计算校正因子和吡咯卡品中甲苯的质量分数。

4.18.5　数据记录与处理（表 4-28）

（1）内标校正因子法数据记录及结果。

表 4-28 实验数据表

对照品＿＿＿＿＿＿＿＿mg；内标物＿＿＿＿＿＿＿＿＿mg；样品＿＿＿＿＿＿＿mg

项目	A_i	A_s	m_s	f'	$\bar{f}_i$	$w_{组分}$	$\bar{w}_{组分}$
对照品 1						—	
对照品 2						—	—
样品 1							
样品 2							

（2）内标对比法数据记录及结果。

表 4-29 实验数据表   对照品＿＿＿＿＿＿g/L；样品＿＿＿＿＿＿g

项目	A_i	A_s	A_i/A_s	含量	平均含量
对照品 1				—	
对照品 2				—	
样品 1					
样品 2					

4.18.6 思考题

（1）内标法对内标物的要求是什么？

（2）内标法的优缺点是什么？比较内标对比法与内标校正因子法。

（3）甲苯的溶剂残留是否可以采用 HPLC 法？为什么首选 GC 法？

4.18 Quantitative Analysis by Gas Chromatography

(Internal Standard Method)

4.18.1 Objectives

（1）To master how to operate a GC instrument.

（2）To master the internal standard method and its calculation for quantitative analysis.

（3）To understand the working principle and structure of a GC instrument.

4.18.2 Principles

（1）Internal standard method is often employed in gas chromatography for quantitative analysis, including calibration curve approach, single point calibration approach and quantitative calibration factor approach. The errors caused by poor stability of the instrument and inaccuracy of the injection volume can be offset by internal standard method. This method is conducted by choosing a pure chemical that does not exist in samples and adding it into the sample solution, then comparing the response signals between each investigated compound and the internal standard to determine the concentration of the analyte.

(2) For the quantitative calibration factor approach, the quantitative calibration factor can be obtained via the reference solution. If the exact mass of the sample and that of the internal standard (s) are both known, the mass fraction of the analyte can be calculated according to the peak areas of the analyte (i) and the internal standard (s) obtained under the same chromatographic condition.

$$f' = \frac{f_i}{f_s} = \frac{m_i/A_i}{m_s/A_s} \qquad \frac{m_i}{m_s} = f' \times \frac{A_i}{A_s}$$

where f' is the quantitative calibration factor, m_i is the mass of the analyte, m_s is the mass of the internal standard, A_i is the peak area of the analyte, and A_s is the peak area of the internal standard.

$$w_{analyte} = \frac{m_{ix}}{m_{sample}} \times 100\% = \frac{m_{ix}}{m_{sx}} \times \frac{m_{sx}}{m_{sample}} \times 100\% = f' \times \frac{A_{ix}}{A_{sx}} \times \frac{m_{sx}}{m_{sample}} \times 100\%$$

where A_{ix} is the peak area of the analyte, A_{sx} is the peak area of the internal standard, m_{sx} is the mass of the internal standard, and m_{sample} is the mass of the sample.

(3) The single point calibration approach is usually adopted when the quantitative calibration factors are unknown. It is the most commonly used approach for quantitative analysis in pharmaceutical analysis since the quantitative calibration factors of most of pharmaceuticals are unavailable. In this approach, the same amount of internal standard (s) is individually added into reference and sample solution with the same volume; the solutions are separately injected into gas chromatographic system for quantitative analysis. The mass fraction of the analyte in the sample solution can be calculated by the following equation:

$$c_i\%_{sample} = \frac{(A_i/A_s)_{sample}}{(A_i/A_s)_{reference}} \times c_i\%_{reference}$$

(4) Methyl benzene is one of the commonly used organic solvents in the preparation of pharmaceuticals, and often resides in the final products. Its detection limit is 0.089%. Gas chromatography can be applied to the assay of methyl benzene by using benzene as the internal standard. The mass fraction of methyl benzene in the sample can be calculated by the following equation:

$$w_{Methyl\ Benzene} = \frac{c_i\%_{sample} \times D}{m_s} \times 100\%$$

4.18.3　Apparatus and Reagents

(1) Gas chromatograph; hydrogen flame ionization detector; 10 μL micro syringe.

(2) Stationary phase: 20% polyethylene glycol (PEG) −20mol/L.

(3) Volumetric flask; measuring pipette.

(4) Reference stock solution: 0. 89 g/L methyl benzene dissolved in carbon disulfide; internal standard stock solution: 0. 89 g/L benzene dissolved in carbon disulfide (all the reagents are analytical grade).

(5) The sample: pilocarpine.

4. 18. 4 Procedures

(1) Chromatographic conditions.

Gas flow: carrier gas: N_2 (30mL/min); combustion gas: H_2 (40mL/min); auxiliary gas: air (350mL/min).

Temperatures: vaporizer: 120℃; oven: 80℃; detector: 130℃.

(2) Preparation of the reference solution. Accurately suck 1 mL the reference stock solution of methyl benzene (0. 89g/L) into a 10 mL volumetric flask. Then dilute it to the mark with CS_2. Accurately suck 1 mL this solution and 1 mL the internal standard stock solution of benzene (0. 89g/L) into a 10 mL volumetric flask, and then dilute the solution to the mark with CS_2.

(3) Preparation of the sample solution. Accurately weigh 1 g pilocarpine. Transfer it into a 10 mL volumetric flask, and add 1. 0 mL the internal standard stock solution; dilute to the mark with CS_2.

(4) Individually inject 0. 6μL of the reference solution and the sample solution, and repeat the injection once for each solution. Calculate the quantitative calibration factor and the mass fraction of methyl benzene in pilocarpine according to the peak areas of the compounds via the equations mentioned above.

4. 18. 5 Data Recording and Processing (Table 4-28)

(1) Records and results of the quantitative calibration factor approach.

Table 4-28 The recording of experiment

Reference substance _____ mg; Internal standard _____ mg; Sample _____ mg

Sample No.	A_i	A_s	m_s	f'	Content	Average content
Reference 1					—	
Reference 2					—	—
Sample 1						
Sample 2						

(2) Records and results of the single point calibration approach.

Table 4-29　The recording of experiment

Reference solution _____ g/L; Sample _____ g

Sample No.	A_i	A_s	A_i/A_s	Content	Average content
Reference 1				—	—
Reference 2				—	
Sample 1					
Sample 2					

4.18.6　Questions

(1) What are the requirements to an internal standard in the internal standard method?

(2) What are the advantages and disadvantages of internal standard method? Please compare the single point calibration approach with the quantitative calibration factor approach.

(3) Can the solvent residual of methyl benzene be determined by HPLC? Why should GC be the first choice?

4.19　GC 归一化法测定烷烃混合物含量

4.19.1　目的要求

(1) 掌握归一化法的定量分析方法。

(2) 熟悉气相色谱仪的基本结构和使用方法。

4.19.2　基本原理

1. TCD 检测原理

(1) 进样前：两臂均通载气时，钨丝通电，加热与散热达到平衡，无电压信号输出，记录仪走直线（基线）。图 4-11 热导检测器的测量电路。

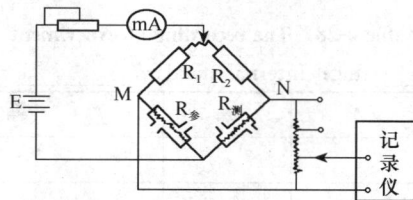

图 4-11　热导检测器的测量电路

$$R_1 = R_2, \ \lambda_{载气} = \lambda_{载气} \longrightarrow R_参 = R_测, \ R_1/R_参 = R_2/R_测,$$

$V_{MN} = 0, \ I_G = 0 \longrightarrow$ 基线。

(2) 进样后：载气携带试样组分流过测量臂，参考臂流过的仍是纯载气，由于载气和组分的热导率不同，使测量臂的温度改变，引起电阻的变化，测量臂和参考臂的电阻值不等（$R_参 \neq R_测$），产生电阻差：

$R_1 = R_2$，$\lambda_{载气} \neq \lambda_{组分} \longrightarrow R_参 \neq R_测$，$R_1/R_参 \neq R_2/R_测$，

$V_{MN} \neq 0$，$I_G \neq 0 \longrightarrow$ 色谱峰。

当组分浓度越大，$R_参$ 与 $R_测$ 相差越大，M 和 N 两点电压的电压差越大，信号强度越强。

2. 归一化法定量分析

在色谱分析中各组分的量与色谱峰面积成正比，归一化法是根据各组分在试样中所占的百分比，利用色谱峰面积和校正因子来进行定量分析的方法。

$$w_i = \frac{m_i}{m_1 + m_2 + \cdots + m_n} \times 100\% = \frac{f_i A_i}{\sum\limits_{i=1}^{n} f_i A_i} \times 100\%$$

式中　f_i 和 A_i——组分的校正因子和色谱峰面积。

4.19.3　仪器与试剂

（1）气相色谱仪（GC9790 型）；热导检测器；微量注射器（10μL）。

（2）样品：正戊烷、正庚烷和正辛烷混合溶液。

4.19.4　实验步骤

（1）样品制备。分别精密吸取一定体积的正己烷、正庚烷和正辛烷，置于 5mL 样品瓶中，混匀。

（2）色谱条件。色谱柱：15％邻苯二甲酸二壬酯（DNP）（2mm×3mm i.d.）不锈钢柱；102 白色担体；载气：N_2，流量：18～35 mL/min；气化室温度：110℃；检测器温度：110℃；柱温：100℃；桥流：35mV；进样量：2μL。

（3）测定。在上述实验条件下，用微量注射器进样 2μL，记录色谱图并保存数据，重复测定 3 次。

4.19.5　数据记录与处理（表 4-30）

（1）用归一化法求各组分含量。

（2）求正己烷-正庚烷、正庚烷-正辛烷的分离度，判断是否分离完全。

（3）分别用正庚烷、正辛烷计算理论塔板数和塔板高度。

表 4-30　GC 归一化法测定样品中的己、庚、辛烷含量结果

项目	沸点/℃	f_i	t_R/min	$W_{1/2}$/min	A_i	w_i/%	R_S	n	H/mm
正己烷	69.0	0.70							
正庚烷	98.4	0.70							
正辛烷	98.4	0.71							

注：理论塔板数（n）、塔板高度（H）和分离度（R）的计算公式参见 4.17。

4.19.6 注意事项

（1）当 TCD 检测器开着时，一定要保持有载气通过。

（2）先开载气，后开仪器电源；关机时，先设置温度，待柱温、进样器温度、检测器温度均降至 50℃后再关电源，最后关闭载气。

（3）检测器温度应在柱温以上，以防样品溶液或流失的固定液冷凝在检测器里。

（4）如果色谱峰面积太小或太大，可适当调整进样量。

4.19.7 思考题

（1）分析正己烷、正庚烷和正辛烷的出峰顺序并说明原理。

（2）简述色谱归一化法定量分析的特点和局限性。

（3）归一化法是否适用于药物中微量杂质的测定？为什么？

4.20 高效液相色谱仪基本操作与系统适应性

4.20.1 目的要求

（1）掌握高效液相色谱仪的使用方法。

（2）掌握色谱柱理论塔板数和理论塔板高度、色谱峰拖尾因子和分离度的计算方法。

（3）了解高效液相色谱仪的构造及工作原理。

（4）了解考察色谱柱的基本特性的方法和指标。

4.20.2 基本原理

（1）理论塔板数 (n) 和理论塔板高度 (H)。在色谱柱性能测试中，理论塔板数或理论塔板高度反映了色谱柱本身的特性，是一个具有代表性的参数，可以用其衡量柱效能。根据塔板理论，理论塔板数越大，板高越小，柱效能越高，用各色谱峰的保留时间和峰的区域宽度计算其值。

$$n = 5.54\left(\frac{t_R}{W_{1/2}}\right)^2 = 16\left(\frac{t_R}{W}\right)^2, \qquad H = \frac{L}{n}$$

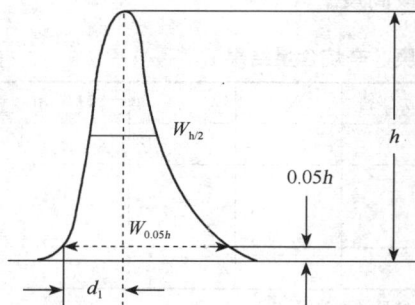

（2）拖尾因子。拖尾因子计算参数示意图如图 4-12 所示。色谱柱的热力学性质和柱填充得均匀与否，将影响色谱峰的对称性。色谱峰的对称性用峰的拖尾因子 (T) 来衡量，T 值应在 $0.95\sim1.05$ 之间。

$$T = \frac{W_{0.05h}}{2d_1}$$

图 4-12 拖尾因子计算参数示意图

（3）分离度。分离度是根据色谱峰判断相邻两组分在色谱柱中总分离效能的指标，用 R 表示。相邻两组分的分离度应≥1.5，才能达到完全分离。

$$R = \frac{2(t_{R_2} - t_{R_1})}{W_1 + W_2} = \frac{1.177(t_{R_2} - t_{R_1})}{(W_{\frac{1}{2}(1)} + W_{\frac{1}{2}(2)})}$$

各类型色谱柱考察性能的常用化合物及操作条件见表 4-31。

表 4-31　色谱柱类型与操作条件

柱类型	检测用化合物	流动相
吸附柱	苯、甲苯、萘、联苯	乙烷或庚烷
反相柱	苯、甲苯、萘、菲、联苯等	甲醇-水（体积比 80：20）
氰基柱	甲苯、苯乙腈、二苯酮等	乙烷-异丙醇（体积比 98：2）
氨基柱	联苯、菲、硝基苯等	庚烷或异辛烷
醚基柱	邻、间、对一硝基苯胺等	乙烷—二氯甲烷—异丙醇（体积比 65：30：5）

4.20.3　仪器与试剂

（1）高效液相色谱仪（紫外检测器）；微量注射器（25μL）或自动进样器。

（2）C_{18} 反相键合相色谱柱（150mm×4.6mm i.d. 粒径 5μm）。

（3）溶剂过滤器（0.45μm）及脱气装置。

（4）0.05％苯和甲苯（体积比 1：1）的甲醇溶液。

（5）甲醇（色谱纯）；重蒸馏水（新制）。

4.20.4　实验步骤

（1）流动相的配制。量取甲醇（色谱纯）和重蒸馏水（体积比 80：20），混合后，用 0.45μm 滤膜过滤脱气。

（2）设置色谱条件。色谱柱：C_{18} 反相键合相色谱柱（150mm×4.6mm i.d. 粒径 5μm）。流动相：甲醇-水（体积比 80：20）。流速：1mL/min。检测器：紫外检测器。检测波长：254nm。柱温：30℃。

（3）用微量注射器吸取 0.05％苯和甲苯（体积比 1：1）的甲醇溶液 10μL，注入色谱仪分析，记录色谱图并做数据处理。

4.20.5　数据记录与处理（表 4-32）

（1）色谱条件如下。

色谱柱：_____。柱温：_____℃。流动相：_____。流速 _____mL/min。检测器：_____。检测波长 _____。

（2）记录组分名称、保留时间、半峰宽（或峰宽）等参数，分别计算苯和甲苯的理论塔板数（n）、理论塔板数高度（H）、拖尾因子（T）及两者的分离度（R）。

表 4-32　实验数据表

项目	t_R	W 或 $W_{1/2}$	$W_{0.05h}$	d_1	n	H	T	R_s
苯								
甲苯								

4.20.6　注意事项

（1）实验前认真预习高效液相色谱仪使用方法及使用注意事项。

（2）手动进样时要用平头微量注射器，不可用气相分析的尖头微量注射器，注意使用时的操作要领，防止针头和细长针芯折弯。使用前应先用被测溶液润洗数次，吸取样品时，如有气泡，可将针尖朝上，推动针芯，赶出气泡。

（3）注意流动相不能抽空，废液瓶应及时清空，以免废液溢出。

4.20.7　思考题

（1）流动相在使用前为何要脱气?

（2）在反相色谱中，流动相和固定相哪个极性大? 与正相色谱相比，有何不同?

（3）使用化学键合相色谱柱时，流动相的 pH 应控制在什么范围内?

4.20　Basic Operations of High Performance Liquid Chromatographers （HPLC） and Performance Checking of HPLC Columns

4.20.1　Objectives

（1）To master how to operate high performance liquid chromatographers.

（2）To master how to calculate the theoretical plate number and theoretical plate height of chromatographic columns, and the tailing factor and resolution of chromatographic peaks.

（3）To learn the working principle and structure of HPLC.

（4）To learn the approach and index to check the chromatographic column performance.

4.20.2　Principles

1. Theoretical plate number （n） and theoretical plate height （H）

In the performance checking of the chromatographic column, the theoretical plate number and theoretical plate height reflect the characteristics of the column, and they are typical parameters for evaluating the column efficiency. According to the plate theory, the larger the theoretical plate number or the smaller the theoretical plate height is, the better the column efficiency is.

$$n = 5.54\left(\frac{t_R}{W_{1/2}}\right)^2 = 16\left(\frac{t_R}{W}\right)^2, H = \frac{L}{n}$$

2. Tailing factor

The calculating parameters of the tailing factor are shown in Figure. 4-13. The thermodynamic properties of the chromatographic column and the uniformity of column packing will affect the symmetry of the chromatographic peak, which can be evaluated by the tailing factor (T). Generally, T ranges between 0.95 and 1.05.

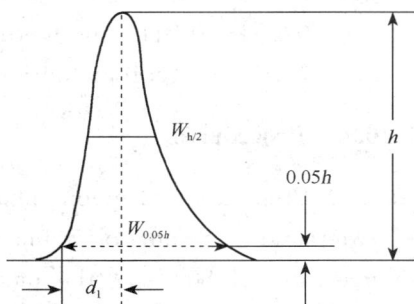

Figure. 4-12　The calculating parameters of the tailing factor

$$T = \frac{W_{0.05h}}{2d_1}$$

3. Resolution

The resolution is an index to assess total separation efficiency between two adjacent components in the chromatographic elution, represented by R. The R value of two adjacent components should not be less than 1.5 in order to achieve complete separation.

$$R = \frac{2(t_{R_2} - t_{R_1})}{W_1 + W_2} = \frac{1.177(t_{R_2} - t_{R_1})}{(W_{\frac{1}{2}(1)} + W_{\frac{1}{2}(2)})}$$

The commonly used compounds and the operation conditions for performance checking of various types of columns are shown in Table 4-31.

Table 4-31　Column types and operation conditions

Column types	Test compounds	Mobile phase
Adsorption column	Benzene, methylbenzene, naphthalene, biphenyl	Ethane or heptane
Reversed-phase column	Benzene, methylbenzene, naphthalene, phenanthrene, biphenyl, etc.	Methanol-water (80 : 20, V/V)
CN column	Methylbenzene, phenylacetonitrile, diphenyl ketone, etc.	Ethane-isopropanol (98 : 2, V/V)
NH$_2$ column	Biphenyl, phenanthrene, nitrobenzene, etc.	Heptane or isooctane
Ether column	o, m, p-Nitroaniline, etc.	Ethane-dichloromethane-isopropanol (65 : 30 : 5, V/V/V)

4.20.3　Apparatus and Reagents

(1) High performance liquid chromatographer (ultraviolet detector); microsyringe

(25 μL) or autosampler.

 (2) C_{18} reversed phase chromatographic column (150mm ×4. 6mm i. d. , 5μm).

 (3) Solvent filters (0. 45μm) and degasser.

 (4) 0. 05% benzene and methylbenzene (1 : 1, V/V) dissolved in methanol.

 (5) Methanol (chromatographic grade); redistilled water (freshly prepared)

4. 20. 4　Procedures

 (1) Preparation of mobile phase

Methanol (chromatographic grade) and redistilled water are mixed with the volume ratio of 80：20; the mixed solvent is filtered and degassed with 0. 45 μm membrane.

 (2) Chromatographic condition

Column：C_{18} reversed phase chromatographic column (150mm×4. 6mm i. d. , 5 μm).

Mobile phase：methanol-water (80 : 20, V/V).

Flow rate：1mL/min.

Detector：ultraviolet detector

Detection wavelength：254nm.

Column temperature：30℃.

 (3) Inject 10μL 0. 05% benzene and methyl benzene (1 : 1, V/V) dissolved in methanol into the chromatographic system with micro-syringe. Then record the chromatogram and process the data.

4. 20. 5　Data Recording and Processing (Table 4-32)

 1. Chromatographic condition

Chromatographic column：_____ Column temperature：_____ ℃

Mobile phase：_____ Flow rate：_____mL/min

Detector：_____ Detection wavelength _____

 2. Record the component names, retention times t_R and half-peak widths $W_{1/2}$ (or peak widths W), and calculate the theoretical plate numbers (n), theoretical plate heights (H) and resolution (R) of the two components.

Table 4-32　The recording of experiment

Sample No.	t_R	W or $W_{1/2}$	$W_{0.05h}$	d_1	n	H	T	R_s	
Benzene									
Methyl Benzene									

4.20.6 Cautions

(1) The User's Guide to HPLC operation should be previewed before class.

(2) The micro-syringe with a flat needle should be used instead of the one with sharp needle, which is used in GC analysis, if the sample is injected manually. Keep in mind the micro-syringe operating procedures and avoid bending the needle head and the plunger. The inner wall of the microsyringe should be rinsed several times by the sample solution before injection. Some air bubbles might emerge in micro-syringe when sucking, which can be expelled by pushing the plunger with the needle head upwards.

(3) It must be noticed that the mobile phase can never be pumped to empty, and the waste bottle should be emptied in time in case the waste liquid overflows.

4.20.7 Questions

(1) Why should the mobile phase be degassed before being used?

(2) For the reversed phase chromatography, which is higher in polarity, the mobile phase or the stationary phase? Is there any difference in comparing with the normal phase chromatography?

(3) When the chemically bonded phase column is used, in which range should the pH of the mobile phase be controlled?

4.21 高效液相色谱法定量分析（外标法）

4.21.1 目的要求

(1) 掌握高效液相色谱仪的使用方法。
(2) 掌握高效液相色谱法的定量测定方法。

4.21.2 基本原理

高效液相色谱法的定量方法常采用外标法。外标法又分标准曲线法、一点法和两点法，当标准曲线法为过原点的直线时，则可用一点法进行含量测定，其误差来源主要为进样量的不准确。在药物分析中，为了减少实验条件波动对分析结果的影响，常采用随行外标一点法，即每次测定都同时进对照品与样品溶液。在同一台仪器同样的分析条件下，进同样体积的对照品溶液和样品溶液分析，则有

$$\frac{A_{样}}{A_{标}} = \frac{c_{样}}{c_{标}} \qquad 即 \qquad c_{样} = \frac{A_{样} \times c_{标}}{A_{标}}$$

苯是药物制备过程中常见的一种有机溶剂，在成品中常有残留，其检出限量为 20mg/kg（0.002%）。其紫外最大吸收波长在 254nm，可在该波长处利用外标法对苯进行含量测定。

4.21.3　仪器与试剂

（1）高效液相色谱仪（紫外检测器）；$25\mu L$ 微量注射器或自动进样器。

（2）C_{18}反相键合相色谱柱（150mm×4.6mm i.d.，粒径 $5\mu m$）。

（3）溶剂过滤器（$0.45\mu m$）及脱气装置。

（4）甲醇（色谱纯）；重蒸馏水（新制）。

（5）苯对照品储备液（0.1mg/mL）。

（6）样品：含残留苯的药物。

4.21.4　实验步骤

1. 流动相的配制

量取甲醇（色谱纯）和重蒸馏水（体积比 80∶20），置量筒中混合后，用 $0.45\mu m$ 滤膜过滤脱气。

2. 色谱条件

固定相：C_{18}反相键合相色谱柱（150mm×4.6mm i.d.，粒径 $5\mu m$）。流动相：甲醇-水（体积比 80∶20）。流速：1mL/min。检测波长：254nm。柱温：30℃。

3. 含量测定

（1）对照品溶液的配制。精密吸取苯对照品贮备液（0.1mg/mL）1.0mL，置于10mL 量瓶中，加甲醇稀释至刻度，摇匀。

（2）样品溶液的配制。取某药物细粉约1g，精密称定。置于 50mL 具塞三角烧瓶中，准确加入甲醇 10.0mL，超声 15min，取出，放冷至室温。取上清液，用 $0.45\mu m$ 滤膜过滤后进样。

（3）精密吸取对照品和样品溶液 $10\mu L$，分别注入高效液相色谱仪进行分析，平行两次。根据对照品和样品溶液色谱图上苯的峰面积用外标一点法计算其药物中苯的质量分数。

4.21.5　数据记录与处理（表 4-33）

表 4-33　实验数据表

溶液	进样次数	A	$A_{平均}$	$c_{样}/$（mg/mL）	$w_{苯}$
对照品	1				—
	2				
样品	1				
	2				

4.21.6　思考题

（1）外标一点法的主要误差来源是什么？欲获准确的实验结果，在实验操作中应注意那些问题？使用六通阀手动进样器时要注意什么？

（2）比较外标法和内标法。

4.21　Quantitative Analysis by High Performance Liquid Chromatography (External Standard Method)

4.21.1　Objectives

（1）To master how to operate the high performance liquid chromatographer.

（2）To master the method of quantitative analysis by high performance liquid chromatography.

4.21.2　Principles

External standard method is often employed in high performance liquid chromatography (HPLC) for quantitative analysis, including calibration curve approach, single point calibration approach and dual-point calibration approach. The single point calibration approach can be used if the calibration curve is a straight line crossing the origin. The inaccurate injection volume is the major error source. Accompanying external standard single point calibration is usually adopted in order to reduce the effect of the fluctuations of experimental conditions on the results in pharmaceutical analysis; i. e. both the reference solution and the sample solution are individually injected and detected for each of the analysis. For these two solutions, the relationship between their concentrations and peak areas obtained by using the same instrument under the same eluting conditions with the same injection volume is described below:

$$\frac{A_{\text{sample}}}{A_{\text{reference}}} = \frac{c_{\text{sample}}}{c_{\text{reference}}}$$

that is,

$$c_{\text{sample}} = \frac{A_{\text{sample}} \times c_{\text{reference}}}{A_{\text{reference}}}$$

Benzene is one of the commonly used organic solvents in the preparation of pharmaceuticals, and often remains in the final products. The detection limit of residual benzene in the final products is 20mg/kg (0.002%). Since the maximum absorption wavelength of benzene is 254nm, the content of benzene can be assayed at this wavelength using external standard method.

4.21.3　Apparatus and Reagents

（1）High performance liquid chromatographer（ultraviolet detector）; microsyringe（25μL）or autosampler.

（2）C_{18} reversed phase chromatographic column（150mm×4.6mm i.d. , 5μm）.

（3）Solvent filters（0.45μm）and degasser.

（4）Methanol（chromatographic grade）; redistilled water（freshly prepared）.

（5）Benzene reference stock solution（0.1mg/mL）.

（6）Sample: pharmaceuticals containing benzene residues.

4.21.4　Procedures

1. Preparation of mobile phase

Methanol（chromatographic grade）and redistilled water are mixed in the graduated cylinder with the volume ratio of 80 : 20; the mixed solution is filtered and degassed with the membrane of 0.45μm.

2. Chromatographic condition

Stationary phase: C_{18} reversed phase chromatographic column（150mm×4.6mm i.d. , 5 μm）.

Mobile phase: methanol-water（80 : 20, V/V）.

Flow rate: 1mL/min.

Detection wavelength: 254nm.

Column temperature: 30℃.

3. Assay

（1）Preparation of the reference solution. Accurately suck 1.0 mL the benzene reference stock solution（0.1mg/mL）into a 10 mL volumetric flask, and then dilute with methanol to the mark.

（2）Preparation of the sample solution. Accurately weigh the pharmaceutical about 1g into a 50mL stoppered conical flask, and then accurately add 10.0mL methanol. After ultrasonic agitation for 15min, the solution is cooled down to room temperature. The supernatant is filtered with the 0.45 μm membrane and injected into the chromatographic system.

（3）Accurately inject 10μL of the reference solution and the sample solution, respectively, and repeat the injection once more for each solution. Calculate the mass fraction of benzene in the pharmaceutical according to the peak areas of benzene in the chromatograms of the reference solution and the sample solution by using external standard single point calibration.

4.21.5　Data Recording and Processing（Table 4-33）

Table 4-33　The recording of experiment

Solution	Injection	A	A_{ave}	c_{sample} (mg/mL)	$\omega_{benzene}$
Reference	1				
	2				
Sample	1				
	2				

4.21.6　Questions

（1）What is the major error source of external standard single point calibration? What should be noticed during the experiment in order to obtain accurate experiment results? What should be noticed during the operation of the six-way valve manual sampler?

（2）Compare the method of external standard with that of internal standard.

4.22　HPLC 内标法测定原料药中组分的含量

4.22.1　目的要求

（1）掌握 HPLC 内标法的测定步骤和结果计算方法。

（2）熟悉高效液相色谱仪的一般使用方法。

4.22.2　基本原理

（1）内标校正因子法是内标法的一种，是高效液相色谱法中常用的定量分析方法之一。其定量依据和计算公式参见实验 4.18。

（2）用咖啡因作内标物，选择紫外检测波长为 257nm，测定对乙酰氨基酚原料药中对乙酰氨基酚的含量。其原料药在生产过程中可能引入对氨基酚等中间体，经色谱柱分离后，用内标校正因子法进行含量测定。

（3）用非那西丁作内标物，选择紫外检测波长为 254nm，用内标校正因子法测定咖啡因原料药中咖啡因的含量。

4.22.3　仪器与试剂

（1）高效液相色谱仪（岛津 LC-10A 或岛津 2010 型）；紫外检测器；C$_{18}$ 色谱柱；微量注射器。

（2）分析天平（0.01mg）；容量瓶，吸量管。

（3）甲醇（色谱纯）；三氯甲烷（AR）；重蒸馏水。

（4）对乙酰氨基酚原料药测定。对照品：对乙酰氨基酚；内标物：咖啡因；样品：对乙酰氨基酚原料药。

（5）咖啡因原料药测定。对照品：咖啡因；内标物：非那西丁；样品：咖啡因原料药。

4.22.4　实验步骤

1. 溶液配制

（1）对-乙酰氨基酚对照品溶液配制。取对-乙酰氨基酚对照品约 20mg 和内标物咖啡因约 60 mg，精密称定，置 50mL 容量瓶中，加甲醇使溶解并稀释至刻度，摇匀；精密吸取 1.00mL，置 10mL 容量瓶中，用流动相稀释至刻度，摇匀，过 0.45μm 的微孔滤膜，取滤液。

（2）对乙酰氨基酚样品溶液配制。取对-乙酰氨基酚原料药约 20.5mg，内标物咖啡因约 60 mg，精密称定，按"对照品溶液配制"项下配制样品溶液。

（3）咖啡因对照品溶液配制。取咖啡因对照品约 25mg 和内标物非那西丁约 10mg，精密称定，置 25mL 容量瓶中，加三氯甲烷使溶解并稀释至刻度，摇匀。过 0.45μm 的微孔滤膜，取滤液。

（4）咖啡因样品溶液配制。取咖啡因原料药约 25mg，内标物非那西丁约 10mg，精密称定，按"对照品溶液配制"项下配制样品溶液。

2. 色谱条件

（1）对-乙酰氨基酚的测定。色谱柱：C_{18}柱（15cm×4.6mm i.d.，粒径 5μm）；流动相：甲醇-水（60：40）；流速：0.8mL/min；检测器：UV 检测器；检测波长：257nm；柱温：室温。

（2）咖啡因的测定。色谱柱：C_{18}柱（15cm×4.6mm i.d.，粒径 5μm）；流动相：甲醇-水（70：30）；流速：1.0mL/min；检测器：UV 检测器；检测波长：254nm；柱温：室温。

3. 样品测定

在上述色谱条件下，用微量注射器分别进对照品溶液和样品溶液，进样量 20μL。各重复测定 3 次，记录色谱图和数据。

4.22.5　数据记录与处理（表 4-34）

（1）用内标校正因子法求原料药中对乙酰氨基酚或咖啡因的质量分数（计算公式参见 4.18）。

（2）根据对照品谱图上各组分的保留时间和峰面积，用对乙酰氨基酚或咖啡因计算理论塔板数和塔板高度，计算对乙酰氨基酚和咖啡因或咖啡因和非那西丁的分离度，判断是否分离完全（计算公式参见 4.18）。

表 4-34 HPLC 内标校正因子法测定原料药中组分含量的结果

对照品_____ mg；内标物_____ mg；样品_____ mg

项目	A_i	A_s	m_s	f'	$\bar{f}_i$	$w_{组分}$	$\bar{w}_{组分}$
对照品 1							
对照品 2						—	—
对照品 3							
样品 1							
样品 2							
样品 3							
n							
H/m							

注意：先计算校正因子再求结果平均值。

4.22.6 注意事项

实验中可通过选择适当长度的色谱柱，调整流动相中甲醇和水的比例或流速，使对乙酰氨基酚与内标物的分离度达到定量分析的要求。

4.22.7 思考题

(1) 如何选择内标物质以及内标物的加入量？

(2) 此实验中样品和对照品溶液中内标物浓度是否必须相同，为什么？

(3) 配制样品溶液时，为什么要使其浓度与对照品溶液的浓度相接近？

(4) 内标法有何优缺点？

(5) 高效液相色谱法流动相选择依据是什么？

第 5 章 综合及设计性实验

5.1 药用 NaOH 的含量测定

5.1.1 目的要求

(1) 掌握双指示剂法测定 NaOH 和 Na_2CO_3 混合物中单个组分含量的原理和方法。

(2) 掌握双指示剂确定滴定终点的方法。

(3) 熟悉移液管和容量瓶的使用。

5.1.2 基本原理

NaOH 易吸收空气中的 CO_2，使一部分 NaOH 变成 Na_2CO_3，即形成 NaOH 和 Na_2CO_3 的混合物。此混合物用盐酸标准溶液连续分别滴定。滴定反应式

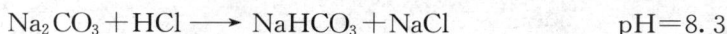

$$NaOH + HCl \longrightarrow NaCl + H_2O \qquad pH = 7.0$$
$$Na_2CO_3 + HCl \longrightarrow NaHCO_3 + NaCl \qquad pH = 8.3$$
$$NaHCO_3 + HCl \longrightarrow NaCl + CO_2\uparrow + H_2O \qquad pH = 3.9$$

第一化学计量点，可选用酚酞作指示剂，终点时溶液由红色变为无色。当酚酞变色时，NaOH 与 HCl 反应完全，而 Na_2CO_3 只被滴定到 $NaHCO_3$，即只反应了一半，记录此时所消耗 HCl 标准溶液体积为 V_1 mL。第二化学计量点，可选用甲基橙为指示剂，终点由黄色变为红色，$NaHCO_3$ 反应完全。记录此时所消耗 HCl 标准溶液体积为 V_2 mL，则 Na_2CO_3 消耗 HCl 的体积为 $2V_2$，总碱量所消耗的 HCl 体积为 $V_1 + V_2$。据此可分别测得总碱量和 Na_2CO_3 的质量分数。计算公式

NaOH 的质量分数 $w_{Na_2CO_3} = \dfrac{c_{HCl} \times V_1 \times M_{NaOH} \times D}{m_S \times 1000} \times 100\%$ ($M_{NaOH} = 40.0$ g/mol)

Na_2CO_3 的质量分数 $w_{Na_2CO_3} = \dfrac{c_{HCl} \times 2V_2 \times M_{Na_2CO_3} \times D}{m_S \times 2000} \times 100\%$ ($M_{Na_2CO_3} = 106.0$ g/mol)

总碱量（以 NaOH 计算）$w_{NaOH} = \dfrac{c_{HCl} \times (V_1 + V_2) \times M_{NaOH} \times D}{m_S \times 1000} \times 100\%$

式中 D——样品稀释倍数。

5.1.3 仪器与试剂

(1) 分析天平 (0.1mg)；称量瓶；25mL 酸式滴定管；容量瓶；移液管；250mL 锥形瓶。

(2) 0.1mol/LHCl 标准溶液（同 3.4）。

(3) 0.2%酚酞指示剂（同 3.4）；0.1%甲基橙指示剂（同 3.4）。

（4）样品：药用 NaOH。

5.1.4　实验步骤

迅速地取药用 NaOH 约 0.35 g，精密称定，置 50mL 烧杯中，加少量蒸馏水溶解后，定量转移至 100mL 容量瓶中，加水稀释至刻度，摇匀。精密吸取样品溶液 25.00mL，置 250mL 锥形瓶中，加蒸馏水 25mL 稀释，加 0.2％酚酞指示剂 2 滴，用 0.1 mol/L HCl 标准溶液滴定至溶液红色恰好退去，记录滴定体积 V_1。随后向滴定溶液中加入 0.1％甲基橙指示剂 2 滴，用 0.1 mol/L HCl 标准溶液继续滴定至溶液由黄色转变为红色，煮沸 2min，冷却至室温，继续滴定由黄色转变为红色，即为滴定终点，记录滴定体积 V_2。平行测定 3 份。

5.1.5　数据记录与处理

由 V_1、V_2 分别求出 NaOH、Na_2CO_3、总碱量（以 NaOH 计算）的质量分数及相对平均偏差。

5.1.6　注意事项

（1）NaOH 易吸湿，称量速度要迅速。样品溶液含有大量 OH^-，滴定前不应久置空气中，否则容易吸收 CO_2，使 NaOH 的量减少，而 Na_2CO_3 的量增多。

（2）近终点时要充分旋摇，以防止形成 CO_2 的过饱和溶液而使终点提前。

（3）以酚酞作指示剂，终点颜色为红色退去，不易判断，要细心观察。

5.1.7　思考题

（1）吸取样品溶液及配制样品溶液时，移液管和容量瓶是否要烘干？

（2）用盐酸标准溶液滴定至酚酞变色时，如超过终点是否可用碱标准溶液回滴？试说明原因。

（3）到达第一计量点前由于滴定速度太快，摇动不均匀致使滴入 HCl 局部过浓，使 $NaHCO_3$ 迅速转变为 H_2CO_3，进而分解为 CO_2 造成损失。这种情况对分析结果有何影响？

5.2　昆布中碘的含量测定

5.2.1　目的要求

（1）加深了解间接碘量法的应用。

（2）了解药用植物前处理的方法。

5.2.2　基本原理

《中国药典》收载的昆布包括海带和昆布，具有软坚消结之功效，富含碘。药典采

用干法消化的前处理方法，然后采用碘量法，用 $Na_2S_2O_3$ 标准溶液滴定反应生成的 I_2。滴定反应式

$$I_2 + 2S_2O_3^{2-} \longrightarrow 2I^- + S_4O_6^{2-}$$

计算公式 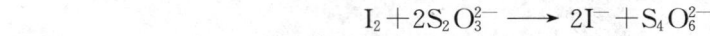 $\omega_{I_2} = \dfrac{c_{Na_2S_2O_3} \times V_{Na_2S_2O_3} \times M_{I_2}}{2 \times m_s \times 1000} \times 100\%$

样品按干燥品计算，海带含碘（I_2）不得少于 0.35%；昆布含碘（I_2）不得少于 0.20%。

5.2.3　仪器与试剂

（1）分析天平（0.1mg）；25mL 酸式滴定管；250mL 碘量瓶；100mL 容量瓶，25mL 移液管。

（2）马福炉；漏斗；瓷坩埚；滤纸。

（3）甲酸钠、KI、溴、硫酸；试剂均为 AR 级。

（4）0.01 mol/L $Na_2S_2O_3$ 标准溶液（同 3.18，用前准确稀释 10 倍）。

（5）0.5% 淀粉指示液（同 3.18）；甲基橙指示剂（同 3.4）。

（6）样品：海带或昆布。

5.2.4　实验步骤

取剪碎的昆布（海带）约 2g，精密称定，置瓷坩埚中，缓缓加热灼烧，温度每上升 100℃ 维持 5min，升温至 400～500℃ 时维持 40min，取出，放置冷却。炽灼残渣置于烧杯中，加水 20mL，煮沸约 5min，过滤，残渣用水重复处理 2 次。每次 20mL，过滤，合并滤液，残渣用热水洗涤 3 次，洗涤液与滤液合并置于 100mL 容量瓶中，加水至刻度。

精密吸取上述溶液 25mL，置碘量瓶中，加 25mL 水与甲基橙指示剂 2 滴，滴加稀硫酸至显红色，加新制的溴试液 5mL，加热至沸，沿瓶壁加 20% 甲酸钠溶液 5mL，再加热 10～15min，用热水洗瓶壁，放置冷却，加稀硫酸 5mL 与 15% 碘化钾溶液 5mL，立即用 $Na_2S_2O_3$ 标准溶液（0.01mol/L）滴定至淡黄色，加淀粉指示液 1mL，继续滴定至蓝色消失。

5.2.5　数据记录与处理

以每 1mL $Na_2S_2O_3$ 标准溶液（0.01mol/L）相当于 0.2113mg 的 I_2，计算样品中碘（I_2）的质量分数，并与《中国药典》规定值比较。

5.2.6　注意事项

（1）注意灼烧温度的控制，不宜过高，否则会使碘化物分解而导致碘挥发。

（2）加热至沸时注意控制时间，防止干烧。

（3）注意控制洗涤水量。

5.2.7　思考题

（1）请说明本实验中所加各试液的作用？
（2）怎样计算滴定度？

5.3　薄层扫描法测定六味地黄丸中熊果酸的含量

5.3.1　目的要求

（1）掌握薄层扫描法测定中药制剂含量的方法。
（2）掌握薄层扫描仪的使用方法。
（3）掌握薄层定量的点样和展开技术。

5.3.2　基本原理

薄层扫描法是利用某种波长的单色光对薄层板上经显色后呈现的斑点扫描，通过测定该斑点对光的吸收度而确定其含量。本实验采用双波长反射式锯齿扫描，测定六味地黄丸中熊果酸的含量。

六味地黄丸由熟地黄 160g、山茱萸（制）80g、牡丹皮 60g、山药 80g、茯苓 60g、泽泻 60g 组成。《中国药典》2000 年版规定，本品含山茱萸以熊果酸（$C_{30}H_{48}O_3$）计，水蜜丸每 1g 不得少于 0.20mg；小蜜丸每 1g 不得少于 0.13mg；大蜜丸每丸不得少于 1.17mg。

5.3.3　仪器与试剂

（1）薄层扫描仪、分析天平、索氏提取器、定量毛细管。
（2）薄层涂布器、薄层展开缸。
（3）硅胶 G（薄层层析用）；其他试剂均为分析纯。
（4）对照品：熊果酸（中国药品生物制品检定所）。
（5）样品：六味地黄丸（市售品）。

5.3.4　实验步骤

（1）对照品溶液的制备。取熊果酸对照品适量，精密称定，加无水乙醇制成每 1mL 含 0.5mg 的对照品溶液。

（2）样品溶液的制备。取水蜜丸（小蜜丸或大蜜丸）5g，精密称定。加水 30mL，60℃ 水浴温热使充分溶散，加硅藻土 2g，搅匀，滤过，残渣用水 30mL 洗涤，100℃ 烘干，研成细粉，连同滤纸一并置索氏提取器内，加乙醚适量，加热回流提取 4h，提取液回收乙醚至干，残渣用石油醚（30～60℃）浸泡 2 次，每次 15mL（浸泡约 2min），倾去石油醚，残渣加适量无水乙醇-氯仿（3∶2）混合液，微热使溶解，定量转移至 5mL 量瓶内，并稀释至刻度，摇匀，作为样品溶液。

（3）薄层板的制备。参见 4.13。

（4）测定。精密吸取小蜜丸（或大蜜丸）样品溶液 $10\mu L$，或水蜜丸溶液 $5\mu L$，对照品溶液 $2\mu L$ 与 $4\mu L$，分别交叉点于同一硅胶 G 薄层板上，以环己烷-氯仿-醋酸乙酯-甲酸（$20:5:8:0.1$）为展开剂，展开，晾干，喷以 10% 硫酸乙醇溶液，在 $105℃$ 加热 $5\sim7min$，至斑点显色清晰，取出，在薄层板上覆盖同样大小的玻璃板，周围用胶布固定，进行扫描测定，波长：测定波长 $\lambda_s=520nm$，参比波长 $\lambda_R=700nm$，测量样品吸光度积分值与对照品吸光度积分值。

5.3.5　数据记录与处理

计算六味地黄丸中熊果酸的质量分数，并与药典规定值比较。

5.3.6　思考题

（1）锯齿扫描与线性扫描的适用范围有何区别。

（2）外标一点法与外标两点法应如何选择。

5.4　气相色谱法测定混合醇

5.4.1　目的要求

（1）掌握气相色谱法的基本原理和定性、定量方法。

（2）学习纯物质对照定性和归一化法定量。

（3）了解气相色谱仪的基本结构、性能和操作方法。

5.4.2　基本原理

色谱法具有极强的分离效能。将一个混合物样品定量引入合适的色谱系统后，样品在流动相携带下进入色谱柱，样品中各组分由于各自的性质不同，在柱内与固定相的作用力大小不同，导致在柱内的迁移速度不同，使混合物中的各组分先后离开色谱柱而得到分离。分离后的组分进入检测器，检测器将物质的浓度或质量信号转换为电信号输给记录仪或显示器，得到色谱图。利用保留值可定性，利用峰高或峰面积可定量。

5.4.3　仪器与试剂

（1）气相色谱仪；微量注射器 $10\mu L$。

（2）乙醇、正丙醇、异丙醇、正丁醇，均为色谱纯。

5.4.4　实验步骤

（1）色谱条件。色谱柱：OV-101 弹性石英毛细管柱（$25m\times0.32mm$ i. d.）；柱温：$150℃$；检测器：$200℃$；汽化室：$200℃$；载气：氮气；流速：$1.0cm/s$。

（2）实验内容。开启气源（高压钢瓶或气体发生器），接通载气、燃气、助燃气。

打开气相色谱仪主机电源，打开色谱工作站、计算机电源开关，联机。按上述色谱条件进行条件设置。温度升至一定数值后，进行自动或手动点火。待基线稳定后，用 $1\mu L$ 微量注射器取 $1\sim3\mu L$ 含有混合醇的水样注入色谱仪，同时按下计时器，记录每一色谱峰的保留时间 t_R。重复测定 3 次。

　　在相同色谱条件下，取少量（约 $0.5\mu L$）纯物质注入色谱仪，记录纯物质的保留时间 t_R。每种物质重复测定 3 次。

5.4.5　数据记录及处理

（1）纯物质对照定性（表 5-1）。

表 5-1　实验数据表

水样中各峰 t_R/min	峰 1		峰 2		峰 3		峰 4	
纯物质 t_R/min	乙醇		正丙醇		异丙醇		正丙醇	
定性结论	峰 1		峰 2		峰 3		峰 4	
组分结论								

（2）面积归一化法定量（表 5-2）。

表 5-2　实验数据表

组分	乙 醇	正丙醇	异丙醇	正丁醇
峰高/mm				
半峰宽/mm				
峰面积/mm²				
含量/%				

将计算结果与计算机打印结果比较。

5.4.6　思考题

（1）本实验中是否需要准确进样？为什么？
（2）FID 检测器是否对任何物质都有响应？

5.5　气相色谱法测定复方制剂中樟脑、薄荷脑、冰片的含量

5.5.1　目的要求

（1）掌握内标法测定药物制剂中主成分含量的方法。
（2）了解气相色谱法在药物制剂含量测定中的应用。
（3）初步掌握毛细管柱气相色谱仪的操作。

5.5.2　基本原理

（1）麝香祛痛搽剂是一种外用液体制剂。《中国药典》2010 年版（一部）规定其每 1mL 含樟脑（$C_{10}H_{16}O$）应为 25.5～34.5mg；含薄荷脑（$C_{10}H_{20}O$）应为 8.5～11.5 mg；含冰片（$C_{18}H_{10}O$）应为 17.0～23.0mg。

（2）用内标法测定供试品中主成分含量时，根据各品种项下的规定，分别配制测定校正因子用的对照品和供试品溶液。各取一定量注入仪器，记录色谱图。测量对照品、内标物质的峰面积或峰高，计算公式参见 4.18。

5.5.3　仪器与试剂

（1）气相色谱仪（FID 检测器）；5μL 微量注射器；分析天平（0.01mg）。
（2）无水乙醇（AR）。
（3）对照品：樟脑；薄荷脑；冰片。
（4）内标物：萘（AR）。
（5）样品：麝香祛痛搽剂。

5.5.4　实验步骤

1. 色谱条件

色谱柱：PEG-20M 毛细管柱（30m×0.53mm i.d.，膜厚 1.0μm）；理论塔板数按樟脑峰计算不得低于 120000。柱温：160℃；检测器：250℃；气化室：230℃。载气：氮气；流速：5～15mL/min，尾吹流量 15～40 mL/min。

2. 溶液配制

（1）对照品溶液的配制（测定校正因子用）。取内标物萘，精密称定，加无水乙醇制成每 1L 含 4g 的溶液作为内标溶液。取樟脑、薄荷脑、冰片对照品各 6mg、2mg、4mg，精密称定，置同一 10mL 容量瓶中，准确加入内标溶液 1.0mL，加无水乙醇至刻度，摇匀。

（2）供试品溶液配制。精密吸取待测样品 1mL，置 50mL 容量瓶中，准确加入内标溶液 5.0 mL，加无水乙醇稀释至刻度，摇匀。

3. 样品测定

取对照品、供试品溶液各 1.0μL，分别注入气相色谱仪，记录色谱图。

5.5.5　数据记录与处理

用内标校正因子法以色谱峰面积计算供试品中樟脑、薄荷脑、冰片（以龙脑、异龙脑峰面积之和计算）的质量分数。

5.5.6　思考题

在什么情况下可以采用内标校正因子法进行计算？

5.6　程序升温毛细管气相色谱法测定药物中有机溶剂的残留量

5.6.1　目的要求

(1) 掌握药物中有机溶剂残留量的测定方法。

(2) 了解毛细管气相色谱法在较复杂样品分析中的应用。

(3) 了解程序升温色谱法的操作特点。

(4) 进一步熟悉内标对比法(已知浓度样品对照法)的定量方法。

5.6.2　基本原理

一类新药氯卞律定（86017）在合成过程中使用了甲醇、乙醇、丙酮、硝基甲烷等有机溶剂。采用毛细管色谱法技术并结合程序升温操作，利用 PEG-20M 交联石英毛细管柱，用内标对比法定量（正丙醇作内标），可直接对此四种残留溶剂进行测定。计算公式参见实验 4.18。

5.6.3　仪器与试剂

(1) 岛津 GC-14A2 型气相色谱仪（FID 检测器）；CR-6A 型色谱微机处理机；微量注射器（$10\mu L$）。

(2) 移液管；容量瓶；洗耳球。

(3) 甲醇；无水乙醇；丙酮；硝基甲烷；试剂均为 AR 级。

(4) 内标物：正丙醇（AR）。

(5) 样品：氯卞律定。

5.6.4　实验步骤

1. 色谱条件

色谱柱：PEG-20M 石英毛细管柱，$30m \times 0.25mm$ i. d.，膜厚 $0.25\mu m$；程序升温：50℃，2.5min；17℃/min；120℃，2min；气化室：160℃；检测器：FID；温度：200℃；分流比：1：50。

2. 溶液配制

(1) 内标溶液。精密吸取正丙醇 1mL，置 100mL 容量瓶中，加蒸馏水稀释至刻度，摇匀。取此溶液 2.00mL，置 25mL 容量瓶中，加蒸馏水稀释至刻度，摇匀。

(2) 标准储备液。精密吸取甲醇、无水乙醇、丙酮、硝基甲烷各 1mL 置同一 100mL 容量瓶中，同上法配制。

（3）对照品溶液。精密吸取标准储备液和内标溶液各 2mL 置同一 25mL 容量瓶中，加蒸馏水稀释至刻度，摇匀。此溶液中丙酮、甲醇、乙醇的浓度均为 0.05mg/mL，硝基甲烷的浓度为 0.07mg/mL。

（4）样品溶液。取样品约 0.09g，精密称定，置 25mL 容量瓶中，准确加入内标溶液 2.0mL，用水稀释至刻度，摇匀。样品溶液的浓度为 3.6mg/mL。

3. 测定

在上述色谱条件下，标准溶液与样品溶液分别进样 1.0μL。

5.6.5　数据记录与处理

根据标准溶液及样品溶液中各待测成分与内标峰面积之比，计算样品中各残留溶剂的含量。

5.6.6　注意事项

（1）在一个温度程序执行完成后，需等待色谱仪温度回到初始状态并稳定后，才能进行下一次进样。

（2）仪器操作，微量注射器的使用以及溶液配制，毛细管柱的安装等逐一事项参见前面各气相色谱实验。

5.6.7　思考题

（1）什么是程序升温？在什么情况下应用程序升温？

（2）什么是保留温度？它的作用是什么？

5.7　气相色谱-质谱联用法测定薄荷油挥发性成分

5.7.1　目的要求

（1）熟悉气/质联用的定性定量原理。

（2）了解气/质联用仪的基本结构及操作方法。

（3）了解质谱库计算机检索的使用方法。

5.7.2　基本原理

气相色谱-质谱（GC-MS）联用仪是将气相色谱和质谱仪通过接口连接成整体。气相色谱的强分离能力和质谱法的结构鉴定能力结合在一起，使 GC-MS 联用技术成为挥发性复杂混合物定性和定量分析的重要手段。

每种化合物的气态分子在电子流的轰击下失去一个电子，成为带正电荷的分子离子，并进一步裂解成一系列碎片离子（每种分子离子有一定的裂解规律），经质谱仪分离及扫描，便可获得相应的质谱图。并利用标准谱库进行检索和对照，实现对被测物进行定性鉴别。

气/质联用获得的总离子流图（TIC）与气相色谱的流出曲线相当。每个峰的面积或峰高，可作为定量依据。

5.7.3　仪器与试剂

（1）HP5890 Ⅱ GC/HP5972A MS 气/质联用仪；微量注射器，其他玻璃仪器。

（2）无水乙醇、正己烷（AR）；薄荷油（市售品）等。

5.7.4　实验步骤

1. 供试液的制备

取市售薄荷 5mm 的短段 100g，精密称定，加水 600mL，照《中国药典》2010 年版（一部）挥发油测定法，保持微沸约 5h，得薄荷油。称取薄荷油约 10mg，置 1mL 容量瓶中，加无水乙醇-正己烷（体积比 1∶1）混合溶液溶解并定容。

2. 色谱条件

（1）气相色谱条件。毛细管柱：CP-Sil 5 CB（30m×0.25mm i.d.，膜厚 0.25μm）（Varrian 公司），柱温：50℃（2min）→5℃/min→180℃（5min）；进样口温度：260℃；分流比：10∶1；载气：He；流速：1mL/min。

（2）质谱条件。EI：70eV；离子源温度：200℃；接口温度：230℃；质量扫描范围：33～1000amu；扫描速度：1000amu/s。

3. 进样测定

取 1μL 试样溶液进样分析，使试样中各组分尽量完全分离，获取总离子色谱图（TIC）及抽提离子流出曲线和质谱数据。

5.7.5　数据记录与处理

根据各峰质谱图，分别在质谱图谱库中自动检索，鉴定出各峰所代表的化合物结构。

5.7.6　注意事项

（1）对于一个未知物质质谱图，计算机进行谱库检索可提供 20 个存在于质谱库中与未知物谱图相匹配的参考物的质谱，其匹配度可能各不相同。定性鉴别还需根据样品来源、同位素丰度规律、离子碎裂规律等解谱知识进行判断，或用对照品在相同条件下作出质谱图进行对比。

（2）质谱要在高真空（1.013×10^{-3}Pa）下进行工作，故开机和关机，要严格执行开机程序和关机程序。

（3）如果突然停电，应将质谱仪的电源开关关闭。

5.7.7　思考题

（1）总离子流图是怎样产生的，为什么可作定量依据？
（2）气/质联用进行定性分析的可信度如何？
（3）GC/MS 定性及定量分析应记录那些色谱及质谱条件？
（4）GC/MS 有什么优点和局限性？

5.8　高效液相色谱法测定人参中人参皂苷 Rg_1、Re 及 Rb_1 的含量

5.8.1　目的要求

（1）掌握中药人参的含量测定方法。
（2）熟悉高效液相色谱仪的使用方法。

5.8.2　基本原理

　　人参含有人参皂苷和多糖等多种成分，其中人参皂苷属于末端吸收，采用三氯甲烷提取人参，再用正丁醇提取药渣的方法，可除去在 203nm 处干扰人参皂苷测定的杂质。为了减小实验条件波动对分析结果的影响，采用随机外标一点法定量。

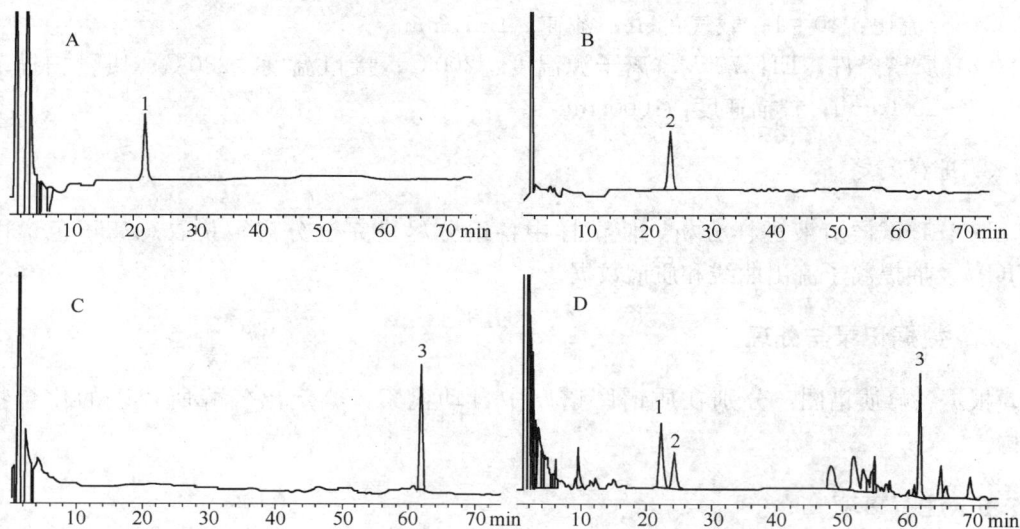

图 5-1　人参皂苷对照品 Rg_1（A）、Re（B）、Rb_1（C）和人参样品（D）色谱图
1. 人参皂苷 Rg_1　2. 人参皂苷 Re　3. 人参皂苷 Rb_1

5.8.3　仪器与试剂

（1）高效液相色谱仪；索氏提取器；超声波清洗机；分析天平。
（2）乙腈（色谱纯）；二次重蒸水；三氯甲烷、正丁醇、甲醇均为 AR 级。

（3）对照品：人参皂苷 Rg_1、Re、Rb_1（中国药品生物制品检定所）（图 5-1）。

（4）人参（市售品）。

5.8.4　实验步骤

（1）色谱条件与系统适用性。以十八烷基硅烷键合硅胶为填充剂；以乙腈为流动相 A，以水为流动相 B，按表 5-3 中的程序梯度洗脱；检测波长为 203nm。理论塔板数按人参皂苷 Rg_1 峰计算应不低于 6000。

表 5-3　法脱顺序

时间/min	流动相 A/%	流动相 B/%
0～35	19	81
35～55	19→29	81→71
55～70	29	71
70～100	29→40	71→60

（2）对照品溶液的制备。精密称取人参皂苷 Rg_1 对照品、人参皂苷 Re 对照品及人参皂苷 Rb_1 对照品，加甲醇制成每 1mL 各含 0.2mg 的混合溶液。

（3）供试品溶液的制备。取本品粉末（过四号筛）约 1g，精密称定，置索氏提取器中，加三氯甲烷加热回流 3h，弃去三氯甲烷液，药渣挥干溶剂，连同滤纸筒移入 100mL 锥形瓶中，精密加入水饱和正丁醇 50mL，密塞，放置过夜，超声处理（功率 250W，频率 50kHz）30min，滤过，弃去初滤液，精密量取续滤液 25mL，置蒸发皿中蒸干，残渣加甲醇溶解并转移至 5mL 容量瓶中，加甲醇至刻度，摇匀，滤过，取续滤液进样。

（4）测定。分别精密吸取对照品溶液 $10\mu L$ 与供试品溶液 $10\sim20\mu L$，注入液相色谱仪，测定。

5.8.5　数据记录与处理

本品按干燥品计算，含人参皂苷 Rg_1（$C_{42}H_{72}O_{14}$）和 Re（$C_{48}H_{82}O_{18}$）的总量不得少于 0.30%，人参皂苷 Rb_1（$C_{54}H_{92}O_{23}$）不得少于 0.20%。

5.8.6　思考题

HPLC 中常用的定量方法有几种？外标一点法有何优缺点？

5.9　高效液相色谱-质谱联用法鉴定复方中药的有效成分

5.9.1　目的要求

（1）熟悉高效液相色谱-质谱联用仪的基本工作原理。

（2）了解高效液相色谱-质谱联用的选择离子监测分析方法。

（3）了解高效液相色谱-质谱联用法在现代中药分析中的应用。

5.9.2　基本原理

高效液相色谱-质谱（HPLC-MS）是以 HPLC 为分离手段，MS 为检测器的一门综合性分析技术，高效液相色谱为质谱分析提供纯化了的试样，质谱则提供准确的结构信息，HPLC-MS 集 HPLC 的高分离能力与 MS 的高灵敏度、极强的定性专属特异性于一体，已成为包括药物代谢与药物动力学研究、药物微量杂质和药物降解产物的分析鉴定、组合化学高通量分析以及天然产物筛选等在内的现代药学研究领域最重要的分析工具之一。

HPLC/MS 主要由液相色谱系统、连接接口、质量分析器和计算机数据处理系统组成。其主要过程为试样通过液相色谱系统进样，在色谱中进行分离，然后进入接口。在接口中组分由液相离子或分子转变为气相离子，然后气相离子被聚焦于质量分析器中，根据质荷比进行分离，最后离子信号转变为电信号，由电子倍增器进行检测，其检测信号被放大并传输到数据处理系统。

LC-MS 的关键技术是接口技术，目前比较成熟的接口技术是大气压离子化（API）接口，其在大气压下将液相离子或分子转变为气相离子。其离子化方式包括电喷雾离子化（ESI）、大气压化学离子化（APCI）和大气压光离子化（APPI）。目前最常用的是 ESI 和 APCI 两种电离方式。

双黄连口服液是由金银花、黄芩和连翘三味中药提取精制而成，具有疏风解表、清热解毒之功效。用于治疗外感风热所致的感冒，以及发热、头痛、咳嗽及咽痛等。其中绿原酸、咖啡酸、黄芩苷和木樨草素等化合物是其主要活性成分（结构如图 5-2 所示）。因此，本实验采用 HPLC-MS 检测复方中药双黄连口服液中的绿原酸、咖啡酸、黄芩苷和木樨草素 4 种活性成分。

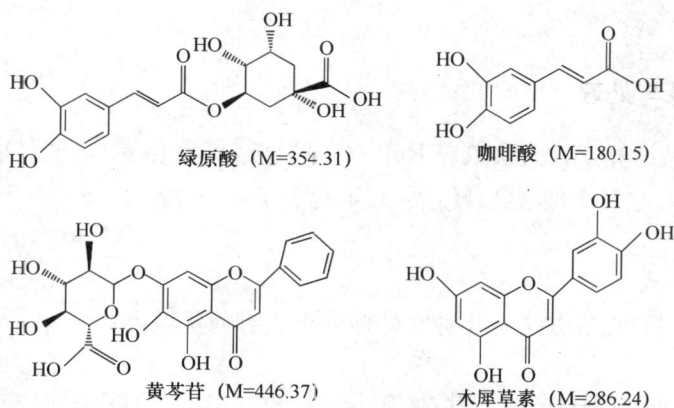

图 5-2　绿原酸、咖啡酸、黄芩苷和木樨草素的分子结构

5.9.3　仪器与试剂

（1）高效液相色谱-质谱联用仪（1100 LC /MS Trap SL 型，Agilent 公司）；电子

分析天平。

（2）甲醇（色谱纯）；甲酸及其他试剂均为 AR 级；所有用水均为超纯水。

（3）对照品：绿原酸、咖啡酸、黄芩苷和木樨草素。

（4）样品：双黄连口服液（市售）。

5.9.4　实验步骤

1. 溶液的制备

（1）对照品溶液的制备。取适量绿原酸、咖啡酸、黄芩苷和木樨草素对照品，精密称定，用甲醇溶解定容，分别配制成浓度为 $10.0\mu g/mL$ 的对照品溶液。取 4 种对照品溶液适量制成混合对照品液。

（2）样品溶液的制备。精密吸取双黄连口服液 $100.0\mu L$，用甲醇稀释并定容至 10mL，过 $0.45\mu m$ 的微孔滤膜，滤液供 HPLC/MS 分析。

2. 仪器操作条件（参考值）

（1）色谱条件。色谱柱：Johnson Spherigel C_{18}（250mm × 4.6mm i.d.，粒径 $5\mu m$）；流动相：含 0.3％甲酸的乙酸铵溶液（0.4mmol/L）（A）-甲醇（B）；梯度洗脱：0～10min，35％B，11～25min，65％ B，26～30min，35％B；流速：0.80 mL/min；柱温：25℃；进样量：$20\mu L$。

（2）质谱条件。分流比 3：1，仅约 0.2mL/min 进入质谱；ESI 离子源，温度 110℃；毛细管电压：4.0kV，锥孔电压：25kV；雾化气（N_2）和脱溶剂气（鞘气，N_2）流速分别为 50L/h 和 300L/h，鞘气温度：300℃。

ESI 正离子检测模式，分时段选择离子模式（SIM）：0～7min，m/z 377.4；7.0～12min，m/z 181.0；12～18min，m/z 447.1；18～25min，m/z 287.1。

3. HPLC/MS 样品测定

（1）分别进绿原酸、咖啡酸、黄芩苷和木樨草素对照品溶液，测定 4 种对照品溶液的色谱-质谱（图 5-3）。

在上述实验条件下，4 种成分的质谱图。绿原酸 [M＋Na]⁺ 离子峰（m/z 377.4），咖啡酸 [M＋H]⁺ 离子峰（m/z 181.0），黄芩苷 [M＋H]⁺ 离子峰（m/z 447.1），木樨草素 [M＋H]⁺ 离子峰（m/z 287.1）。因此，分别选择 m/z 为 377.4、181.0、447.1 和 287.1 的离子进行分段监测。

（2）测定绿原酸、咖啡酸、黄芩苷和木樨草素对照品混合液。

（3）测定样品，根据样品与对照品的峰面积比，采用外标对比法进行定量分析（图 5-4）。

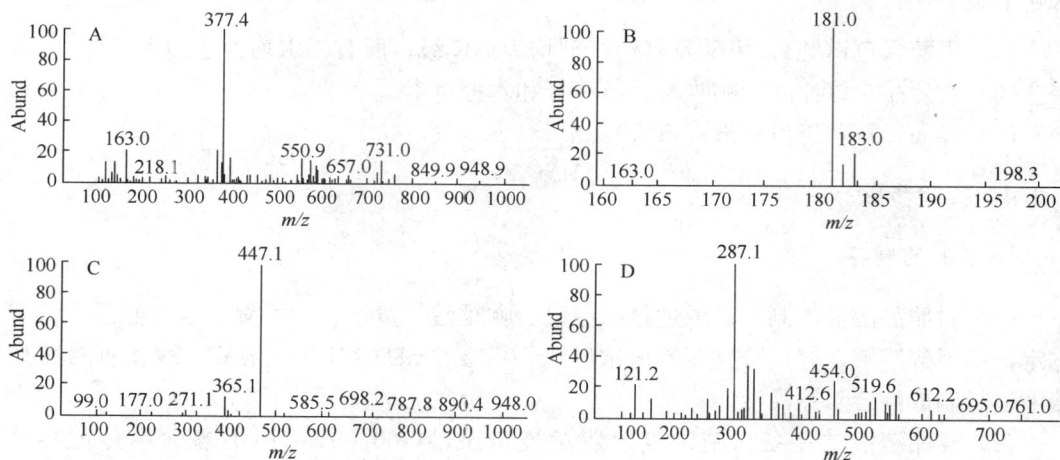

图 5-3　4 种对照品的一级质谱图

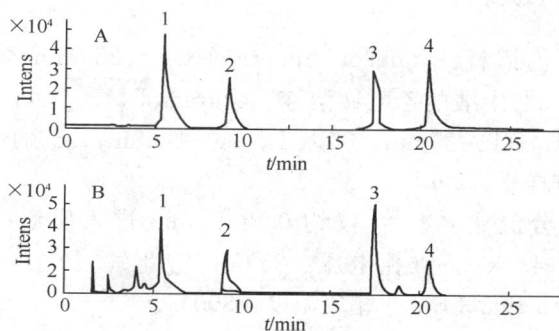

图 5-4　4 种对照品混合液（A）及样品（B）的 SIM 色谱图

5.9.5　数据记录与处理

（1）对样品中绿原酸、咖啡酸、黄芩苷和木樨草素色谱和质谱峰进行归属，并判断分离效果。

（2）用外标对比法计算绿原酸、咖啡酸、黄芩苷和木樨草素的含量。

5.9.6　注意事项

（1）流动相中含非挥发性盐类（如磷酸盐缓冲液或离子对试剂），不利于组分液相离子或分子在离子源中转化为气相离子，因此 LC-MS 的流动相不能包含非挥发性盐。

（2）LC-MS 正离子检测模式中除了出现组分的 $[M+H]^+$ 离子峰外，还会经常出现 $[M+Na]^+$、$[M+K]^+$ 离子峰。且质谱信号种类和强度受实验条件影响较大。

5.9.7　思考题

（1）HPLC-MS 与 HPLC 相比，在药物分析应用中的优越性主要体现在哪几个方面？

（2）影响 HPLC-MS 质谱信号强度的主要因素有哪些？

（3）本实验分析对象未达基线分离是否可以进行分析？

（4）本实验分析对象是否可以用负离子检测模式？如能，是以何种离子峰出现？

5.10　毛细管区带电泳分离手性药物的对映异构体

5.10.1　目的要求

（1）熟悉毛细管区带电泳（CEZ）的基本原理与方法。

（2）了解毛细管电泳仪的基本构造及其基本操作技术。

（3）了解毛细管电泳技术在药物分析中的应用。

5.10.2　基本原理

毛细管电泳（capillary electrophoresis，CE），是一类以弹性石英毛细管（内径 $30 \sim 100 \mu m$）为分离通道，以高压直流电为驱动力，依据样品各组分之间淌度和分配行为上的差异而实现分离的新型液相分离分析技术。

在电解质溶液中，带电粒子在电场的作用下，以不同的速度向其所带电荷相反方向迁移的现象叫电泳。CE 所用的石英毛细管，在 pH>3 的情况下其硅胶表面带负电，与溶液接触时形成了一双电层，在高电压作用下，双电层中的水合阳离子引起溶液在毛细管内整体向负极方向流动，形成电渗流（EOF）。粒子在毛细管电解质溶液中的迁移速度，等于电泳和电渗流两种速度的矢量和。正离子电泳方向和电渗流一致，故最先流出。中性粒子电泳速度为零，故其迁移速度相当于电渗流速度。负离子运动方向和电渗流方向相反，但因为电渗流速度，故它将在中性粒子之后流出，这样因各种粒子迁移速度不同而实现分离，如图 5-5 所示。

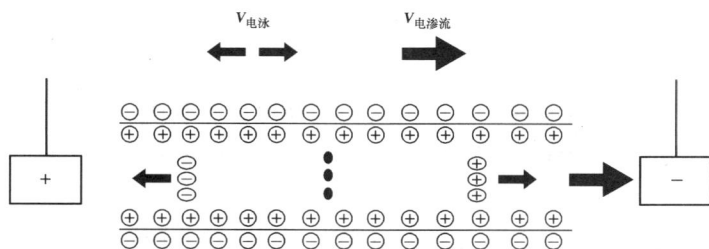

图 5-5　毛细管电泳的基本分离原理图

仪器结构（图 5-6）包括一个高压电源、一根毛细管、一个检测器和两个供毛细管两端插入而又可和电源相连的缓冲液贮瓶及数据采集处理系统。

毛细管电泳的分离模式有毛细管区带电泳（CEZ）、胶束电动毛细管色谱和毛细管电色谱等六种分离模式。最常用、最简单的是毛细管区带电泳，根据各种组分在毛细管内的迁移速度不同而实现分离。公式

$$v = (\mu_{ep} + \mu_{eo}) E$$

式中　υ——组分迁移速度，m/s；

　　　E——外加电场强度，V/m；

　　　μ_{ep}——待测组分淌度，$m^2/(s\cdot V)$；

　　　μ_{eo}——电渗流淌度，$m^2/(s\cdot V)$。

氧氟沙星（氟嗪酸）是一种广谱抗菌药，现在国内广泛应用的是其外消旋体。目前已有手性药物左旋氧氟沙星。其化学结构如图 5-7 所示。

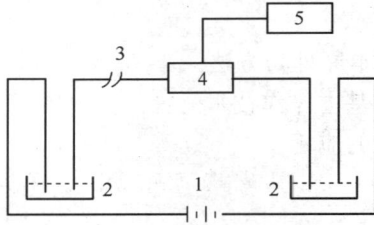

图 5-6　毛细管电泳结构示意图　　　　　图 5-7　氧氟沙星分子结构式
1. 高压电源 2. 缓冲池 3. 毛细管 4. 检测器 5. 数据采集处理系统

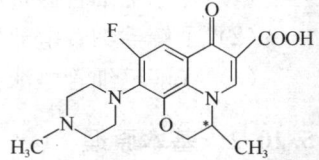

采用二甲基-β-环糊精（DM-β-CD）为手性选择剂，利用毛细管区带电泳法实现氧氟沙星的手性拆分。

5.10.3　仪器与试剂

（1）北京彩陆高效毛细管电泳仪；pH 计；分析天平；$0.45\mu m$ 微孔滤膜。

（2）二甲基-β-环糊精（DM-β-CD）（AR），磷酸、磷酸二氢钾、氢氧化钠均为 AR 级；二次去离子水。

（3）对照品：氧氟沙星和左旋氧氟沙星。

5.10.4　实验步骤

1. 溶液的配制

（1）背景电解质溶液的制备。称取磷酸二氢钾适量配制成 70mmol/L 溶液，用磷酸调节 pH 2.5，并使含 40mmol/L 二甲基-β-环糊精。用 $0.45\mu m$ 微孔滤膜过滤，超声波脱气备用。

（2）试样溶液制备。取氧氟沙星和左旋氧氟沙星适量，精密称定，加入二次去离子水溶解，配成 1.5mg/mL 的溶液，用 $0.45\mu m$ 微孔滤膜过滤，超声波脱气备用。

2. 电泳条件

二甲基-β-环糊精浓度：40mmol/L；电泳缓冲液：70mmol/L 混合磷酸盐缓冲液（pH 2.5），分离电压：20kV，检测波长：380nm；柱温：25℃。

3. 进样分离

（1）毛细管清洗。毛细管柱依次用 0.1mmol/L NaOH、二次去离子水、背景电解质缓冲溶液各冲洗 10 min（此时不施加高压电源），加电压平衡 5min。

（2）进样分析。采用重力进样，进出口两端高度差 10cm，进样时间 10s。进样后，迅速移开试样管，再换上缓冲溶液池，施加分离电压进行分离。

5.10.5 数据记录与处理

（1）记录氧氟沙星和左氧氟沙星样品的手性分离电泳图谱。
（2）按面积归一化法分别计算氧氟沙星样品中左旋体和右旋体所占的比例。

5.10.6 注意事项

（1）进样前的准备工作。对于紫外检测，需制作检测窗口，将毛细管小心穿过光学检测器，对准光路，安装好检测池，并将毛细管两端分别插入缓冲液池。

（2）样品和缓冲液的处理。均须用 $0.45 \mu m$ 微孔滤膜过滤，超声波脱气。

（3）通电后的毛细管勿用手触碰，保持仪器室的湿度和温度条件。两缓冲液池中溶液液面应保持同一水平面。将样品溶液装入塑料小管时，应防止内壁产生气泡，可用手指轻弹以排除气泡，以免进样时引入空气。在每次进样前用氢氧化钠、水、缓冲液清洗 5 min，待基线平稳后再进样。实验完成后要用水清洗毛细管，以防毛细管堵塞。

5.10.7 思考题

（1）CE 与 HPLC 的异同点？
（2）毛细管电泳在药物分析中有哪些应用？
（3）目前毛细管电泳技术有哪些优点和局限性？

5.11   葡萄糖酸钙锌口服液的含量测定（设计性）

5.11.1 实验目的

（1）巩固配位滴定分析法。
（2）熟悉常见金属指示剂的使用方法。

5.11.2 实验要求

（1）设计实验方案（提示：包括样品前处理和金属指示剂使用条件）。
（2）标准溶液的标定。
（3）完成实验内容。

5.11.3 实验内容

配位滴定法测定葡萄糖酸钙锌口服液中锌和钙的含量。

5.11.4 结果报告

（1）设计并填写实验数据处理表格。

（2）计算样品质量分数及标示量的百分含量。

注意：葡萄糖酸锌钙口服液的规格：本品为复方制剂，每 10mL 含葡萄糖酸钙 600mg、葡萄糖酸锌 30mg。其中纯钙含量为 54mg，纯锌含量为 4.2mg。

5.12　大豆中钙、镁、铁的含量测定（设计性）

5.12.1　实验目的

（1）掌握滴定分析法和分光光度法的综合运用。
（2）了解大豆样品分解处理方法。

5.12.2　实验要求

（1）设计实验方案（提示：包括样品前处理、滴定分析法和分光光度法的测定）。
（2）标准溶液的标定。
（3）完成实验内容。

注意：试样的前处理。

在市场上购买的大豆用粉碎机粉碎后，称取 10～15g 盛于蒸发皿中，置于马福炉中，先在 100～200℃炭化完全后（无烟产生），再升至 650℃灼烧 2h。取出冷却后，加 6mol/mL HCl 溶液 10mL，浸泡 20min，并不断搅拌，静止沉降，过滤，滤液置 250mL 容量瓶中，用蒸馏水洗沉淀、蒸发皿数次。定容、摇匀，待用。

5.12.3　实验内容

综合运用滴定分析法和分光光度法测定大豆中钙、镁、铁的含量。

5.12.4　结果报告

（1）设计并填写实验数据处理表格。
（2）计算样品质量分数

注意：每 100g 大豆中含有钙 367mg，镁 173mg，铁 11mg（均为参考值）。

5.13　高效液相色谱法定量分析（设计性）

5.13.1　实验目的

（1）学习 HPLC 分析条件的建立。
（2）练习 HPLC 仪器的使用。
（3）掌握 HPLC 分析系统适应性的考察方法及要求。
（4）掌握 HPLC 法测定样品含量的方法。

5.13.2　实验要求

（1）设计实验方案。（提示：包括定量分析方法、样品处理和 HPLC 实验参数：色谱柱、流动相、流速、检测波长等）

（2）配制对照品、样品溶液；配制流动相。

（3）试验选择实验条件，要求符合一般系统适应性要求。

（4）完成实验内容。

5.13.3　实验内容

HPLC 法测定维生素 B_{12} 注射液中维生素 B_{12} 的含量

5.13.4　结果报告

（1）设计并填写实验数据处理表格。

（2）计算样品质量分数及标示量的百分含量。

（3）计算系统适应性参数。

注意：维生素 B_{12} 注射液规格：每 1mL 含维生素 B_{12} 100μg。

附录 I　常用分析仪器操作规程

附录 I.1　752 型紫外-可见分光光度计操作规程

1. 仪器组成

紫外-可见分光光度计由光源、单色器、吸收池、检测器和数据处理显示系统组成。

2. 操作步骤

(1) 检查仪器样品室内是否有物品挡在光路上。

(2) 接通电源，打开开关（仪器背面），仪器进入自检状态。自检结束后，显示器显示 "546nm100％"。测量方式默认为透光率（％T），并自动调 100％ 和 0％T。

(3) 按 "FUNC" 键选择所需光源，按 "△" 或 "▽" 波长设定键，设置所需要的测定波长，仪器预热 20min。

(4) 选择比色皿。测定波长在 340～100nm 范围内，使用玻璃比色皿；测定波长在 190～340nm 范围内，则使用石英比色皿。比色皿的光面部分不能留有指印或溶液痕迹。

(5) 将参比溶液和待测溶液分别装入比色皿中，体积在比色皿容积的 2/3～3/4，溶液中不能有气泡或漂浮物。

(6) 比色皿光面置于光路中。参比池放在样品架的第一个槽位，其余 3 个放样品池。比色皿架的拉杆未拉出时，参比池被置于光路中。按 "100％T" 键，调节参比溶液透光率（％T）为 100.0％，此时参比溶液吸光度 A 为 0.000。

(7) 如测定透光率（％T），直接将样品置于光路中（连续拉出两挡），显示屏显示其透光率（％T）。如测定吸光度 A，按 "FUNC" 键，选择 "A"，将样品置于光路中，显示屏显示其 A 值。

(8) 测定结束后，关闭开关，拔掉电源。将比色皿清洗干净，倒扣在吸水纸上。

(9) 仪器归位，登记仪器使用情况。

附录 I.2　美谱达 UV-1100 型紫外-可见分光光度计操作规程

1. 开机

(1) 确认电源是否连接，仪器光路中无阻挡物，关上样品室盖，打开仪器电源开关，等待仪器自检通过，自检过程中禁止打开样品室。

（2）仪器自检完成后进入预热状态，若要精确测量，预热时间需在 30min 以上。

（3）确认比色皿的配对性以及洁净度。若测试波长小于 300nm，必须使用石英比色皿。

2. 光度测量

（1）在仪器面板的主界面上选择左功能键（—）确认，进入"光度测量"。

（2）设置测试波长，选择键（GOTOλ），按（∧）或（∨）键入波长值，左功能键（—）确认进入到设定的波长值。

（3）校准 100％T、0Abs，将参比池盛以空白溶液，置于光路中，关上样品室盖，按（Zero）键将其调零。

（4）测量样品时，将盛有样品的样品池至于光路中，按左功能键（—）测量，结果会显示在面板上的数据列表中，重复本操作完成所有样品的测量。

（5）打印数据，选择（Print）键操作，按（∧）或（∨）选择"打印，清除数据"后，按左功能键（—）打印测量结果。

（6）删除数据，选择（Print）键操作，按（∧）或（∨）选择"不打印，清除数据"后，按左功能键（—）删除或存储测量数据。

3. 关机

（1）测定结束后，将比色皿中的溶液倒尽，然后用蒸馏水或有机溶剂冲洗比色皿至干净，倒立晾干。

（2）关闭电源，仪器归位，盖上防尘罩，登记仪器使用情况。

附录 I.3　上海天美 1102 型紫外-可见分光光度计操作规程

1. 开机

打开主机电源→计算机电源，仪器开始逐项自检，如各项检查均正常，则每项显示 OK 后，仪器自检完成，屏幕自动显示菜单"Main menu"窗口。如存在故障，该检查项显示不通过，并显示相应的故障说明，此时应排除故障后，方能进行测定。

2. 光谱扫描

（1）选择主菜单"Main menu"下子菜单"Wavelength scan"项，设置扫描参数：扫描波长范围、测定模式、纵坐标范围和扫描速度，单击"0（End setting）"完成参数设定。进入基线扫描界面，出现"Wavelength scan /Baseline correction"字样。

（2）将参比池装空白溶液放于样品槽内，置于光路后，按"start"键，开始基线扫描，出现"Please wait"字样，直到"Please wait"字样消失，表示基线扫描完毕。

（3）将样品池装对照品溶液放于样品槽内，置于光路后，按"Start"键，开始进行对照品溶液光谱扫描，出现"Executing"字样，直到"Executing"字样消失，表示对照品光谱扫描完毕，并显示出对照品溶液光谱图。

（4）在光谱图下方选择"Process"项，然后在"Process"界面选择"Peak"项，显示光谱图中的峰的波长和吸光度，记录波谱峰的波长，或按"Print"打印波峰值。按"Return"键返回主菜单。

3. 定量测定

（1）选择主菜单"Main menu"下子菜单"Photometry"项，在"Photometry"界面选择"T%/ABS"项，设置定量测定参数：波长个数、波长值、测量方式（T%或ABS），单击"0（End setting）"完成参数设定，进入定量测定界面，显示"Auto zero"字样。

（2）将参比池装空白溶液放于样品槽内，置于光路后，按"Start"键，"Auto zero"字样消失后，空白校正完毕

（3）将样品池装样品溶液放于样品槽内，置于光路后，按"Start"键，开始样品的定量测定，出现样品的吸光度值，记录样品的吸光度值。

4. 关机

（1）按"Return"键返回到主菜单"Main menu"界面，关闭电源。
（2）清洗比色皿，仪器归位，登记仪器使用情况。

附录Ⅰ.4　Shimadzu UV1750 型紫外-可见分光光度计操作规程

1. 开机

打开 power→仪器自检→预热 20min。

2. 光谱扫描

（1）两个比色皿均装上空白溶液，分别放在参比池架和样品池架上。

（2）在主菜单中选择模式：光谱（单击 2）→设置扫描参数（1. 测量方式：ABS；2. 间隔：0.5nm；3. 波长范围：750~200nm；4. 记录范围：0.0~ 1.0ABS；5. 扫描速度：中；6. 扫描次数：1；7. 显示模式：覆盖；8. 光源：自动）→基线校正（按 F1）。

（3）取一比色皿装空白溶液置于参比池架，另一比色皿装某一浓度标准溶液置于样品池架。按 Start →数据处理（按 F2）→峰检测（单击 3）→记录峰波长→按 Mode，返回主菜单。

3. 定量测定

（1）标准曲线绘制。参比池架上放空白溶液，样品池架上放空白溶液。选择模式：

定量（单击 3）→测量方法（单击 1）→波长定量法（单击 1）→输入测量波长（如 510.5 nm），$K=1.000$→定量方法（单击 2）→多点校正曲线（单击 3）→设置参数（标准样品数：6；次数（指回归方程的次方）：1；零截距：没有））→测定次数（3 次）→依次输入空白溶液和 1～5 号标准溶液浓度→按 $\boxed{\text{Start}}$（3 次），得空白溶液吸光度→换 1 号标准溶液置于样品池架→按 $\boxed{\text{Start}}$（3 次），得 1 号标准溶液吸光度→然后依次换 2～5 标准溶液测定吸光度→记录读数→校正曲线（按 $\boxed{\text{F1}}$）→显示方程式（按 $\boxed{\text{F2}}$）→按 $\boxed{\text{Return}}$ 返回至定量界面。

（2）样品测定。参比池架上放空白溶液，样品池架上放样品溶液→测量屏幕（按 $\boxed{\text{F3}}$）→按 $\boxed{\text{Start}}$（3 次）→记录 A 值，求平均值。

4. 关机

按 $\boxed{\text{Return}}$ 返回至主菜单→关闭 Power。

注：标准曲线绘制与样品测定也可采用光度测量模式：

选择模式：光度（单击 1）→选 ABS（按 $\boxed{\text{F1}}$）→按 $\boxed{\text{Go To WL}}$→输入测量波长（如 510.5nm）→参比池架上放空白溶液，样品池架上放样品溶液（分别是空白溶液、1～5 号标准溶液和样品溶液）→→测量屏幕（按 $\boxed{\text{F3}}$）→按 $\boxed{\text{Start}}$（3 次），记录读数，依次测得空白溶液、1～5 号标准溶液和样品溶液的吸光度，然后采用 Excel 等软件处理数据，得回归方程和标准曲线，计算样品浓度。

附录 I.5　Shimadzu UV-2401 型紫外-可见分光光度计操作规程

1. 开机

（1）打开主机电源，计算机电源。

（2）进入 Windows 界面，双击"Shimadzu"，再双击"UV-2401"，即进入 UV-2401 操作屏幕。仪器开始逐项自检，全部通过后，屏幕显示应用窗口。自检通过后有蜂鸣声提示。自检全部完成后，方可继续操作。在自检时，如各项检查均正常，界面在各项检查项后均显示为绿色图标；如存在故障，则该检查项后显示红色图标，此时应排除故障后，方能进行测定。

2. 光谱扫描

（1）选择主菜单"Acquire mode"下子菜单"Spectrum"项，选择主菜单"Configure"项下子菜单"Parameters"项，设置扫描参数：扫描速度、波长范围、测量方式、狭缝宽度、采样间隔。按"OK"完成参数设定，回到测定界面。

（2）参比池和样品池均盛以空白溶液，置于样品室内，关上样品室门。

（3）选择"Base line"，开始进行扫描，基线校正完毕后，样品池换上样品溶液。

（4）按"Start"开始扫描，扫描结束，出现文件名对话框，选择"save"保存或"discard"删除数据。如测多份样品，更换样品溶液后单击"start"即可。

（5）检测峰，选择"Manipulate"项下"Peak pick"，选择"Output"下"Save table"保存数据为文本文档。

（6）将光谱图、文本文档（上述保存的文档）、测定参数等打印在一起。选择"Presentation"菜单下"Plot"，在 A、B、C、D 项后选择要打印内容及文件名，在 1、2、3、4 位置排好版，按"Print"即可。

3. 定量测定

（1）选择"Acquire Mode"项下"Quantitative"项，设置定量测定参数：定量方法、波长、记录范围、狭缝宽度、重复次数、浓度范围。按"OK"完成参数设定，回到测定界面。

（2）参比池和样品池均盛以空白溶液，置于样品室内，关上样品室门，选择"Auto zero"，仪器自动调零。

（3）将标准溶液装入比色皿中，置于样品室内，选择"Standard"，选择"Read"，出现"Edit standard"对话框，输入标准溶液浓度，依次测定一系列标准品的浓度，建立工作曲线。

（4）将样品装入比色皿中，置于样品室内，选择"Unknown"，选择"Read"，计算机自动计算出样品数据。

（5）测定结束时，从"File"菜单中选择"Save as"输入文件名。

4. 关机

（1）测定结束后，单击"Exit"，退出主屏幕，关闭电源。

（2）清洗比色皿，仪器归位，登记仪器使用情况。

附录 I.6　Shimadzu UV-2450 型紫外-可见分光光度计操作规程

1. 开机

（1）接通电源，打开微机，开启光度计，双击桌面"Uvprobe 2.21"。

（2）单击"Connect"，以连接仪器。仪器自动进入自检状态，自检完成后，点"OK"。

2. 光谱扫描

（1）选择单击"Spectrum module"图标。

（2）单击工具条中的"M"。

（3）在弹出对话框内，选择填上实验所需要的参数。例如：波长范围等。

（4）单击"确定"完成设置。

（5）单击"Gragh"，在下拉菜单中单击"Custornize"。

（6）单击"Iimits"填上需要的参数，如 x、y 轴范围等，单击确定，完成设置。

（7）在光度计的两个比色皿中，都放入参比溶液。

（8）单击"Baseline"，扫描基线。

（9）基线扫描结束后，将外边样品槽中比色皿取出，换成待测溶液，

（10）单击"Start"，则开始扫描记录光谱。

（11）扫描结束，出现文件名对话框，在对话框内，填上保存地址及光谱名称。

（12）选择"Save"，数据被保存在指定的文件夹中。

（13）可继续其他样品测定。

（14）点"File"，在下拉菜单中，点"Print"，则开始打印屏幕上的光谱图。

3. 定量测定

（1）双击桌面"Uvprobe"图标，进入工作界面。

（2）建立数据采集方法。

① 单击工具条中（M）。

② 在"Wevelenth"（波长）栏中填上需要的波长后，单击"Add"，单击下一步，在新对话框中，选择填上需要的内容。

③ 打开"Measurement parameter"，单击"Instrument parameter"。在"Measuring mode"中，选取"Absorbance"，狭缝选择 2，其他默认，单击"close"。

（3）建立数据保存方法。

① 单击"File"，在菜单中选"Save as"，在文件名中，填上"Phtometh"在保存类型中，填上（*.pmd)，单击保存。

② 测定标准样品，包括输入文件信息，创建标准样品表，测定标准样品，查看标准曲线。单击"File"，在菜单中点"New"，清除遗留的方法。单击"File"，在菜单中点"Open"，在列表中，选中目标方法，单击打开。单击"File"，在菜单中点"Property"，在名字框中填上 Photo 1，其他可默认，单击确定。

（4）单击标准样品表，在"Sample ID"及"Concentration"项中填上对应的数值。将第一份标准溶液放入比色皿中，单击"Read std"。单击"Yes"。则开始测定，结果自动列入表中，依次将第 2、3、4…标准溶液放入，测定，结果测出，列入表中。

（5）保存标准样品表，单击"File"，在菜单中点"Save as"，输入文件名，在保存类型中选择"Standard files（*.std)"，单击保存。

（6）单击"File"，选择"Save as"，输入名字后，单击保存。

4. 关机

（1）测定结束后，退出主屏幕窗口。关闭电源。

（2）清洗比色皿，仪器归位，登记仪器使用情况。

附录Ⅰ.7　Nicolet IR-100 型红外分光光度计操作规程

1. 压片

（1）取 0.1～0.2g KBr（光谱纯），置玛瑙研钵中，在红外灯下研匀并除去水分。

（2）将 KBr 倒入压片模具中，装好模具，放上压片机，同时抽真空。

（3）关闭放油阀：顺时针转动 1/4 圈。

（4）压动加压杆，至压力表读数为 10～20MPa，停留 2min。

（5）打开放油阀：逆时针转动 1/4 圈，注意不可将放油阀逆时针旋转过多。

（6）取下模具，小心打开模具，可见一透明的 KBr 薄片，即可供扫描。

（7）取样品粉末 1～2mg 加至 0.1～0.2g KBr 中，红外灯下研匀，从步骤（2）操作即可。

2. 光谱扫描

（1）打开主机电源预热 30min。

（2）打开电脑，双击 Encompass，进入操作界面。

（3）首先进行空白扫描，在样品架上装上空白片，打开"Collect"→"Background"。

（4）对样品片扫描："Collect"→"Sample"。扫描结束后存入样品名。

（5）对已扫描的谱图进行分析："Analyze"→"Find Peaks"（寻找峰，标出波数值）。

（6）对扫描谱图进行处理："Process"→"Smooth"（每点一次可使基线平滑）→"Annotation"（可把波数拖至任一位置）。

（7）设置报告方法："Setup"→"Print Options"→…

（8）打印报告"File"→"Print"。

3. 关机

（1）测定结束后，退出工作站，关闭电脑，关闭电源。

（2）用乙醇清洗模具，仪器归位，登记仪器使用情况。

附录Ⅰ.8　Nicolet IS5 型红外分光光度计操作规程

1. 压片

（1）取约 0.1～0.2g KBr（光谱纯），置玛瑙研钵中，在红外灯下研匀并除去水分。

（2）将 KBr 倒入压片模具中，装好模具，放上压片机，同时抽真空。

（3）关闭放油阀：顺时针转动 1/4 圈。

（4）压动加压杆，至压力表读数为 10～20MPa，停留 2min。

（5）打开放油阀：逆时针转动 1/4 圈，注意不可将放油阀逆时针旋转过多。

（6）取下模具，小心打开模具，可见一透明的 KBr 薄片，即可供扫描。

（7）取样品粉末 1~2mg 加至 0.1~0.2g KBr 中，红外灯下研匀，从步骤（2）操作即可。

2. 样品测试

（1）打开主机电源预热 30min。

（2）打开电脑，运行"Omnic"程序，选择"采集"菜单下的"实验设置"选项。单击"光学台"——Max 为 6 左右，表示仪器稳定，单击"确定"。

（3）单击"采集"菜单下的"采集样品"，输入样品名称后单击"确定"；弹出"请准备采集背景"对话框点"确定"，出现"采集样品"对话框后，将制备好的样品迅速放入仪器样品室的固定位置上，单击"确定"得到样品的红外光谱图。

（4）谱图处理：单击菜单"图谱分析"中的"标峰"，上下单击鼠标，标出所需峰值，单击右上角的"替代"，得到有峰标记的红外谱图

（5）谱图保存：选择"文件"菜单下"另存为"，把谱图存到相应的文件夹。

3. 关机

（1）测定结束后，退出工作站，关闭电脑，关闭电源。

（2）取出样品，用乙醇清洗模具。仪器归位，登记仪器使用情况。

附录Ⅰ.9　布鲁克 TENSOR27 型红外光谱仪操作规程

1. 样品测试

（1）单击 ![icon]，设置各项参数：保存峰位和输入样品名称以及扫描波长范围。

（2）扫描背景。

（3）液体样品直接涂敷在测试部位，固态样品需要用压杆轻压。

（4）开始样品预览扫描，最后在谱图区单击"Start"开始测试。

（5）测完，马上用脱脂棉花和溶剂擦干净测试部位和压杆。

2. 谱图处理

（1）单击 ![icon] 调出自己的数据文件。

（2）单击 ![icon] 扣除谱图中水和 CO_2 干扰。

（3）单击 ![icon]，调整基线。

（4）单击 ![icon]，标峰位，然后选择"Store"保存。

（5）单击 ![icon] 手动标峰。

（6）单击 ![icon] 打印谱图。

3. 注意事项

（1）测试的样品不能是强酸、强碱或络合剂，装载样品不能用毛细管和进样针等尖锐的物体。

（2）测试前和测试完毕须用相应溶剂清洗仪器测试部位。

（3）建议每次测定样品时都做一次背景扫描。

附录 Ⅰ.10　GGX-9 型原子吸收分光光度计操作规程

1. 开机

（1）选择安装被测元素的空心阴极灯（HCL），打开主机电源，依据光斑位置，调整灯位置以保证光源正对喷射口正上方 4～6mm 的位置。

（2）打开电脑、工作站，出现"请打开主机电源"提示，按"确认"，仪器自检，约 3min 后出现"光零曲线"，按"返回"，软件回到主窗口。

2. 仪器参数设置

（1）单击"工作条件最佳化"，进入仪器参数设置界面。

（2）单击"仪器条件"→"元素选择"→选择测定元素→按"确定"（仪器自动填入所测元素，选定检测波长）→选择工作方式（选择吸收）、光谱带宽、设置灯电流、负高压→按"确定"。

（3）单击"自动波长"，此时仪器自动寻找该元素能量最大的谱线，手动调节灯的位置，使能量最大为止。

（4）参数及条件设置确认后，打开乙炔气和助燃气，流量比 1∶5，用点火器点火。

（5）单击"自动高压"，在工作状态下再调灯能量到 100。

3. 分析条件设置

（1）单击"分析条件"。

（2）在"标准系列"中填入 1～n 个系列标准溶液的浓度值。

（3）选择分析单位、测量方式（标准曲线）、积分时间（3.0）、信号处理。

4. 测试

（1）单击"数据测量"，进入测量界面。

（2）空白溶液测试。将吸样管插入空白溶液中，单击"清零"，待读数稳定或曲线平稳时→单击"空白"，置空白溶液吸光度为零。

（3）标准溶液测试。将吸样管插入浓度最低的标准溶液中，待读数稳定或曲线平稳时，单击"标准"→单击"标样 1"，依次测试标样 2、3…

（4）标准溶液测试完毕，单击"标准曲线"出现标线图，单击"曲线处理"出现标准品相关信息和回归方程。

(5) 将吸样管插入样品溶液瓶中,待读数稳定或曲线平稳时,单击"样品",仪器记录样品吸光度并根据标准曲线计算出样品浓度值。

(6) 单击"结果处理"→单击"测量结果打印"→打印报告;单击"仪器准备"→单击"测量结果存盘",可将测量结果保存在建好的文件夹中。

5. 关机

(1) 样品测量完毕,将吸样管插入去离子水中,冲洗雾化器。

(2) 关闭乙炔气和助燃气。关闭仪器电源。关闭工作站、计算机。

(3) 关闭乙炔气总阀门。

(4) 仪器归位,登记仪器使用情况。

附录 I.11　TAS-990 型原子吸收分光光度计操作规程

1. 开机

(1) 打开抽风设备;打开稳压电源;打开计算机电源,进入 Windows Xp 桌面系统;打开 TAS-990 火焰型原子吸收主机电源。

(2) 双击 TAS-990 程序图标"AAwin",选择"联机",单击"确定",进入仪器自检画面。等待仪器各项自检"确定"后进行测量操作。

2. 选择元素灯及测量参数

(1) 选择"工作灯 (W)"和"预热灯 (R)"后单击"下一步"。

(2) 设置元素测量参数,可以直接单击"下一步"。

(3) 进入"设置波长"步骤,单击寻峰,等待仪器寻找工作灯最大能量谱线的波长。寻峰完成后,单击"关闭",回到寻峰画面后再单击"关闭"。

(4) 单击"下一步",进入完成设置画面,单击"完成"。

3. 设置测量样品和标准样品

(1) 单击"样品",进入"样品设置向导"主要选择"浓度单位"。

(2) 单击"下一步",进入标准样品画面,根据所配制的标准样品设置标准样品的数目及浓度。

(3) 单击"下一步";进入辅助参数选项,可以直接单击"下一步";单击"完成",结束样品设置。

4. 点火步骤

(1) 选择"燃烧器参数"输入燃气流量为 1500 以上。

(2) 检查液位检测装置里是否有水。

（3）打开空压机，空压机压力达到 0.22～0.25MPa。

（4）打开乙炔，调节分表压力为 0.07～0.08MPa。

（5）单击点火按键，观察火焰是否点燃；如果第一次没有点燃，请等 5～10s 再重新点火。

（6）火焰点燃后，把进样吸管放入蒸馏水中 5min 后，单击"能量"，选择"能量自动平衡"调整能量到 100%。

5. 测量步骤

（1）标准样品测量。把进样吸管放入空白溶液，单击校零键，调整吸光度为零；单击测量键，进入测量画面（在屏幕右上角），依次吸入标准样品（必须根据浓度从低到高的测量）。注意：在测量中一定要注意观察测量信号曲线，直到曲线平稳后再按测量键"开始"，自动读数 3 次完成后再把进样吸管放入蒸馏水中，冲洗几秒钟后再读下一个样品。做完标准样品后，把进样吸管放入蒸馏水中，单击"终止"按键。把鼠标指向标准曲线图框内，单击右键，选择"详细信息"，查看相关系数 R 是否合格。如果合格，进入样品测量。

（2）样品测量。把进样吸管放入空白溶液，单击校零键，调整吸光度为零；单击测量键，进入测量画面（屏幕右上角），吸入样品，单击"开始"键测量，自动读数 3 次完成一个样品测量。注意事项同标准样品测量方法。

（3）测量完成。如果需要打印，单击"打印"，根据提示选择需要打印的结果；如果需要保存结果，单击"保存"，根据提示输入文件名称，单击"保存（S）"按钮。以后可以单击"打开"调出此文件。

（4）如果需要测量其他元素，单击"元素灯"，从"2"项起进行操作。

6. 关机

（1）样品测量完毕，将吸样管插入去离子水中，冲洗雾化器。

（2）测量完成后，一定要先关闭乙炔，等到计算机提示"火焰异常熄灭，请检查乙炔流量"；再关闭空压机，按下放水阀，排除空压机内水分。

（3）关闭仪器电源。关闭工作站、计算机。

（4）关闭乙炔气总阀门。

（5）仪器归位，登记仪器使用情况。

附录 I.12　960CRT 型荧光光度计操作规程

1. 开机

打开荧光光度计电源 Power→打开计算机→单击 960CRT 工作站→初始化→预热 30min。

2. 光谱扫描

（1）放入空白溶液 ⎫
（2）放入最大浓度标准溶液 ⎭→单击 定性分析 →单击 参数设定 →设定扫描方式

（EM）、波长范围（385～700nm）、灵敏度和扫描速度（中速）→单击 确定 →单击

开始扫描 →单击 保存 （路径 C：\960CRT\自拟文件名.ygw）。

（3）单击 定性分析 →单击 图谱分析 →调入已保存的图谱→点中文件（空白溶液和

标准溶液）→单击 确定 → ⎰记录最大发射波长⎱ →记录数据。
　　　　　　　　　　　　⎱观察瑞利和拉曼散射⎰

3. 绘制标准曲线

单击 设置及测试 →单击 参数设定 →设定灵敏度等参数→按 Toλ 键→输入扫描所

得的波长→单击 退出 →单击 定量测量 →放入空白→单击 测本底 →依次放入标准溶液

（由稀到浓）→输入浓度值→单击 测 INT （荧光强度）→记录 INT 与 C→单击 1 次

（回归方程的次方）→单击 拟合 键→单击 保存 （路径 C：\960CRT\自拟文件名.ygw）

→退出。

4. 样品测定

单击 定量测定 →单击 打开标准曲线 →点中保存的文件→放入样品溶液→单击

测 INT （3～5次）→求平均值→记录 INT 值（F）与浓度（C）。

5. 关机

关机顺序：计算机→显示器→打印机→主机→电源。

附录 I.13　SP1000 及 2100 型气相色谱仪操作规程

1. 仪器组成

（1）气源部分：包括氮气钢瓶，氢气源发生器，空气源发生器。

（2）气相色谱仪主机：SP1000 型包括氢火焰离子化检测器（FID），2100 型包括氢
火焰离子化检测器（FID）及热导检测器（TCD）。

（3）计算机及 C-21 色谱数据采集单元。

2. 操作步骤

（1）选择合适的色谱柱一端接进样器，另一端接所用的检测器，如使用热导检测

器，必须同时装两根色谱柱。

（2）打开载气钢瓶的总阀及减压阀至 0.4～0.5MPa，确定有载气流量后，打开气相主机电源开关。在面板上按"设定"键（2100 型为状态/设定切换键）进入设定参数界面，设定柱温（恒温、程序升温）、进样器温度、检测器温度。程序升温包括起始温度、起始时间、升温速率、结束温度、结束时间等。设定完毕，按"状态"键，显示仪器在升温状态中，"等待"指示灯亮，到达所设温度后，"就绪"指示灯亮起。

（3）打开氢气发生器和空气发生器电源开关，通气 10min。按住主机上"点火"钮数秒钟点燃氢火焰。如点燃，在"状态"界面下可观察到信号值显著增大，并趋于一稳定值。

（4）打开电脑，双击 BF-2002 色谱工作站图标，进入色谱工作站。

（5）进入"设定方法"设置采集时间，SP1000 型设置采样通道为"A"通道（2100 型 FID 检测器选"A"通道，TCD 检测器选"B"通道），进入"数据采集"，单击"开始采样"。

（6）用微量注射器取样，注入样品，立即按动 C-21 色谱数据采集单位的触发钮，即开始记录色谱图（如使用程序升温，必须再按主机面板上"Start"钮，触发程序升温，此时运行指示灯亮）。采样结束弹出存储谱图对话框，命名保存色谱图。

（7）打开"谱图处理"进行积分编辑，并保存处理结果。

（8）打开"打印"菜单下，单击"打印"，即打印报告。

3. 关机

（1）实验结束关闭工作站，关闭氢气发生器和空气发生器开关。

（2）主机降温，在面板上按"设定"键进入设定参数界面，设置柱温 30℃，进样器 40℃，检测器 40℃。等温度降到设定值后，关闭主机电源。

（3）关闭载气，仪器归位，填写使用记录。

附录Ⅰ.14　1120 型气相色谱仪操作规程

1. 仪器组成

（1）气源部分：包括氮气钢瓶，氢气源发生器，空气源发生器。
（2）气相色谱仪主机：包括氢火焰离子化检测器（FID）。
（3）计算机及 N2000 色谱工作站。

2. 操作步骤

（1）选择合适的色谱柱一端接进样器，另一端接 FID 检测器。

（2）打开载气钢瓶的总阀及减压阀至 0.4～0.5MPa，确定有载气流量后，打开气相主机电源开关。待仪器进行自检和初始化后，会在面板上显示全部通过并发出两声蜂鸣声，屏幕会跳到"主菜单"界面。按数字键（4）进入"4. 常规信息"界面，设定参数：4）进入"4. 常规信息"界面，设定参数，设定进样器温度、柱箱温度及检测器温度。如需程序升温，则需返回到"主菜单"界面，按数字键（2）进入"2. 柱箱"界面，设置升温程序。设定完毕，按"启动"键，仪器开始升温程序。

（3）打开氢气发生器和空气发生器电源开关，通气 10min。进入"主菜单"界面，按数字键（3）进入"3. 检测器"界面，按数字键（1），进入 FID 检测器界面。按（▲）或（▼）移动光标，选择"A 路点火开关"，按（▶）点火，状态由"OFF"变为"ON"，点燃氢火焰。

（4）打开电脑，双击 N2000 色谱工作站图标，进入色谱工作站。出现"打开通道1"或"打开通道2"画面，在 1 或 2 或两者旁边单击，打上一个"√"，再单击"OK"即可以进入 N2000 型在线色谱工作站。

（5）出现"实验信息"方法，进行实验信息编辑。单击"方法"，进入编辑实验方法，编辑实验方法。

（6）单击"采集控制"，完毕后，单击"采用"按钮。用微量注射器取样，注入样品，立即按"采集数据"，即开始记录色谱图，采集数据完毕，单击"停止采集"，完成采集。

（7）打开"离线色谱工作站"进行积分编辑，并保存处理结果。

（8）打开"打印"菜单下，单击"打印"，即打印报告。

3. 关机

（1）实验结束关闭工作站，关闭氢气发生器和空气发生器开关。

（2）主机降温，在面板进入"4. 常规信息"设定参数界面，设置柱温 30℃，进样器 40℃，检测器 40℃。等温度降到设定值后，关闭主机电源。

（3）关闭载气，填写使用记录。

附录Ⅰ.15　GC9790 型气相色谱仪操作规程

Ⅰ.15.1　仪器组成

气相色谱仪由气路系统、进样系统、分离系统、检测系统（TCD）、温控系统和数据处理系统组成。

Ⅰ.15.2　操作步骤

GC9790 气相色谱仪的整个操作过程包括：实验条件设置（开气、开机、温度设置、桥流设置和建立文件）、在线采集数据、离线数据分析和关机。

1. 实验条件设置

（1）开气。钢瓶阀（逆时针旋转打开）→ 钢瓶减压阀（顺时针旋转打开）→ 净化器（On）→ 载气总压（0.3MP）载气Ⅰ、载气Ⅱ（0.05MPa，逆时针旋转约 2.5 圈，两柱流量相等)。

(2) 开机。按色谱仪 $\boxed{\text{Power}}$ 键(打开色谱仪主机电源)→按加热器 $\boxed{\text{Power}}$ 键(打开加热器电源)→打开 电脑主机及显示器。

(3) 温度设置。按 $\boxed{\text{柱箱}}$ 键(输入 $100℃$)→按 $\boxed{\text{热导}}$ 键(输入 $110℃$)→按 $\boxed{\text{注样器}}$ 键($110℃$)(设置方法:按所需设置的项目按钮→ 按数字键→ 按输入键)。

(4) 桥流设置。按 $\boxed{\text{参数}}$ 键→ 按输入键移动光标至 Current→ 数字键输入.35→若复位灯亮则按复位键(右边门内)→ 按下开关。

(5) 建立文件:打开我的电脑→ D 盘→ 分析化学→ 建立以班级命名的文件夹。

2. 在线采集数据

(1) 填写信息。单击在线工作站→ 选择打开通道 1→ 单击实验信息(填写全部项目)→ 单击实验方法(选择采样结束时间,采样结束后自动积分和文件保存方式等)→选择样品保存路径→单击 $\boxed{\text{采用}}$ 键。

(2) 查看基线。单击 $\boxed{\text{方法}}$ → 单击 $\boxed{\text{采样控制}}$ → 单击 $\boxed{\text{数据采集}}$ → 单击 $\boxed{\text{查看基线}}$ →按 $\boxed{\text{零点校正}}$ →单击 $\boxed{\text{查看基线}}$ →基线平直后,再按 $\boxed{\text{查看基线}}$ 。

(3) 数据采集:注射器注入样品(同时按遥控开关或单击采集数据)→ 等待出峰完毕→ 再按 $\boxed{\text{数据采集}}$ (停止数据采集)谱图和数据按所设路径自动保存。

3. 离线数据分析

图谱分析:单击离线工作站→单击 $\boxed{\text{图谱}}$ → 调入已存的文件→ 积分方法(面积校正,归一法)→ 单击 $\boxed{\text{采用}}$ → 单击 $\boxed{\text{组分表}}$ → 单击 $\boxed{\text{全选}}$ → 填峰名→ 填校正因子→单击 $\boxed{\text{采用}}$ → 单击报告编辑→ 选择打印项目(系统评价、显示图谱、实验信息、积分方法、组分表)→记录数据。

4. 关机

调节温度为 $50℃$(包括注样器、柱箱、热导)→ 降至 $50℃$ 后关闭加热器电源→关闭色谱仪主机电源→关闭电脑

附录Ⅰ.16 安捷伦 7890A 气相色谱仪操作规程

1. 操作前准备

(1) 打开柱温箱门查看是否是所需用的色谱柱,若不是则旋下毛细管柱连接进样口和检测器的螺母,卸下毛细管柱。换上所需毛细管柱,放上螺母,并在毛细管柱两端各放一个石墨环,然后将两侧柱端截去 $1\sim2mm$,进样口一端石墨环和柱末端之间长度为

4～6mm，检测器一端将柱插到底，轻轻回拉 1mm 左右，然后用手将螺母旋紧，不需用扳手。新柱老化时，将进样口一端接入进样器接口，另一端放空在柱温箱内，检测器一端封住，新柱在低于最高使用温度 20～30℃以下，通过较高流速载气连续老化 24 小时以上。

（2）开启载气（N_2 or He）钢瓶高压阀前，首先检查低压阀的调节杆应处于释放状态，打开高压阀，缓缓旋动低压阀的调节杆，调节至约 0.6MPa。打开氢气钢瓶或氢气发生器主阀，调节输出压至 0.4MPa。启动空气发生器，调节输出压至 0.4MPa。用检漏液检查柱及管路是否漏气。

2. 主机操作

（1）接通电源，打开电脑，进入英文 Windows NT 主菜单界面。开启主机，主机进行自检，进入 Windows 系统后，双击电脑桌面的 "Instrument online" 图标，使仪器和工作站连接。

（2）编辑新方法。

① 从 "Method" 菜单中选择 "Edit entire method"，根据需要勾选项目，"Method information"（方法信息），"Instrument/Acquisition"（仪器参数/数据采集条件），"Data analysis"（数据分析条件），"Run time checklist"（运行时间顺序表），确定后单击 "OK"。

② 出现 "Method commons" 窗口，如有需要输入方法信息（方法用途等），单击 "OK"。

③ 进入 "Agilent GC method：Instrument 1"。

④ "Inlet" 参数设置。输入 "Heater"（进样口温度）；"Septum purge flow"（隔垫吹扫速度）；拉下 "Mode" 菜单，选择分流模式或不分流模式或脉冲分流模式或脉冲不分流模式；如果选择分流或脉冲分流模式，输入 "Split ratio"（分流比）。完成后单击 "OK"。

⑤ "CFT Setting" 参数设置。选择 "Control mode"（恒流或恒压模式），如选择恒流模式，在 "Value" 输入柱流速。完成后单击 "OK"。

⑥ "Oven" 参数设置。选择 "Oven temp on"（使用柱温箱温度）；输入恒温分析或者程序升温设置参数；如有需要，输入 "Equilibration time"（平衡时间），"Post run time"（后运行时间）和 "Post run"（后运行温度）。完成后单击 "OK"。

⑦ "Detector" 参数设置。勾选 "Heater"（检测器温度），"H_2 flow"（氢气流速），"Air flow"（空气流速），"Makeup flow"（N_2 尾吹速度），"Flame"（点火）和 "Electrometer"（静电计），并对前 4 个参数输入分析所要求的量值。完成后单击 "OK"。

⑧ 如果在①中钩选了 "Data analysis"，出现 "Signal detail" 窗口。接受默认选项，单击 "OK"；出现 "Edit Integration events"（编辑积分事件），根据需要优化积分参数。完成后单击 "OK"；出现 "Specify report"（编辑报告），选择 "Report style"（报告类型）；"Quantitative results"（定量分析结果选项）。完成后单击 "OK"；如果在

①中钩选了"Run time checklist",出现"Run time checklist",至少勾选"Data Acquisition"(数据采集)。完成后单击"OK"。

(3)方法编辑完成。储存方法:单击"Method"菜单,选中"Save mmethod as",输入新建方法名称,单击"OK"完成。

(4)单个样品的方法信息编辑及样品运行。从"Run control"菜单中选择"Sample info"选项,输入操作者名称,在"Data file"—"Subdirectory"(子目录)输入保存文件夹名称,并选择"Manual"或者"Prefix/Counter",并输入相应信息;在"Sample parameters"中输入样品瓶位置,样品名称等信息。完成后单击"OK"。

(5)待工作站提示"Ready",且仪器基线平衡稳定后,从"Run control"菜单中选择"Run method"选项,开始进样采集数据。

3. 数据处理

(1)双击电脑桌面的"Instrument 1 Offline"图标,进入工作站。

(2)选择数据,单击"File"—"Load signal",选择要处理数据的"File name",单击"OK"。单击打开图标,选择所需方法的"File Name",单击"OK"。

(3)积分。单击菜单"Integration"—"Auto integrate"。若积分结果不理想,可从菜单中选择"Integration"—"Integration events"选项,选择合适的"Slope sensitivity","Peak width, Area reject","Height reject"。从"Integration"菜单中选择"Integrate"选项,则按照要求,数据被重新积分。

(4)建立新校正标准曲线。

① 调出第一个标样谱图。单击菜单"File"—"Load signal",选择标样的"File name 单击"OK"。

② 单击菜单"Calibration"—"New calibration table"。

③ 弹出"Calibrate"窗口,根据需要输入"Level"(校正级),和"Amount"(含量),或者接受默认选项,单击"OK"。

④ 如果③中没有输入"Amount"(含量),则在此时(Amt)中输入,并输入"Compound"(化合物名称)。

⑤ 增加一级校正。单击菜单"File"—"Load signal",选择另一标样的"File Name",单击"OK"。然后单击菜单"Calibration"—"Add level"。

⑥ 方法储存。单击"Method"菜单,选中"Save method As",输入新建方法名称,单击"OK"完成。

4. 关机

仪器在测定完毕后,将检测器熄火,关闭空气、氢气,将炉温降至50℃以下,检测器温度降至100℃以下,关闭进样口、炉温、检测器加热开关,关闭载气。将工作站退出,然后关闭主机,最后将载气钢瓶阀门关闭,切断电源。

附录Ⅰ.17 Shimadzu LC-10A 型高效液相色谱仪操作规程

Ⅰ.17.1 仪器组成

高效液相色谱仪由流动相储液系统、高压泵、进样系统、分离系统（色谱柱）、检测器和数据处理系统组成。

Ⅰ.17.2 操作步骤

LC-10A 液相色谱仪的整个操作过程包括：开机（换（或装）流动相、排气泡、设置色谱参数、开启检测器、打开工作站和查看基线）→在线进样测定→离线数据分析→关机。

1. 实验条件设置

（1）换（或装）流动相。将经过纯化、过滤、脱气的流动相装入储液瓶中，检查砂芯滤器和输液管是否已插入流动相中。

（2）排气泡。开启高压泵电源（按 Power ）→色谱仪自检→观察输液管中是否有气泡（如有气泡）→开启排液阀置 Open 位置→按 Purge 键 $\xrightarrow[\text{至输液管中无气泡}]{\text{高压泵快速排除带有气泡的流动相}}$ 按 Purge 键→关闭排液阀置 Close 位置。

（3）设置色谱参数。按 Func 键→设置流速、最高压力和最小压力等参数 $\xrightarrow{\text{各个参数设定完毕}}$ 按 Enter 键→按 Pump 键，高压泵开始运行。

（4）开启检测器。按下检测器电源（按 Power ）→检测器自检→按 Func 键→设置测定波长、信号输入范围等 $\xrightarrow{\text{各个参数设定完毕}}$ 按 Enter 键。

（5）打开工作站。打开计算机→单击色谱工作站（N2000）→打开色谱工作站 Online 界面→设置参数（文件名、采集时间、图谱显示方式等）→单击 查看基线 →在检测器控制面板上按 Zero 键，调节检测器输出信号为零→在色谱工作站 Online 界面单击 零点校正 ，调节输入信号为零。

2. 在线采集数据（进样测定）

当基线平稳后，用微量注射器进样→按 采集数据 $\xrightarrow{\text{色谱峰完全流出后}}$ 按 采集数据 （或色谱工作站自动停止采集数据）终止采集数据。

3. 离线数据分析

打开色谱工作站的 Offline 界面，调入测定的色谱图，记录色谱数据。

4. 关机

关闭检测器电源（按 Power ）→按下高压泵 Pump 键→更换流动相（甲醇）→按下高压泵 Pump 键→0.5h 后关机（按 Power ）。

附录 Ⅰ.18　Shimadzu LC-20AT 型高效液相色谱仪操作规程

1. 仪器组成

该仪器由 LC-20AT 泵、SPD-20A 紫外检测器、Llheodyne7752i 手动进样器、柱温箱、LCsolution 色谱工作站组成。

2. 操作步骤

（1）准备好流动相，按色谱柱上标示的流动相流经方向连接色谱柱，依次打开电脑电源、泵、检测器、柱温箱。

（2）打开旁通阀（逆时针旋转 90°～180°），按 "Purge" 键进行过滤器至泵的冲洗操作。

（3）关闭旁通阀（顺时针旋转 90°～180°），按 "Pump" 键。

（4）双击进入 LCsolution 工作站，选择 "操作"，进入系统主界面，听到连续 2 次 "滴滴" 声，确认与色谱仪主机连接正确。

（5）选择 "实时分析" → "数据采集"，设定采集时间、检测波长、流速、柱温。设定完成后单击 "文件" 下的 "方法另存为" 保存方法，并按 "下载"，使参数下传至仪器各部分。

（6）按 "单次分析" 按钮，依次填写样品名，样品 ID，选择上述保存的方法文件，并在数据存储路径中填写文件名，单击 "确定"。

（7）桌面出现提示框，扳动进样阀手柄至 "Inject" 位置，插入微量注射器，扳动进样阀手柄至 "Load" 位置，注入供试液，扳动进样阀手柄至 "Inject" 位置，进样完成，分析开始。

（8）分析结束后，进入 "再解析" 中的 LC 数据分析，打开被分析文件。

（9）选择 "向导"，设置合适的积分参数、半峰宽、斜率值，对目标峰进行自动积分。

（10）在 "批处理" 中，可设置生成校准曲线。

（11）得到结果后，单击 "报告模板"，编辑报告方式，编辑完成后保存文件。将处理好的数据以编辑好的模板输出报告。

（12）关闭检测器，冲洗色谱柱，将流速降到 0 之后，依次关闭泵、柱温箱等设备。关闭工作站所有窗口，退出工作站，再依次关闭电脑主机，显示器，打印机。

（13）关闭电源，填写使用记录。

附录Ⅰ.19　Waters515 型高效液相色谱仪操作规程

1. 仪器组成

Waters515 型高效液相色谱仪由 515 泵、2487 检测器、柱温箱及 Empower 色谱管理软件组成。

2. 开机

依次打开计算机、泵、检测器、电源开关，仪器通过自检后，进入 Empower 色谱管理系统。

3. 泵的操作

（1）检查泵的电路及流路正确连接无误，将吸液头插入已经过滤和脱气处理的流动相中。

（2）将泵左侧面板的电源打开，泵通过自检后，液晶显示屏显示 READY 状态。

（3）进行排气操作，打开排液阀（逆进针方向），用注射器抽气，直至液体流出，关闭排液阀。

（4）按"MODE"至流速显示，按"△"或"▽"设置流速。设置冲洗流速 0.2mL/min，按"Run/Stop"键，泵开始输液，液晶显示屏显示"RUN"状态。观察泵出口流液应连续无气泡。或用外接 Empower 色谱管理软件调控。

4. 检测器的操作

（1）检查检测器的电路和流路正确连接无误。

（2）打开检测器电源开关，检测器通过自检后，显示出吸光度主屏幕。

（3）在面板上选择检测方式：单波长或双波长。或用外接 Empower 色谱管理软件调控。

5. Empower 色谱管理软件操作

（1）启动计算机，打开 Empower 色谱管理软件。

（2）采集数据。①设置泵参数：工作流速，流动相比例、高压限和低压限。②设置检测器参数：检测波长（nm）、灵敏度（AUFS，常用 2.0）。③命名样品名，设置采集时间，进样体积。按"Inject"（进样）按钮，等软件状态栏出现"等待进样"时用微量注射器取样，进样阀手柄扳至"Load"位置，将供试液注入进样阀，手柄转到"Inject"位置注入样品，仪器开始自动记录色谱图。

（3）建立数据处理方法。选择最窄的峰确定峰宽；选择一段基线确定积分阈值；选择处理区间；指定最小峰面积和最小峰高。

（4）选择定量方式。在"Channels"（收集通道）中选择已登录的标准品和样品，按"Process"（处理）按钮，在"Result"（结果）中可得到标准曲线和计算结果。

（5）打印报告。在"Result"（结果）列表中，选中所打印数据，右击选择"Print"弹出"Reporting"对话框选择打印机和打印方法，单击"OK"即可。

6. 关机操作

（1）冲洗。全部测定完毕后，冲洗色谱柱和管路（调节流动相极性从大到小冲洗色谱柱）。

（2）降流速。用面板功能（按"Mode"至流速显示，按"△"或"▽"设置流速）或用外接 Empower 色谱管理软件调控，流速每次降 0.2mL/min，待柱压稳定后再降 0.2mL/min，直到 0.0mL/min 为止。

（3）退出工作站，关闭计算机，关闭各部件电源。

（4）填写使用记录。

附录 I.20　Waters2695 型高效液相色谱仪操作规程

1. 仪器组成

Waters2695 型高效液相色谱仪由贮液器、输液泵、自动进样器、分离柱（柱温箱）、紫外检测器、示差检测器、控制及数据处理系统（Millennium32 化学工作站）所组成。

2. HPLC 系统的打开顺序

打开电源，仪器自检 1～2min，预热 5min，稳定约 30min。设定通道、波长模式、波长（也可在工作站上设置），回零（Auto zero），分析检测。

3. 分离单元使用操作

（1）打开电源开关，仪器开始自检（4～5min），待屏幕上方出现"Idle"字样表示自检成功。

（2）按面板右下方"Menu/Status"键进入"Status（1）"界面，移动光标至"Degasser mode"，按"Enter"选择"On"，打开在线脱气。

（3）在"Status（1）"界面设定柱温，移动光标至"Col htr set"，输入目标温度按"Enter"即可。（可在工作站方法中设置）

（4）按"Menu/Status"键回到"Menu"界面，按下排功能键"Diag"，然后再按下排功能键"Prime seal wash"，"Start"，冲洗 1～2min 后，"Halt"，"Close"。

（5）在"Status（1）"界面中"Composition"下，选择将用到的溶剂通道为"100%"，按液晶屏幕右下角"Direct function"键，移动光标选择"2 Wet prime"，"OK"。将每一个会用到的溶剂通道按照上述操作一次。

（6）进入"Direct function"界面后，选择"3 Purge injector"，"OK"。

(7) 进入"Diagnostics"界面，按下排功能键之"Prime ndl wash"，"Start"，默认 30s，"Close"，即可返回"Diagnostics"界面。

(8) 在"Status（1）"界面上，按流动相比例设定各通道溶剂比例后，再"Wet prime"操作一次，然后设置流速，平衡色谱柱 30～60min。

(9) 拉开样品转盘舱门，将盛有待测样品溶液的样品瓶放入转盘中，记下样品瓶号，关上舱门。

(10) 打开工作站，设置仪器方法、方法组、自动进样序列等，监视基线、检测样品。

(11) 分析处理数据、打印报告。

(12) 清洗注射器、针、柱塞杆、色谱柱。

(13) 关掉主机电源开关和电脑电源。

附录 I.21　Agilent 1100 型高效液相色谱仪操作规程

1. 仪器组成

Agilent 1100 型高效液相色谱系统主要由工作站、在线脱气机、输液泵、自动进样器、柱温箱和检测器等部件组成。各部分的操作及数据处理均由工作站计算机控制完成，其操作系统为 Windows 2000。

2. 开机操作

(1) 接通电源，打开计算机及工作站各部件开关，约 30s 后，各部件预热完毕，进入待机状态，指示灯为黄色或无色。

(2) 打开 HP Chem stations，进入 Instrument 1 online 状态，约 30s 后，计算机进入工作站的操作界面。该界面主要组成如下：

①最上方为命令栏，依次为 File、Run control、Instrument 等。②命令栏下方为快捷操作图标，如多个样品连续进行分析、单个样品进样分析、调用文件、保存文件等。③左边为样品信息栏。④中部为工作站各部件的工作流程示意图，依次为进样器→输液泵→柱温箱→检测器→数据处理→报告。⑤中下部为动态监测信号。⑥右下部为色谱工作参数：进样体积、流速、分析停止时间、流动相比例、柱温、检测波长等。

3. 色谱条件的设定方法

(1) 直接设定。在操作页面的右下部—色谱工作参数中设定。将鼠标移至要设定的参数如进样体积、流速、分析时间、流动相比例、柱温、检测波长等，单击一下，即可显示该参数的设置页面，键入设定值后，单击"OK"，即完成。

(2) 调用已设置好的文件。在命令栏"Method"下，选择"Load method"，或直接单击快捷操作的"Load method"图标，选定文件名，单击"OK"，此时，工作站即调用所选用文件中设定的参数。如欲修改，可在色谱工作站参数中作修改；也可以在命令栏"Method"下，选择"Edit entire method"，随后工作站即按顺序出现一系列参数设置界面，在每个界面中键入设定值，单击"OK"，即完成。

（3）编辑新文件。先在命令栏"Method"下，选择"New method"，然后再在命令栏"Method"下，选择"Edit entire method"，在每个参数设置界面下键入设定值，完成后，在命令栏"Method"下，选择"Save method"，给新文件命名，单击"OK"，即完成。

4. 仪器的运行

当色谱参数设置完成后，单击工作站流程图右下角的"On"，仪器开始运行。此时，画面颜色由灰色转变成黄色或绿色，当各部件都达到所设参数时，画面均变为绿色，左上角红色的"Not ready"变为"Ready"，表明可以进行分析（此时如果要终止仪器的运行，可单击流程图右下角的"Off"，再单击"Yes"，关闭输液泵、柱温箱和检测器氘灯）。

5. 进样分析

（1）单个样品分析。在命令栏"Run control"下，选择"Sample info…"或单击快捷操作的"一个小瓶"图标，然后单击样品信息栏内的小瓶，选择"Sample Info…"，即打开了样品信息界面，可输入操作者（Operator name）、数据存贮通道（subdirectory）、进样瓶号（Vial）、样品名（Sample name）等信息，单击"OK"，待进样分析。

（2）多个样品连续分析。单击快捷操作的"三个小瓶"图标，然后单击样品信息栏内的样品盘，选择"Sequence table"，即进入连续进样序列表的编辑，可输入进样瓶号、样品名、进样次数、进样体积等信息，单击"OK"，待进样分析。

（3）单击样品信息栏上方绿色的"Start"，自动进样器即按照（1）或（2）设置的程序进行分析，如欲终止分析，可单击样品信息栏上方红色的"Stop"，否则，仪器将执行色谱参数设置中所设定的分析停止时间。

6. 数据处理

在命令栏"View"下，选择"Data analysis"，进入数据处理界面。该界面最上方为命令栏，依次为 File，Graphics，Integration 等。命令栏下为快捷操作图标，如积分、校正、色谱图、单一色谱图调用、多色谱图调用、调用方法、保存方法等。

（1）调用色谱图。在命令栏"File"下，选择"Load signal"或单击快捷操作的"单一色谱图调用"图标，选择色谱图文件名，单击"OK"，界面中即出现所调用的色谱图。

（2）积分。先调用所要分析的色谱图，在命令栏"Integration"下，选择"Integrate"或单击快捷操作的"积分"图标，此时仪器按内置的积分参数给出积分结果。如欲对其中某些参数进行修改，可在命令栏"Integration"下，选择"Integrate Events"或单击快捷操作的"编辑/设定积分表"图标，此时，在屏幕下方左侧出现积分参数表，右侧为积分结果，在积分参数表中按实际的要求输入修改的参数，如斜率、峰宽、最小面积、最低峰高等。在命令栏"Integration"下，选择"Integrate"或单击快捷操作的"对现有色谱图积分"图标，仪器即按照新设定的积分参数重新积分，完成后，单击积分参数表中"取消积分参数表"的快捷图标，保存所作的参数修改，单击"OK"，即可退出。

（3）校正。如果需要进行标准曲线制备，可按此项进行操作。先调用第一色谱图，在命令栏"Calibration"下，选择"New calibration table"或单击快捷操作左边的"校正"（为天平画面）图标，再单击快捷操作画面右侧的"新校正表"（Calibration下第一个天平画面）图标。在此时出现的页面上，选择"Automatic Setup Level"，并设校正数为"1"，单击"OK"，在画面的下方左侧出现校正表，右侧为校正图。然后选择快捷操作的"校正表选项"（右下角带叉的天平画面）图标，根据实际要求设计校正表的各栏参数，单击"OK"，即可完成。在画面左下侧的校正表中选择所要的色谱峰，并输入校正级数和样品浓度，如果采用内标法，需对内标进行标记。调用第二色谱图，在命令栏"Calibration"下，选择"Add level"，设为"2"，单击"OK"，在画面左下侧的校正表中输入校正级数和样品浓度。调用第三色谱图，重复上述操作，逐级增加校正级数，至校正数据调用完毕（如需对校正表中的某些数据进行重新修正，可调用新的图谱，在命令栏"Calibration"下，选择"Recalibration'，并在校正表中输入校正级数，样品浓度）。此时，校正表右侧自动绘制各组分的标准曲线，并进行线性回归。单击校正表中的"print"，可进行打印。

7. 分析报告的打印

在命令栏"Report"下，选择"Specify Report"或单击最右侧快捷操作的"定义报告及打印格式"（右下角带叉的报告画面）图标，根据实际要求选择报告的格式和输入形式等，单击"OK"即可完成。例如，可在"Destination"项下选择"Screen"；在"Quantitative result"项下，对"Calculate"选"Percent"、对"Based on"选"Area"、对"Sorted By"选"Signal"；在"Style"项下，对"Report style"选"Short"，再依次选择"Sample info on each page"、"Add chromatogram output"。然后，选择快捷操作的"报告预览"图标，可预览报告的全貌，单击"print"，即可进行报告的打印。最后，单击"close"，退出此操作界面。

8. 关机

（1）在命令栏"View"下，选择"Method and run control"，回到主控制界面，在命令栏"File"下，选择"Exit"，单击"Yes"，关闭"Instrument 1 online"，再单击"Yes"，关闭输液泵、柱温箱及检测器氘灯。

（2）在工作站界面上，在"File"下选"Close"，退出"Chem stations"。

（3）关闭计算机及所有工作站各部件电源开关，填写使用记录。

附录Ⅰ.22　Agilent 1220 型高效液相色谱仪操作规程

1. 仪器组成

该仪器由泵、紫外检测器、手动进样器、EZChrom 色谱工作站组成。

2. 操作步骤

（1）准备流动相，流动相需过滤并超声脱气。按色谱柱上标示的流动相流经方向连接色谱柱，打开电脑电源、色谱仪及色谱工作站，确认与色谱仪主机连接。

（2）双击进入 EZChrom 工作站，打开旁通阀（逆时针旋转 90°～180°），通过色谱工作站在线状态，控制泵的流速并进行过滤器至泵的冲洗操作。流速≤5.00mL/min。

（3）流速调至≤1.00mL/min 后，关闭旁通阀（顺时针旋转 90°～180°）。

（4）在工作站中打开 VWD 开关，紫外检测器进入阶段。

（5）选择"控制"→"仪器状态"，设定采集时间、检测波长、流速。设定完成后单击"文件"下的"方法另存为"保存方法，并按"下载"，使参数下传至仪器各部分。

（6）待仪器稳定后，按"控制"→"单次运行"按钮，依次填写样品名，样品 ID，选择上述保存的方法文件，并在数据存储路径中填写文件名，单击"确定"。

（7）桌面下方黄色提示框变为紫色，提示"等待触发"，扳动进样阀手柄至"Load"位置，将微量进样器中样品推入仪器后，扳动进样阀手柄至"Inject"位置，进样完成，分析开始。

（8）分析结束后，进入"离线打开"，打开被分析文件。

（9）选择"积分事件"，设置合适的积分参数进行自动积分。

（10）得到结果后，单击"自定义报告"，编辑报告方式，编辑完成后保存文件。将处理好的数据以编辑好的模板输出报告。

（12）关闭检测器，冲洗色谱柱，将流速降到 0 之后，依次关闭泵、检测器等设备。关闭工作站所有窗口，退出工作站，再依次关闭电脑主机，显示器。

（13）关闭电源，填写使用记录。

附录Ⅱ 实验室常用数据表

附录Ⅱ.1 常用酸碱指示剂（18～25℃）

指示剂名称	变色pH范围	颜色变化	指示剂组成	
			浓度/%	溶剂
甲基紫	0.13～0.5（第一变色范围）	黄→绿	0.1	水
苦味酸	0.0～1.3	无→黄	0.1	水
甲基绿	0.1～2.0	黄→绿→浅蓝	0.1	水
孔雀绿	0.13～2.0（第一变色范围）	黄→浅蓝→绿	0.1	水
甲酚红	0.2～1.8（第一变色范围）	红→黄	0.04	50%乙醇
甲基紫	1.0～1.5（第二变色范围）	绿→蓝	0.1	水
百里酚蓝	1.2～2.8（第一变色范围）	红→黄	0.1	20%乙醇
甲基紫	2.0～3.0（第三变色范围）	蓝→紫	0.1	水
茜素黄R	1.9～3.3（第二变色范围）	红→黄	0.1	水
二甲基黄	2.9～4.0	红→黄	0.1	90%乙醇
甲基橙	3.1～4.4	红→橙黄	0.1	水
溴酚蓝	3.0～4.6	黄→蓝	0.1	20%乙醇
刚果红	3.0～5.2	蓝紫→红	0.1	水
茜素红S	3.7～5.2（第一变色范围）	黄→紫	0.1	水
溴甲酚绿	3.8～5.4	黄→蓝	0.1	20%乙醇
甲基红	4.4～6.2	红→黄	0.1	60%乙醇
溴酚红	5.0～6.8	黄→红	0.1	20%乙醇
溴甲酚紫	5.2～6.8	黄→紫红	0.1	20%乙醇
溴百里酚蓝	6.0～7.6	黄→蓝	0.05	20%乙醇
中性红	6.8～8.0	红→亮黄	0.1	60%乙醇
酚红	6.8～8.0	黄→红	0.1	20%乙醇
甲酚红	7.2～8.8	亮黄→紫红	0.1	50%乙醇
百里酚蓝	8.0～9.6（第二变色范围）	黄→蓝	0.1	20%乙醇
酚酞	8.0～10.0	无→红	0.1	60%乙醇
百里酚酞	9.4～10.6	无→蓝	0.1	90%乙醇
茜素红S	10.0～12.0（第二变色范围）	紫→淡黄	0.1	水
茜素黄R	10.1～12.1（第二变色范围）	黄→淡紫	0.1	水
孔雀绿	11.5～13.2（第二变色范围）	蓝绿→无色	0.1	水

附录Ⅱ.2 常用混合酸碱指示剂

指示剂组成	混合比例（体积比）	变色点 pH	颜色变化	变色 pH 范围
0.1%甲基黄乙醇溶液-0.1%次甲基蓝乙醇溶液	1：1	3.25	蓝紫→绿	3.2~3.4
0.1%溴甲酚绿钠盐水溶液-0.2%甲基橙水溶液	1：1	4.3	黄→蓝绿	3.5~4.3
0.1%溴甲基酚绿乙醇溶液-0.2%甲基红乙醇溶液	3：1	5.1	酒红→绿	—
0.2%甲基红乙醇溶液-0.1%亚甲基蓝乙醇溶液	1：1	5.4	红紫→绿	5.2~5.6
0.1%溴甲酚紫钠盐水溶液-0.1%溴百里酚蓝钠盐水溶液	1：1	6.7	黄→蓝紫	6.2~6.8
0.1%中性红乙醇溶液-0.1%次甲基蓝乙醇溶液	1：1	7.0	蓝紫→绿	7.0
0.1%中性红乙醇溶液-0.1%溴百里酚蓝乙醇溶液	1：1	7.2	玫红→绿	7.0~7.4
0.1%溴百里酚蓝钠盐水溶液-0.1%酚红钠盐水溶液	1：1	7.5	黄→紫	7.2~7.6
0.1%甲酚红钠盐水溶液-0.1%百里酚蓝钠盐水溶液	1：3	8.3	黄→紫	8.2~8.4
0.1%酚酞乙醇溶液-0.1%甲基绿乙醇溶液	1：1	8.9	绿→紫	8.8~9.0
0.1%百里酚蓝 50%乙醇溶液-0.1%酚酞 50%乙醇溶液	1：3	9.0	黄→紫	—
0.1%酚酞乙醇溶液-0.1%百里酚酞乙醇溶液	1：1	9.9	无→紫	9.6~10.0

附录Ⅱ.3 常用酸碱的密度和浓度

试剂名称	相对密度/（g/mL）	质量分数/%	浓度/（mol/L）
氨水	0.88~0.90	25.0~28.0	12.9~14.8
乙酸	1.04	36.0~37.0	6.2~6.4
冰乙酸	1.05	99.8（GR）、99.5（AR）、99.0（CP）	17.4
氢氟酸	1.13	40.0	22.5
盐酸	1.18~1.19	36~38	11.6~12.4
硝酸	1.39~1.40	65~68	14.4~15.2
高氯酸	1.68	70.0~72.0	11.7~12.0
磷酸	1.69	85.0	14.6
硫酸	1.83~1.84	95~98	17.8~18.4

附录Ⅱ.4 常用基准物的干燥条件与应用

基准物质		干燥条件	标定对象
名称	分子式		
硝酸银	$AgNO_3$	280~290℃干燥至恒重	卤化物、硫氰酸盐

基准物质		干燥条件	标定对象
名称	分子式		
三氧化二砷	As_2O_3	室温干燥器中保存	I_2
碳酸钙	$CaCO_3$	110~120℃保持 2h，干燥器中冷却	EDTA
草酸	$H_2C_2O_4 \cdot 2H_2O$	室温空气干燥	$KMnO_4$
邻苯二甲酸氢钾	$KHC_8H_4O_4$	110~120℃干燥至恒重，干燥器中冷却	$NaOH$、$HClO_4$
碘酸钾	KIO_3	120~140℃保持 2h，干燥器中冷却	$Na_2S_2O_3$
重铬酸钾	$K_2Cr_2O_7$	140~150℃保持 3~4h，干燥器中冷却	$FeSO_4$、$Na_2S_2O_3$
氯化钠	$NaCl$	500~600℃保持 50min，干燥器中冷却	$AgNO_3$
硼砂	$Na_2B_4O_7 \cdot 10H_2O$	含 NaCl—蔗糖饱和溶液的干燥器中保存	HCl、H_2SO_4
碳酸钠	Na_2CO_3	270~300℃保持 50min，干燥器中冷却	HCl、H_2SO_4
草酸钠	$Na_2C_2O_4$	130℃保持 2h，干燥器中冷却	$KMnO_4$
锌	Zn	室温干燥器中保存	EDTA
氧化锌	ZnO	900~1000℃保持 50min，干燥器中冷却	EDTA

附录Ⅱ.5　国际原子质量表（2005 年）

（按照原子序数排列，以 ^{12}C 为标准）

原子序数	名称	元素符号	相对原子质量	原子序数	名称	元素符号	相对原子质量
1	氢	H	1.00794（7）	17	氯	Cl	35.4527（9）
2	氦	He	4.002602（2）	18	氩	Ar	39.948（1）
3	锂	Li	6.941（2）	19	钾	K	39.0983（1）
4	铍	Be	9.012182（3）	20	钙	Ca	40.078（4）
5	硼	B	10.811（7）	21	钪	Sc	44.9559108
6	碳	C	12.0107（8）	22	钛	Ti	47.867（1）
7	氮	N	14.00674（7）	23	钒	V	50.9415（1）
8	氧	O	15.9994（3）	24	铬	Cr	51.9961（6）
9	氟	F	18.9984032	25	锰	Mn	54.938049（9）
10	氖	Ne	20.1797（6）	26	铁	Fe	55.845（2）
11	钠	Na	22.98977（2）	27	钴	Co	58.933200（9）
12	镁	Mg	24.3050（6）	28	镍	Ni	58.6934（2）
13	铝	Al	26.981538（2）	29	铜	Cu	63.546（3）
14	硅	Si	28.0855（3）	30	锌	Zn	65.39（2）
15	磷	P	30.973761（2）	31	镓	Ga	69.723（1）
16	硫	S	32.066（6）	32	锗	Ge	72.61（2）

原子序数	名称	元素符号	相对原子质量	原子序数	名称	元素符号	相对原子质量
33	砷	As	74.921560 (2)	67	钬	Ho	164.93032
34	硒	Se	78.96 (3)	68	铒	Er	167.26 (3)
35	溴	Br	79.904 (1)	69	铥	Tm	168.93421
36	氪	Kr	83.80 (1)	70	镱	Yb	173.04 (3)
37	铷	Rb	85.4678 (3)	71	镥	Lu	174.967 (1)
38	锶	Sr	87.62 (1)	72	铪	Hf	178.49 (2)
39	钇	Y	88.90585 (2)	73	钽	Ta	180.9479 (1)
40	锆	Zr	91.224 (2)	74	钨	W	183.84 (1)
41	铌	Nb	92.90638 (2)	75	铼	Re	186.207 (1)
42	钼	Mo	95.94 (1)	76	锇	Os	190.23 (3)
43	锝	Tc	(98)*	77	铱	Ir	192.217 (3)
44	钌	Ru	101.07 (2)	78	铂	Pt	195.078 (2)
45	铑	Rh	102.90550	79	金	Au	196.96654
46	钯	Pd	106.42 (1)	80	汞	Hg	200.59 (2)
47	银	Ag	107.8682 (2)	81	铊	Tl	204.3833 (2)
48	镉	Cd	112.411 (8)	82	铅	Pb	207.2 (1)
49	铟	In	114.818 (3)	83	铋	Bi	208.98038
50	锡	Sn	118.710 (7)	84	钋	Po	[209]
51	锑	Sb	121.760 (1)	85	砹	At	[210]
52	碲	Te	127.60 (3)	86	氡	Rn	[] (222)
53	碘	I	126.90447	87	钫	Fr	[] (223)
54	氙	Xe	131.29 (2)	88	镭	Re	226.0254
55	铯	Cs	132.90545	89	锕	Ac	227.0278
56	钡	Ba	137.327 (7)	90	钍	Th	232.0381 (1)
57	镧	La	138.9055 (2)	91	镁	Pa	231.03588
58	铈	Ce	140.116 (1)	92	铀	U	238.0289 (1)
59	镨	Pr	140.90765	93	镎	Np	237.0482
60	钕	Nd	144.24 (3)	94	钚	Pu	[244]
61	钷	Pm	(145)	95	镅	Am	[243]
62	钐	Sm	150.36 (3)	96	锔	Cm	[247]
63	铕	Eu	151.964 (1)	97	锫	Bk	[247]
64	钆	Gd	157.25 (3)	98	锎	Cf	[251]
65	铽	Tb	158.92534	99	锿	Es	[252]
66	镝	Dy	162.50 (3)	100	镄	Fm	[257]

原子序数	名称	元素符号	相对原子质量	原子序数	名称	元素符号	相对原子质量
101	钔	Md	[258]	106	𬭶	Sg	[266]
102	锘	No	[259]	107	𬭳	Bh	[264]
103	铹	Lr	[260]	108	𬭶	Hs	[277]
104	𬬻	Rf	[261]	109	鿏	Mt	[268]
105	𬭊	Db	[262]	—	—	—	—

注：（ ）表示原子量数值最后一位的不确定性，[ ] 中的数值为没有稳定同位数元素半衰期最长同位素的质量数。

附录Ⅱ.6   常见化合物的相对分子质量

化合物	相对分子质量	化合物	相对分子质量
$AgBr$	187.77	$FeSO_4 \cdot 7H_2O$	278.01
$AgCl$	143.32	H_3AsO_3	125.94
$AgCN$	133.89	H_3AsO_4	141.94
$AlCl_3$	133.34	H_3BO_3	61.83
Ag_2CrO_4	331.73	HBr	80.91
AgI	234.77	HCN	27.03
$AgNO_3$	169.87	$HCOOH$	46.03
Al_2O_3	101.96	CH_3COOH	60.05
$Al(OH)_3$	78.00	H_2CO_3	62.02
$Al_2(SO_4)_3$	342.14	$H_2C_2O_4$	90.04
$Al_2(SO_4)_3 \cdot 18H_2O$	666.41	HCl	36.46
As_2O_3	197.84	HF	20.01
$BaCO_3$	197.34	HI	127.91
BaC_2O_4	225.35	HIO_3	175.91
$BaCl_2$	208.24	HNO_2	47.01
$BaCl_2 \cdot 2H_2O$	244.27	HNO_3	63.01
$BaCrO_4$	253.32	H_2O	18.015
BaO	153.33	H_2O_2	34.02
$Ba(OH)_2$	171.34	H_3PO_4	98.00
$BaSO_4$	233.39	H_2S	34.08
CO_2	44.01	H_2SO_3	82.07
CaO	56.08	H_2SO_4	98.07
$CaCO_3$	100.09	KBr	119.00

续表

化合物	相对分子质量	化合物	相对分子质量
CaC_2O_4	128.10	$KBrO_3$	167.00
$CaCl_2$	110.99	KCl	74.55
$Ca(OH)_2$	74.09	$KClO_3$	122.55
$Ca_3(PO_4)_2$	310.18	$KClO_4$	138.55
$CaSO_4$	136.14	KCN	65.12
$CuCl_2$	134.45	$KSCN$	97.18
CuO	79.54	K_2CO_3	138.21
Cu_2O	143.09	K_2CrO_4	194.19
$CuSO_4 \cdot 5H_2O$	249.68	$K_2Cr_2O_7$	294.18
$FeCl_2$	126.75	$K_3Fe(CN)_6$	329.25
$FeCl_3$	162.21	$K_4Fe(CN)_6$	368.35
FeO	71.85	$KHC_2O_4 \cdot H_2O$	146.14
Fe_2O_3	159.69	K_2SO_4	174.25
Fe_3O_4	231.54	$MgCO_3$	84.31
$Fe(OH)_3$	106.87	$MgCl_2$	95.21
FeS	87.91	$MgCl_2 \cdot 6H_2O$	203.30
Fe_2S_3	207.87	MgC_2O_4	112.33
$FeSO_4$	151.91	MgO	40.30
$(NH_4)_2C_2O_4$	124.10	$Mg(OH)_2$	58.32
NH_4HCO_3	79.06	$MnCO_3$	114.95
$(NH_4)_2MoO_4$	196.01	$MnCl_2 \cdot 4H_2O$	197.91
NH_4NO_3	80.04	MnO	70.94
$(NH_4)_2HPO_4$	132.06	MnO_2	86.94
$(NH_4)_2S$	68.14	NO	30.01
$(NH_4)_2SO_4$	132.13	NO_2	46.01
NH_4VO_3	116.98	NH_3	17.03
Na_3AsO_3	191.89	NH_4Cl	53.49
$Na_2B_4O_7$	201.22	$(NH_4)_2CO_3$	96.09
$Na_2B_4O_7 \cdot 10H_2O$	381.37	$NaNO_3$	85.00
$NaBiO_3$	279.97	Na_2O	61.98
$NaCN$	49.01	Na_2O_2	77.98
$NaSCN$	81.07	$NaOH$	40.00
Na_2CO_3	105.99	Na_3PO_4	163.94
$Na_2CO_3 \cdot 10H_2O$	286.14	Na_2S	78.04
$Na_2C_2O_4$	134.00	P_2O_5	141.95

续表

化合物	相对分子质量	化合物	相对分子质量
NaCl	58.44	$PbCO_3$	267.21
$ZnCO_3$	125.39	PbC_2O_4	295.22
ZnO	81.38	$PbCl_2$	278.10
ZnS	97.44	$PbCrO_4$	323.19
$ZnSO_4$	161.54	SO_3	80.06
$ZnSO_4 \cdot 7H_2O$	287.55	SO_2	64.06
$ZnCO_3$	125.39	SiF_4	104.08
ZnO	81.38	SiO_2	60.08
ZnS	97.44	$NaNO_3$	85.00
$ZnSO_4$	161.54	Na_2O	61.98

附录Ⅱ.7 分析化学常用术语汉英对照表

B

半峰宽	half-peak width ($W_{1/2}$)
饱和甘汞电极	saturated calomel electrode (SCE)
保留时间	retention time (t_R)
比色皿	cuvette
比移值	R_f value
表面皿	watch-glass
标示量	labeled amount / labeled content
标准曲线	calibration curve / standard curve
标准溶液	standard solution
玻棒	glass rod
薄层板	thin-layer chromatography plate
薄层色谱法	thin-layer chromatography (TLC)
玻璃电极	glass electrode

C

参比电极	reference electrode
层析缸	chromatographic tank
超声波清洗机	ultrasonic washing apparatus
超速离心机	ultracentrifuge
沉淀剂	precipitating agent
称量瓶	weighing bottle
称量纸	weighing paper

重现性	reproducibility
抽气泵	suction pump
瓷坩埚	porcelain crucible

D

担体/载体	supporter / carrier
滴定分析	titration analysis
滴定突跃	titration jump
滴管	dropper
滴瓶	dropping bottle
电磁搅拌器	electromagnetic stirrer
电动势	electromotive force
电光分析天平	photoelectric analytical balance
电极	electrode
电极插头	electrode plug
碘量瓶	iodine flask
电炉	electric furnace
电热板	electric hot plate
电位滴定法	potentiometric titration
电泳仪	electrophoresis meter
定量滤纸	quantitative filter paper
定量分析	quantitative analysis
定性分析	qualitative analysis
读数	reading
多元酸	polyprotic acid

F

砝码	weight
非水滴定法	nonaqueous titration
分光光度计	spectrophotometer
分离度	resolution (R)
酚酞	phenolphthalein
分析天平	analytical balance
分析纯	analytical reagent（AR）
分液漏斗	separating funnel
峰宽	peak width (W)
峰面积	peak area
复方制剂	compound pharmaceutical preparation
傅里叶变换红外光谱仪	Fourier transform infrared（FT-IR）spectrometer
傅里叶变换拉曼光谱仪	FT-Raman spectrometer

辅助气	auxiliary gas

G

坩埚	crucible
坩埚钳	crucible tongs
干燥器	desiccator
钢瓶	steel cylinder
高锰酸钾法	potassium permanganate method
高压/效液相色谱法	high pressure/performance liquid chromatography (HPLC)
铬黑 T	eriochrome black T
共轭酸（碱）	conjugate acid（base）
固定相	stationary phase
固定液	stationary liquid
硅胶	silica gel

H

恒温水浴	thermostatic water bath
红外光谱	infrared（IR）spectrum
化学纯	chemically pure（CP）
还原	reduction
回归方程	regression equation

J

计量点	stoichiometric point
基线	baseline
基准物质	primary standard
甲基橙	methyl orange
甲基红	methyl red
检测器	detector
检测限	limit of detection（LOD）
间接碘量法	indirect iodometry
减重法	decrement method
搅拌磁子	stirring magneton
角匙	horn scoop / horn spoon
校正因子	calibration factor
校正曲线	calibration curve
结晶紫	crystal violet
解离常数	dissociation constant
解离平衡	dissociation equilibrium
进样体积	injection volume

K

刻度吸量管	graduated pipette / measuring pipette
空气压缩机	air compressor
空白试验	blank experiment

L

理论塔板高度	theoretical plate height （H）
理论塔板数	theoretical plate number （n）
离子选择电极	ion selective electrode
量筒	measuring cylinder
量杯	measuring glass / measuring cup
灵敏度	sensitivity
流动相	mobile phase
流速	flow rate
络合滴定法	complexometric titration
滤纸	filter paper

M

马弗炉	muffle furnace
毛细管	capillary tube
摩尔质量	molar mass

N

内标	internal standard

Q

气化室	vaporizer
气相色谱法	gas chromatography （GC）
气相色谱仪	gas chromatographer （GC）
气相色谱-质谱联用仪	gas chromatograph-mass spectrometer （GC-MS）
氢火焰离子化检测器	hydrogen flame ionization detector （FID）

R

燃气	combustion gas
热导检测器	thermal conductivity detector （TCD）
容量分析	volumetric analysis
容量瓶	volumetric flask

S

色谱纯	chromatographic grade
色谱柱	chromatographic column
上清液	supernatant
烧杯	beaker
试管	test tube

石棉网   asbestosed wire gauze

石英比色皿   quartz cuvette

水的硬度   water hardness

酸度计   pH-meter

酸碱滴定法   acid-base titration

酸式（碱式）滴定管   acid（base）burette

酸碱指示剂   acid-base indicator

T

透光率   transmittance（T）

脱气机   degasser

拖尾因子   tailing factor

W

外标   external standard

微孔滤膜   microporous membrane

微量注射器   microsyringe

X

吸附剂   sorbent / adsorbent

吸光度   absorbance（A）

洗瓶   washing bottle

稀释率（比）   dilution ratio

吸收系数   absorptivity / absorption coefficient

显色反应   color reaction

相对标准偏差   relative standard deviation（RSD）

溴甲酚绿   bromine cresol green

旋光仪   polarimeter

Y

压片法   press method

研钵   mortar

氧化   oxidization

氧化还原   redox

氧化还原电位   redox potential

氧气钢瓶   oxygen cylinder

液体取样   liquid sampling

液相色谱法   liquid chromatography（LC）

液相色谱-质谱联用仪   liquid chromatograph-mass spectrometer（LC-MS）

移液管   transfer pipette

荧光分析仪   fluorescence analyzer

永久硬度   permanent hardness

优级纯	guarantee reagent（GR）
原子吸收光谱	atomic absorption spectroscopy（AAS）
原子荧光光谱	atomic fluorescence spectroscopy（AFS）

Z

载气	carrier gas
暂时硬度	temporary hardness
展开剂	developer
振动频率	vibration frequency
真空泵	vacuum pump
蒸发皿	evaporating dish
蒸馏水	distilled water
置换碘量法	replacement iodometry
质量分数	mass fraction
指示电极	indicator electrode
指示剂	indicator
中成药	traditional Chinese patent medicine / drug
中国药典	Chinese Pharmacopoeia（Ch. P）
柱性能	column performance
锥形瓶	conical flask
自动进样器	autosampler
紫外-可见分光光度计	ultraviolet-visible（UV）spectrophotometer
紫外检测器	ultraviolet detector
最大吸收波长	maximum absorption wavelength（λ_{max}）

主要参考文献

蔡明招，刘建宇.2010.分析化学实验［M］.2版.北京：化学工业出版社.

成都科技大学，浙江大学.1989.分析化学实验［M］.2版.北京：高等教育出版社.

池玉梅.2011.分析化学实验［M］.武汉：华中科技大学出版社.

单尚，倪哲明，等.2002.现代大学化学实验［M］.北京：中国商业出版社，

高向阳.2009.新编仪器分析［M］.3版.北京：科学出版社.

华中师范大学，陕西师范大学，东北师范大学，等.2001.分析化学实验［M］.3版.北京：高等教
　育出版社.

黄桂林.2000.中医药基础化学实验［M］.北京：中国协和医科大学出版社.

李发美.2007.分析化学［M］.6版.北京：人民卫生出版社.

孙尔康，张剑荣.2009.仪器分析实验［M］.南京：南京大学出版社.

孙毓庆.2004.分析化学实验［M］.北京：科学出版社.

王冬梅.2007.分析化学实验［M］.武汉：华中科学技术出版社.

王新宏.2009.分析化学实验［M］.北京：科学出版社.

武汉大学.2000.分析化学实验［M］.4版.北京：高等教育出版社.

徐家宁，门瑞芝，张寒琦.2006.基础化学实验上册：无机化学和化学分析实验［M］.北京：高等教
　育出版社.

杨根元.2010.实用仪器分析［M］.4版.北京：北京大学出版社.

杨小弟.2008.分析化学技能训练［M］.北京：化学工业出版社.

曾元儿，张凌.2008.分析化学［M］.北京：科学出版社.

张广强，黄世德.2001.分析化学（上、下）［M］.北京：学苑出版社.

张广强，黄世德.2001.分析化学实验［M］.北京：学苑出版社.

张凌，曾元儿.2008.仪器分析［M］.北京：科学出版社.

张宗培.2009.仪器分析实验［M］.郑州：郑州大学出版社.

浙江大学，华东理工大学，四川大学.2002.新编大学化学实验［M］.北京：高等教育出版社.

(0-4915.0104)

www.sciencep.com

ISBN 978-7-03-035647-5

9 787030 356475

定价：32.00元